数理统计思想方法实践应用

哈金才　梁　贤　著

U0382385

西北工業大學出版社

西　安

【内容简介】 本书主要研究数理统计系列重要数学思想方法、重要典型问题及其实践应用。内容主要涉及：综述基于总体假定的估计、推断和检验等传统统计方法，综述数据分布的主要描述方法以及重要的数字特征，重点研究数理统计学中的重要数据挖掘统计分析思想方法，如方差分析、回归分析、判别分析、聚类分析、主成分分析、因子分析、时间序列分析等统计方法，并给出重要思想方法在实践中的应用，通过 SPSS、R 统计软件等进行数据挖掘实践分析处理，并给出相应的数据分析结果.

本书内容通俗易懂，将重要思想方法与实践应用相融合，可供高等学校理工科统计等相关专业的研究生或本科生自学参考.

图书在版编目(CIP)数据

数理统计思想方法实践应用 / 哈金才，梁贤著. —西安：西北工业大学出版社，2020.12
ISBN 978-7-5612-7509-2

Ⅰ. ①数… Ⅱ. ①哈… ②梁… Ⅲ. ①数理统计-思想方法 Ⅳ. ①O212

中国版本图书馆 CIP 数据核字(2021)第 075499 号

SHULI TONGJI SIXIANG FANGFA SHIJIAN YINGYONG
数理统计思想方法实践应用

责任编辑：王 静 **策划编辑**：孙显章
责任校对：孙 倩 **装帧设计**：李 飞
出版发行：西北工业大学出版社
通信地址：西安市友谊西路 127 号 **邮编**：710072
电 话：(029)88491757，88493844
网 址：www.nwpup.com
印 刷 者：兴平市博闻印务有限公司
开 本：787 mm×1 092 mm 1/16
印 张：15.625
字 数：410 千字
版 次：2020 年 12 月第 1 版 2020 年 12 月第 1 次印刷
定 价：58.00 元

如有印装问题请与出版社联系调换

前　言

为满足统计分析的需求，适应数字化信息社会对统计的要求，利用计算机及相应的软件进行统计分析已经成为趋势. R 软件是目前唯一的源代码完全开放的软件包. SAS 软件也许是公认的最优秀软件之一，但它是商业化的，其他软件如 SPSS、MINITAB、MATLAB、Excel 等也是如此. R 软件是免费使用的，但它有专门的程序员负责日常的维护和不断升级，确保内容的先进性及多样性. R 软件作为当今世界上最受欢迎的统计分析工具之一，是一种功能强、效率高、便于进行科学计算的交互式软件包，深受广大用户的喜爱. 本书介绍有关 R 函数的使用方法，并对 R 软件作简单介绍，以培养读者用计算机及统计软件进行统计分析的能力，以及解决实际问题的能力.

本书强调数理统计数学思想、统计观点、统计方法、统计概念，不仅仅是研究纯数学思想方法，而是着重于告诉读者如何运用数理统计思想方法进行数据分析、研究实践问题，特别强调在应用统计方法时必须注意的事项、应用的条件、适用的范围等. 希望本书，不仅能帮助读者掌握基本的统计方法，还能用统计思想考虑、解决一些实际问题. 本书首先强调统计模型，提出统计问题，再对具体的统计问题提出具体的统计方法，有助于读者理解并掌握这些统计方法的统计思想. 本书对同一问题的不同统计方法给出了优良性准则，并按这些准则进行比较. 本书同时注意到数理统计基本理论的完整性，使读者能从理论上认识数理统计，重点介绍数理统计的基本原理及重要的统计方法. 全书共分 9 章，各章内容概括如下：

第 1 章综述数理统计的重要统计理论方法、重要统计软件、重要数据分布的描述方法以及渐近分布理论等，其中这些统计软件的使用将贯穿于本书的始终.

第 2 章重点研究参数估计的几种重要方法及其比较和改进，最后进行估计和拟合分析实践应用.

第 3 章重点研究非参数假设检验思想方法的实践应用，同时研究假设检验数学思想以及检验中易出现的疑难问题等.

第 4 章研究方差分析的思想以及基本假设与检验，重点研究单因素、多因素方差分析的原理、步骤及其实践应用.

第 5 章综述一元、多元线性回归数学模型的理论基础，同时研究离群点（异常点）检验与诊断分析方法，最后进行数据分析实践应用.

第 6 章综述判别分析方法的判别准则与判别函数，重点研究多个总体的距离判别、Fisher 判别、Bayes 判别、逐步判别法的数学思想以及判别效果的检验，最后通过实例进行数据实践应用.

第7章综述主成分分析的基本思想、几何意义、原理和性质，重点研究主成分分析法，并进行实践应用，通过实例使用Excel、SPSS、MATLAB实现主成分数据分析.

第8章综述对聚类分析的各种聚类方法、算法，重点研究数据挖掘中多种不同聚类算法，最后通过不同聚类效果的统计量和不同聚类方法，给出实例进行聚类分析实践应用.

第9章综述时间序列的不同数学模型，重点研究利用统计的基本原理，进行模型定阶、参数估计，建模、检验、预测，并研究不同组合预测权重系数的确定方法，运用几种不同单一预测模型建立组合预测模型，最后通过实例进行组合预测模型实践预测应用.

本书得到“北方民族大学中央高校基本科研业务费专项资金”(FWNX06)资助和“2020年宁夏自然科学基金项目”(2020AAC03254)资助，同时感谢宁夏大学数计学院和北方民族大学数信学院的多位教授、研究生的辛苦付出。

由于水平所限，书中不当之处在所难免，敬请广大同行和读者对本著作提出批评指正。

著　者

2020年8月

目　　录

第 1 章　数理统计思想方法综述及重要分布

什么是统计？统计就是收集及分析数据，并由此做出推断的科学. 统计要从数据出发建立数学模型，这叫归纳(induction)；建立模型之后，要用它来进行推断，这叫演绎(deduction). 与以演绎为主并基于公理系统的数学不一样，数理统计是基于数据的，其数学基础是概率论. 由于现实世界的多样性，在统计中不存在完美的模型，任何一个由数据归纳出来的模型往往要再回到实际中对其检验，并用新的数据对之进行修正，这种反复的认识及再认识的思想方法是数理统计的一个突出特点. 数学是一个可以独立存在的逻辑体系，而对于统计来说，如果离开了应用，就没有存在的必要.

数理统计是一门应用性很强的学科. 它是研究如何有效地收集、整理和分析受随机影响的数据，并对所考察的问题做出推断或预测，直至为采取决策和行动提供依据和建议的一门学科. 凡是有大量数据出现的地方，都要用到数理统计. 人口调查、税收预算、测量误差、出生与死亡统计、保险业中赔款和保险金的确定等，这些数理统计早期主要研究的问题，直到现在仍值得认真研究. 建立在现代数学和概率论基础上的数理统计，在近半个世纪以来，在理论、方法和应用上都有较大的发展. 抽样调查、试验设计、回归分析与回归诊断、判别分析、时间序列分析、非参数统计、统计决策函数、统计计算和随机模拟等统计方法相继产生并在实践中普遍使用，把以描述为主的统计发展到以推断为主的统计. 今天，数理统计的内容已非常丰富，实践应用广泛，已成为当前最活跃的学科之一.

1.1　统计学和数据挖掘的关系

统计学是搜集、展示、分析及解释数据的科学. 统计学不是方法的集合，而是处理数据的科学. 数据挖掘的大部分核心功能的实现都以计量和统计分析方法作为支撑. 这些核心功能包括聚类、估计、预测、关联分组以及分类等.

统计学、数据库和人工智能共同构成数据挖掘技术的三大支柱. 许多成熟的统计方法构成了数据挖掘的核心内容. 比如回归分析(多元回归、自回归、Logistic 回归)、判别分析(贝叶斯判别、非参数判别、费歇尔判别)、聚类分析(系统聚类、动态聚类)、典型相关分析、因子分析等统计方法，一直在数据挖掘领域发挥着巨大的作用. 与此同时，从数据挖掘要处理的海量数据和数据的复杂程度来看，基于总体假定进行推断和检验的传统统计方法已显露出很大的局限性. 统计能否继续作为数据挖掘的有力支撑，数据挖掘将为统计学提供怎样的发展机遇，是我们最关心的问题.

统计学和数据挖掘二者既有联系又存在区别. 首先，统计学是“数据科学”，即收集、分析、展示及解释数据的科学. 数据挖掘则是从大量的、不完全的、有噪声的、模糊的和随机的数据中，提取隐含在其中的、人们事先不知道的，但又是潜在有用的信息和知识的过程. 其次，统计学和数据挖掘有着共同的目标：发现数据中的结构或模式.数据挖掘强调对大量观测到的数据库的加工分析处理.它涉及数据库管理、人工智能、机器学习、模式识别以及数据可视化等学科.用统计的观点，它可以看成是通过计算机对大量的复杂数据集的自动探索性分析.但是，数据挖掘与统计分析是不同的，不能认为数据挖掘是统计学的分支.相对传统统计分析而言，数据挖掘是海量数据的处理，不是一般意义上的统计分析，是找出特征、规律和联系，而不是验证，必须多种技术结合，而不只是统计分析.统计学主要关注的是分析定量数据，数据挖掘的多来源意味着还需要处理其他形式的数据.

1.2 数据挖掘的技术定义

数据挖掘(Data Mining)指应用数据分析和数据发现算法，从数据库中获取潜在可用的模式或指导性规则的过程[1].数据挖掘所要处理的问题，就是在庞大的数据库中找出有价值的隐藏事件，并且加以分析.它主要的贡献在于，能从数据库中获取有意义的信息以及对资料归纳出有用的结构，作为进行决策的依据.此外，数据挖掘主要目的是发现数据库拥有者先前关心却未曾知悉的有价值信息.事实上，数据挖掘并不只是一种技术或一套软件，而是一种结合数种专业技术的应用.统计方法只是数据挖掘众多方法中的一种，并且值得注意的是，在数据挖掘中起作用的统计方法并不是在传统统计学中占中心地位的推断与检验，而是直方图分析、聚类分析和因子分析等这样一些探索数据的解析方法.这主要是因为数据挖掘要处理的数据产生的框架不同，且量非常庞大，若将其按照产生的框架划分，利用传统的统计方法一个一个地加以处理就需要大量的时间，并且也很难获得数据间、项目间相互关系的信息.由于数据庞大，在数据挖掘中分析方法的算法，甚至于计算量以及如何减少从硬盘读取数据的次数都成为重要的研究课题，而这些问题在传统统计学中很少被考虑.

1.3 数据挖掘的性质

数据挖掘就是从大量的、不完全的，有噪声的，模糊、随机的实际应用数据中，提取隐含在其中潜在有用的信息或知识的过程.简单地说，数据挖掘就是从数据中挖掘知识.原始数据可以是结构化的，如关系数据库中的数据；也可以是半结构化的，如文本、图形和图像数据.发现知识的方法可以是数学的，也可以是非数学的；可以是演绎的，也可以是归纳的.发现的知识可以被用于信息管理、查询优化、决策支持和过程控制等，还可以用于数据自身的维护.因此，数据挖掘是一门交叉学科，它把人们对数据的应用从低层次的简单查询，提升到从数据中挖掘知识，提供决策支持.

数据挖掘的主要过程如下：

(1)确定业务对象.清晰地定义出业务问题，认清数据挖掘的目的，是数据挖掘的重要一步.挖掘的最后结果是不可预测的，但要探索的问题应是可预见的.

(2)数据准备.数据准备包括数据清理、数据变换等过程.数据清理的目的在于消除或减少数据噪声和处理空缺值.对于噪声数据的处理可以使用平滑技术，空缺值的处理可以用该属性最常出现的值或根据统计用最可能的值代替空缺值. 数据变换主要包括数据概化和数据规范化,数据概化就是使用概化分层，用高层次概念替换低层次“原始”数据. 数据规范化在使用神经网络及距离度量时很有用. 数据规范化就是将属性数据按比例缩放,使得它们落入较小的指定区间，如－1.0～1.0,或 0.0～1.0.

(3)数据挖掘. 数据挖掘指使用关联分析、分类和预测、聚类等挖掘算法对所得到的经过转换的数据进行挖掘. 数据挖掘是一门交叉学科,这一阶段可能要用到数据库技术、人工智能、统计学、并行技术及多媒体技术等多学科技术.

(4)结果分析、解释并评估结果. 该步骤通常会用到可视化技术，向用户提供挖掘的知识.

1.4　数据挖掘的主要任务

数据挖掘的目的是从大量数据中,发现隐藏其中的规律或数据间的关系,从而服务于决策. 数据挖掘一般有以下主要任务：

(1)数据分布:对数据进行浓缩,给出它的总体综合描述. 通过对数据的总结,数据挖掘能够将数据库中的有关数据从较低的个体层次抽象总结到较高的总体层次上,从而实现对原始基本数据的总体把握.

(2)分类:使用一个分类函数或分类模型,根据数据的属性将数据分派到不同的组中.

(3)关联分析:数据一般都存在着关联关系,即两个或多个变量的取值之间存在某种规律性,分简单关联和时序关联两种. 关联分析的目的是找出数据库中隐藏的关联网,描述一组数据项目的密切度或关系,故关联规则用置信度来表示关联规则的强度.

(4)聚类:当要分析的数据缺乏描述信息,或者是无法组织成任何分类模式时,可采用聚类分析. 即是按照某种相近程度度量方法,将用户数据分成一系列有意义的子集合,使得每个集合中的数据性质相近,不同集合间的数据性质差距较大.

1.5　稳健性及稳健统计

我们知道,统计就是要使所建立的模型和其所反映的现实世界尽可能地一致,但是,不存在完美的模型,也不存在不含误差的数据. 只能希望方法或模型对于有危险的误差不至于太敏感,这就是稳健性(robustness)的概念. 稳健概念实际上是针对统计中的假设过分理想化而产生的. 稳健性是非参数统计的基本特点,但是稳健统计是介于非参数统计和经典的(参数)统计之间的一些理论的集合,它是近似半参数模型的统计,稳健统计的目的主要有以下几个：

(1)描述出适合于大多数数据的结构；

(2)找出离群值(outliers)(或异常点),如果需要的话,改变已有的结构；

(3)在不平衡的数据结构中(如在回归分析中),发现高度有影响的数据点,并给出警告；

(4)对假定的诸如独立性等的相关结构进行审查并改进.

实际上,对于一个不太熟悉的数据结构,很难说清点是真正满足要求还是误差的产物,这就要对问题的背景有所了解. 纯数学式的思维方式是行不通的.

下面给出一个例子对稳健性进行说明：

例如：设 $F(x)$ 为一个关于 μ 对称的连续分布函数，$X_1, X_2, \cdots, X_n$ 是服从该分布的一个样本，下面来比较两个 μ 的估计量，一个是样本均值 $\overline{X}=\frac{1}{n}\sum_{i=1}^{n}x_i$，另一个是样本位数 X_{med}，定义为顺序统计量的中间值，这里顺序统计量 $X_{(1)} \leqslant X_{(2)} \cdots \leqslant X_{(n)}$（是按自小到大次序重新排列的 $X_1, X_2, \cdots, X_n$），显然如果 $X_{(n)}$ 趋于无穷大，则 $\overline{X}$ 也趋于无穷大. 这说明 $\overline{X}$ 对个别数据的不寻常值很敏感，而 X_{med} 则不因 $X(n)$ 的异常变化而改变，即 X_{med} 是 μ 的一个稳健估计. 还可看出，虽然样本中位数具有稳健性，但样本均值包含了更多的样本所具有的信息. 因此，当不存在异常点时，样本均值是更常用的.

1.6 数理统计常用的思想方法

本节对数据挖掘过程中经常用到的数理统计方法给出较为全面的介绍. 数理统计学方法在数据挖掘中的应用是非常广泛的，主要方法包括以下几个方面.

1. 方差分析

方差分析（Analysis Of Variance，ANOVA）又称为变异数分析法，是指通过检验总体的均值，判断自变量对因变量是否有影响而进行分析的一种方法. 由于在进行方差分析时会将所有样本信息融合到一起，所以该方法的可靠性极高. 在进行方差分析时，被检验的对象通常被称为因素或因子. 根据所研究的自变量的多少，方差分析可分为单因素方差分析和双因素方差分析.

在实际应用过程中，可以用方差分析法确定自变量对因变量有无显著影响等问题. 现今，方差分析法广泛应用于各个领域，如医学、生物学和心理学等方面.

2. 聚类分析

在社会经济领域中存在着大量分类问题，比如对我国 34 个省级行政区独立核算工业企业经济效益进行分析，一般不是各省级行政区去分析，较好的做法是选取能反映企业经济效益的代表性指标，如百元固定资产实现利税、资金利税率、产值利税率、百元销售收入实现利润、全员劳动生产率等，根据这些指标对 34 个省级行政区进行分类，然后根据分类结果对企业经济效益进行综合评价，就易于得出科学的分析. 又比如对某些大城市的物价指数进行考察，而物价指数很多，有农用产品物价指数、服务项目物价指数、食品消费物价指数和建材零售价格指数等. 由于要考察的物价指数很多，通常先对这些物价指数进行分类. 总之，需要分类的问题很多，因此聚类分析越来越受到人们的重视，它在许多领域都得到了广泛的应用.

多元统计分析中的聚类分析提供了多种聚类方法：系统聚类法、动态聚类法、模糊聚类法、图论聚类法和聚类预报法等.

在事先不知道研究的问题应分为几类，更不知道观测到的个体的具体分类情况下，就需要对观测数据进行分析处理，选定一种度量个体接近程度的统计量如距离或相似系数，确定分类数目，建立一种分类方法，并按亲近程度对观测对象给出合理的分类.

可以根据样品或者对象的各种指标进行分类，描述样品的亲疏程度最常用的是距离，有明氏距离、兰氏距离、马氏距离和斜交空间距离等.描述指标亲疏通常用相似系数,对于定量变量常用夹角余弦和相关系数.对于属性数据进行适当数值转换也一样处理.对于分类个数一般是根据聚类谱系图和各统计量值等来判断,也可以根据用户要求进行,建议综合各种方法衡量.为了将样品进行分类,就需要研究样品之间的关系,一种方法是用相似系数,性质越接近的样品,它们的相似系数越接近于1(或−1),而彼此无关的样品它们的相似系数则越接近于0,比较相似的样品归为一类,不怎么相似的样品属于不同的类.另一种方法是将每一个样品看作P维空间的一点,并在空间定义距离,距离较近的点归为一类,距离较远的点归为不同的类,样品之间的相似系数和距离有各种各样的定义,而这些定义与指标(变量)的类型关系极大,通常指标按照测量它们的尺度来进行分类.

聚类方法很多,但其核心只有两个,一个是样本的相似度量问题;另一个是聚类的准则问题.所谓样本相似性度量有距离(距离度量还有许多种)、相关系数和夹角方向余弦3种.聚类准则可以分为两类,一类是启发式方法,根据经验和直观确定一些准则,比如A和B一类,B和C一类,那么A和C也是一类.另一类是最优化的技术,根据聚类问题的实际背景确定一个目标函数,比如类内样本间差别最小,而类间样本的差别最大,这样,聚类问题就转化成一个最优化问题.大体上,主要的聚类算法可以分为如下几类:划分方法、层次的方法、基于密度的方法、基于网格的方法和基于模型的方法.聚类是一种常用的描述方法,寻求可以识别有限的类别或聚类集合来描述数据.聚类在数据挖掘中应用的例子很多,如发现超市数据库中有类似购买行为的消费者群体,识别从天空测距红外线光谱的子类等.

3. 判别分析

聚类分析是在不知道类别数目的情况下对样本数据进行分类,而判别分析则是在已知分类数目的情况下,根据一定的指标对不知类别的数据进行归类.判别分析在生物学、医学、地质学、石油和气象等领域得到了较为广泛的应用,如地质人员需要根据化学成分等来判别采到的矿石属于哪一种矿,气象工作者需要根据采集到的信息判断近日内的天气是晴、是阴还是雨.

判别分析是利用原有的分类信息,得到体现这种分类的函数关系式(称之为判别函数,一般是与分类相关的若干个指标的线性关系式),然后利用该函数去判断未知样品属于哪一类.

判别问题可以描述为:设有k个m维总体$G_1,G_2,\cdots,G_k$,其分布特征已知(已知分布函数或知道来自各个总体的训练样本).对于一个新样本x,判断它应归入哪个总体.它的前提是已知它的类别数目及特征,这个前提可以根据观测、经验得到或来自聚类分析的结果.

常用的判别分析方法有距离判别法、费歇尔(Fisher)判别法和贝叶斯判别法等.根据处理变量的方式不同,又可以分为典型法和逐步法.

距离判别法的基本思想是:根据已知分类的数据,分别计算各类的重心即分组(类)的均值,判别准则是对任给的一次观测,若它与第i类的重心距离最近,就认为它来自第i类.

费歇尔判别法的基本思想是:从两个总体中抽取具有p个指标的样品观测数据,借助方差分析的思想构造一个判别函数或判别式:$y=c_1x_1+c_2x_2+\cdots+c_px_p$,其中系数$c_1,c_2,\cdots,c_p$确定的原则是使两组间的区别最大,而使每个组内部的离差最小.有了判别式后,对于一个新的样品,将它的p个指标代入判别式中求出y值,然后与判别临界值进行比较,就可以判别它应属于哪一个总体.

费歇尔判别法随着总体个数的增加,建立的判别式也增加,因而计算起来比较麻烦.如果对多个总体的判别考虑的不是建立判别式,而是计算新给样品属于各总体的条件概率$P(l/$

x)，$l=1,2,\cdots,k$. 比较这 k 个概率的大小，然后将新样品判归来自概率最大的总体，这种判别法称为贝叶斯判别法.

贝叶斯判别法的基本思想是：假定对所有研究对象已有一定的认识，常用先验概率来描述这种认识. 贝叶斯分类是统计学分类法. 它可以预测类成员关系的可能性，比如样本属于一个特定类的概率. 贝叶斯分类基于贝叶斯定理，朴素贝叶斯分类在某些应用中可以与判定树和神经网络分类法相媲美. 同时，贝叶斯分类用于大型数据库具有较高的速度. 朴素贝叶斯分类假定一个属性对分类的影响独立于其他属性的值.

给定一个未知类别的数据样本 X，贝叶斯分类法将预测 X 属于具有最高后验概率的类.

逐步判别法采用"有进有出"的算法，即逐步引入变量，每引入一个"最重要"的变量进入判别式，同时也考虑较早引入判别式的某些变量，如果其判别能力随新引入变量而变为不显著了(例如其作用被后引入的某几个变量的组合所代替)，应及时从判别式中把它剔除去，直到判别式中没有不重要的变量需要剔除，而剩下的变量也没有重要的变量可引入判别式时，逐步筛选结束.

各种不同的方法有不同的判别准则，产生不同的效果，这里不作详细介绍. 距离判别只要求知道总体的特征量(即参数、均值和协差阵，不涉及总体的分布类型). 当参数未知时，就用样本均值和样本协差阵来估计. 该方法简单、结论明确，故比较实用. 但它没有考虑总体出现的概率，也没有考虑错判造成的损失而存在缺陷，贝叶斯判别弥补了它的不足. 逐步判别法是通过变量判别能力检验挑选判别能力强的变量来筛选判别变量，并建立判别函数，该方法相对更有效.

在数据挖掘中，判别分析方法应用很广泛. 如可以用判别分析法分析资本主义国家经济发展的类型、各国人口状况和我国行业经济效益等.

4. 回归分析

关联分析的实现，统计学从不同角度有不同的方法. 方差分析分单因子和多因子方差分析两种，是分析试验(或观测)数据的一种统计方法，帮助推断哪些因素对所考察的指标的影响最显著，哪些不显著，哪些产生交互作用，就能找到变量间的相关联强度. 由于要求满足一定的前提假设，所以实现时选择用参数和非参数方法. 另一类方法就是回归与回归诊断，对过程中记录的数据进行分析，找出人们所关心的指标(因变量)Y 有影响的因素(自变量或回归变量)x_1，x_2，$\cdots$，x_m，并建立用回归变量预报 Y 的经验公式，即隐性近似关联关系，便于用来进行预报或控制、指导决策. 将该方法推广，可以找出任何若干组相关观测数据中各变量间隐含的近似线性或非线性关系，同时还可进行模型检验和参数检验来验证经验公式的正确性或可信度，直至找出最优的回归方程. 通过回归方程，可以预测出其中任何一个未知量. 对于时序数据，则用时间序列分析方法处理. 对于定性变量，可以运用 Logistic 回归来预测. 回归分析也是处理多维数据的降维问题的一种有效方法. 回归是学习一个函数，这个函数是将数据项映射为实值的预测变量.

需要指出的是，并非所有非线性模型都可以转换成线性模型. 比如，指数和的形式，可以使用更复杂的计算或采用其他回归模型.

在数据挖掘中回归分析应用的例子很多，例如，回归分析可用来预测由微波遥感探测的森林里生物的数量；可以估计在给出诊断结果的情况下病人能存活的概率；可以作为一个广告花费函数来预测消费者对新产品的需求；可以预测输入变量可能是预测变量的时间滞后形式的时间序列.

5. 主成分分析

主成分分析(Principal Component Analysis,PCA)是一种用于了解事物间主要矛盾的常用数据分析方法,它可以从多种事物中找到主要的影响因素,揭示出事物的固有属性,从而达到简化复杂问题的结果.主分量分析又称为主成分分析或主轴分析,是将多个指标化为少数几个综合指标的一种统计分析方法,是将主分量表示为原变量的线性组合.进行主成分分析的主要目的是将复杂的高维数据投射到维数较低的空间上.在研究某一复杂问题时,可以先研究这一问题的主要方面,如果这一主要方面刚好包括了所要研究的变量的特征,可以从问题中将这一变量分离出来,进行详细的分析.但在实际操作过程中,所需的关键变量往往很难被直接找出,此时就需借助 PCA 将事物主要方面用原有变量间的线性组合来表示.

通常,PCA 可用来选取数据的主要特征分量,但其主要用于将高维数据降到低维,以此来简化所研究的问题.因此,研究这类问题的主要做法是将所研究的数据中方差不大的维度删除,把方差大的维度留下,然后求出一个 k 维特征的变换矩阵,利用这个 k 维特征的变换矩阵的正交性,使得这一变换矩阵在有些维度上方差大,在有些维度上方差小.这里所建立的变换矩阵也称作投影矩阵,其主要作用就是使指标从高维降到低维,并且新建立的变换矩阵中的每个维度间和特征向量都是正交的.最后可以利用从总体中抽样出的样本矩阵的协方差矩阵求出特征向量,从而得到所需的投影矩阵.值得注意的是,特征向量大小与协方差矩阵的大小有关.

6. 因子分析

因子分析是研究相关阵或协差阵的内部依赖关系,它将多个变量综合为少数几个因子,以再现原始变量与因子之间的相关关系,是主成分分析的推广和发展,是将原始变量表示为公因子和特殊因子的线性组合.令 f_{ij} 为公因子载荷,F_j 为公共因子,ε_i 为第 i 个变量特定因子,则表示形式为

$$X_i = f_{i1}F_1 + f_{i2}F_2 + \cdots + f_{im}F_m + \varepsilon_i\,,\quad i = 1,2,\cdots,n$$

因子分析的基本思想是通过变量(或样品)的相关系数矩阵(对样品而言是相似系数矩阵)内部结构的研究,找出能控制所有变量(或样品)的少数几个随机变量去描述多个变量(或样品)之间的相关(相似)关系.这少数几个随机变量是不可观测的,通常称为因子.然后根据相关性(或相似性)的大小把变量(或样品)分组,使得同组内的变量之间的相关性较高,但不同组的变量相关性较低.

因子分析的步骤是:选好想要分析的变量;准备好相关矩阵,选好共性程度;决定因子的数目;从相关矩阵中抽取公共因子;旋转因子,增加变量与因子之间关系的解释;解释结果.

7. 典型相关分析

典型相关分析是研究两组变量之间相关关系的一种统计方法,实现方法是在主成分分析的基础上,通过两个综合变量之间的相关系数来描述相关性.首先在每组变量中找出变量的线性组合,使其具有最大相关性,然后再在每组变量中找出第二对线性组合,使其分别与第一对线性组合不相关,而第二对线性组合本身具有最大的相关性,如此继续,直至两组变量之间的相关性被提取完为止.有了这样的线性组合的最大相关,则讨论两组变量之间的相关就转化为

只研究这些变量线性组合的最大相关,从而减少研究变量的个数.

设 $Z_{(1)},Z_{(2)},\cdots,Z_{(n)}$ 为取自正态总体的样本(实际上,相当广泛的情况下也对),每个样品测量两组指标,分别记为 $\boldsymbol{X}=(X_1,X_2,\cdots,X_p)'$,$\boldsymbol{Y}=(Y_1,Y_2,\cdots,Y_q)'$,原始资料矩阵为

$$\begin{bmatrix} x_{11} & x_{12} & \cdots & x_{1p} & y_{11} & y_{12} & \cdots & y_{1q} \\ x_{21} & x_{21} & \cdots & x_{2p} & y_{21} & y_{22} & \cdots & y_{2q} \\ \vdots & \vdots & & \vdots & \vdots & \vdots & & \vdots \\ x_{n1} & x_{n2} & \cdots & x_{np} & y_{n1} & y_{n2} & \cdots & y_{n2} \end{bmatrix}_{n\times(p+q)}$$

典型相关分析.首先计算相关矩阵 $\boldsymbol{R}$,并将 $\boldsymbol{R}$ 剖分为

$$\boldsymbol{R}=\begin{bmatrix} \boldsymbol{R}_{11} & \boldsymbol{R}_{12} \\ \boldsymbol{R}_{21} & \boldsymbol{R}_{22} \end{bmatrix}$$

其中,$\boldsymbol{R}_{11}$,$\boldsymbol{R}_{22}$ 分别为第一组变量之间和第二组变量之间的相关系数矩阵,$\boldsymbol{R}_{12}=\boldsymbol{R}_{21}'$ 为第一组与第二组变量之间的相关系数,继续求典型相关系数及典型变量,最后进行典型相关系数的显著性检验,在给定显著性水平 α 下,检验接受还是否定原假设 H_0,判断出第一对典型变量相关或不相关.如果相关,则依次再检验其余典型相关系数,直到某一个相关系数检验为不显著时截止.

8. 贝叶斯网络

近年来,基于概率统计的一些新方法被用于数据挖掘,如贝叶斯网络.贝叶斯网络是一种概率网络,它是基于概率推理的图形化网络,而贝叶斯公式则是这个概率网络的基础.贝叶斯网络是基于概率推理的数学模型,所谓概率推理就是通过一些变量的信息来获取其他的概率信息的过程.基于概率推理的贝叶斯网络是为了解决不定性和不完整性问题而提出的,它对于解决复杂设备不确定性和关联性引起的故障有很大的优势,在多个领域中获得了广泛应用.贝叶斯网络最初主要在专家系统中用来表述不确定的专家知识,20 世纪 90 年代中后期,才逐渐被国外的科技人员用于数据挖掘.目前,贝叶斯网络已成为数据挖掘领域非常重要而且有效的方法之一,也是研究热点之一.贝叶斯网络是用来表示变量集合的连接概率分布的图形模型,它提供了一种自然地表示因果信息的方法.贝叶斯网络本身并没有输入和输出的概念,各节点的计算是独立的,因此,贝叶斯网络的学习既可以由上级节点向下级节点推理,也可以由下级节点向上级节点推理.

9. 时间序列分析

时间序列挖掘是兴起不久的数据挖掘研究的一个热点领域.目前的研究主要集中在时间序列中相似序列查找、频繁模式发现、关联模式发现、多粒度结构模式发现、周期模式发现以及异常数据挖掘等方面,即先对序列进行分割、抽取各个子序列的特征,根据这些特征进行聚类,得到少数几个模式,将模式进行符号替换,然后采用序贯模式发现算法实现关联规则.

挖掘方法对时间序列进行分析的基本思路是:针对实际的大量序列数据,根据应用目的,选用相应的挖掘工具,从序列数据中发现隐含的规则(又常称为模型、模式或知识),再以这些规律对序列未来的变化进行预测或描述.

实现挖掘工具的方法很多,它以一种开放性的思维,大量综合应用统计学、决策树、模糊理论、神经网络、粗糙集以及统计学习理论如支持向量机等,从各个角度、各个层面去挖掘信息.尽管挖掘工具在具体从数据中寻找模式的方式多种多样,但归根结底,它是直接以数据驱动

的，因此其建模过程本质上是一个依靠挖掘工具来进行归纳推理的过程.比如，神经网络的学习过程本质上就是一个归纳过程.由于是一个归纳过程，所以只要数据中的某种模式达到设定的置信度、兴趣度、支持度阈值要求，就会以规则的形式输出.因此，挖掘方法可能建立的实际模型有很多个，它们分别反映了序列某些方面的特征.

现在的统计学正处在一个十字路口，我们可以决定是接受还是拒绝改变.这两种战略的选择将决定统计学的发展方向，但谁也不能肯定哪一种战略能保持该领域的健康发展和生命力.但不管怎么说，统计学在数据挖掘科学中发挥着重要的作用，它们之间有着密切的联系.统计学应该和数据挖掘合作，共同地向前发展，而不是将它甩给计算机科学家.

1.7 统计软件简介

在学术研究中，需要进行统计处理的资料数量巨大，这是一项细致而烦琐的工作，为了减轻整理和计算大量数据的负担，提高工作效率，需要充分引进现代化的统计工具.随着电脑软件技术的发展，在统计、分析数据方面电脑发挥了巨大的作用，它速度快、功能多、计算精确、耗时短，并且统计软件可以完成更为精确的统计计算和资料分析.目前市场上的统计分析软件十分多，各有千秋.国际通用的统计分析软件主要有 SPSS(Statistical Product and Service Solutions)和 SAS(Statistical Analysis System)两种.SPSS 已经完全菜单化，使用很方便，但是它所包含的方法是固定的，不能自己更改.SAS 功能强大，能提供很多子程序，用户可以根据需要调用子程序，因此可以完成各种各样的统计计算；其缺点是使用相对困难，每次购买的软件有一定的使用期限.SPSS 的用户群包括统计专业人士和非统计专业人士，而使用 SAS 的用户主要是统计专业人士.目前使用已经非常广泛的 Excel 软件也能进行一些简单的统计计算，对于非统计专业人士来说，做一些简单的统计分析是完全可以的.

统计学是关于数据收集、整理和分析的方法论学科，统计过程涉及大量计算，现在有很多功能齐全、容易操作的统计软件供选用，这里简单介绍几种常见的统计软件.

1.7.1 SAS 软件简介

1966 年，美国北卡罗来纳州州立大学开发出了 SAS，十年后，世界著名软件公司凯瑞接手了 SAS 系统的开发、维护、销售和培训，同时成立了 SAS 软件研究所(SAS Institute Inc.).在这个过程中不断有新版本推出，历经多年实际应用的考验，SAS 系统已成为全世界公认的统计分析标准软件，是统计分析领域的统计软件霸主.SAS 系统主要面向的任务是数据访问、数据呈现、数据分析、数据管理，都是以数据为核心的.作为一个大型应用软件系统，SAS 具有一般大型软件系统的特点：高度模块化、集成化.它大致包括数据库、分析核心、开发呈现工具、对分布处理模式的支持及其数据仓库设计这四部分.SAS 不仅可以进行数据的储存、分析、访问及管理，还能处理图像、编制报告，另外还能实现计量经济学与预测等.经过多年不断完善，SAS 最新版本已经发展到 9.4，其核心功能依然是统计分析.目前 SAS 已经在全球范围内被广泛应用，包括金融、医药、生产、运输、通信和科研等重要领域.

1.7.2 SPSS软件简介

SPSS即统计产品与服务解决方案. SPSS总部于1984年推出了世界上首个统计分析软件微机版本SPSS/PC+，命名为社会科学统计软件包"(Statistical Package for the Social Sciences)，开创了SPSS微机系列产品的开发方向，极大地扩充了它的应用范围，并使其能很快地应用于自然科学、社会科学的各个领域. 随着SPSS产品面向领域的拓宽和市场需求的提升，SPSS公司已于2000年正式更名为"统计产品与服务解决方案".

1. SPSS功能

SPSS使用图形菜单驱动界面，操作界面十分友好，输出结果也很美观大方，它能够统一、规范地展示几乎所有的功能，各种管理和分析数据方法的功能由Windows的窗口展示，而功能选择项则由对话框展示. 用户只需具备一定的Windows操作能力，精通统计分析原理，就可以使用该软件. SPSS输入与管理数据的方式类似Excel表格，能简便地从其他数据库中导入数据. 常用的、较为成熟的统计过程都包括在其统计软件之内，因此完全可以满足业余人士的工作需要. 它的输出结果非常美观，采用专用的SPO格式存储，并且能够随意转存为HTML格式和文本格式. 由于老版本采用编程运行方式，为了便于习惯之前运行方式的用户使用，SPSS还专门设计了一个窗口用于语法生成，用户只要在菜单中选好各个选项，然后点击"粘贴"按钮，一个标准的SPSS程序就能自行生成.

SPSS for Windows包含数据录入、整理和分析功能，是一个功能强大的软件包，并且是组合式的. 用户能够自行选择相应模块来满足自己的实际需要，在做模块选择的时候还可以将所用的计算机性能考虑进去，以便系统容量小的计算机也能正常工作. 管理数据和输出、分析图表，还有统计分析等都是SPSS的基础性功能. SPSS统计分析过程包括一般的描述性统计、一般线性模型和对数线性模型的建立，相关性分析和回归分析，简化数据和比较均值，还有聚类分析、时间序列分析和生存分析，多重响应等类别，每一个类中又包含着几个统计过程，譬如，回归分析又分线性回归和非线性回归分析、Logistic和Probit回归、曲线估计和加权估计、两阶段最小二乘法等多个统计过程，而且每个过程中用户又能决定不同的方法及参数. SPSS也有专门的绘图系统，能够依据数据绘制各种图形.

2. SPSS特点

(1)操作简便. SPSS的各种菜单和对话框囊括了几乎所有的命令语句、子命令及各种选项，因此，用户不需要太多的时间来记忆繁杂的命令、过程、选项等. 在SPSS中，菜单和对话框就能实现大多数操作，因此操作起来并不复杂，同时又有利于学习和使用.

(2)编程方便. SPSS在这方面类似第四代语言，只要通过菜单的选择和对话框的操作命令系统要做什么，而不是告之怎么做. 如果只了解统计分析的原理，不精通统计方法的各种算法，也能得到所需的统计分析结果.

(3)功能强大. SPSS拥有共11个种类的136个函数，具备完备的数据编辑录入、统计分析、图表绘制等功能. 数据的探索性分析、统计描述、列联表分析、二维相关、秩相关、偏相关、方差分析、非参数检验、多元回归、生存分析、协方差分析、判别分析、因子分析、聚类分析、非线性回归和Logistic回归等这些从一般到复杂的统计描述或统计分析问题都能用SPSS提供的方法解决.

(4)数据源丰富. SPSS能够在需要的时候同时打开多个数据集,实现在不同数据库之间进行比较分析和转换处理,这对研究工作来说十分方便. 同时,如Excel、Access、关系数据库和文本编辑软件等生成的不同格式的文件均可简单地转换成SPSS数据文件,可以供人们分析使用.

3. SPSS应用

(1)在经济学方面:例如对我国各级行政区的社会情况分析、市场预测产品是否畅销、研究国民收入变量与投资性变量之间的相关关系、对全国各个级行政区经济效益做综合评价以及某行业今年和去年的经营状况是否有显著差异.

(2)在工农业方面:例如企业经济效益的评价以及服装企业如何确定适应大多数顾客的服装主要指标和分类型号,如何根据全国各地区农民生活消费支出情况研究农民消费结构的趋势.

(3)在医学方面:如何根据某病人的多种症状(体温、血压、是否恶心、是否呕吐等)来判别此人患何种类型的病.

(4)在生态学方面:如何根据测量的特征如体重、身长、头宽等,将类似鱼类的样本分成几个不同的品种.

1.7.3　R软件简介

1. R语言的发展

R语言出现于1980年,它已被普遍地应用于统计领域. 首先,R语言源于S语言,是S语言的一个分支,是对S语言的一种实现. S语言是基于S-PLUS系统操作的. 因为R软件的操作方式与S-PLUS的操作方式相似,所以这两种语言可以相互兼容. 因此,有人认为R语言是对S语言的一种延伸. R软件是由新西兰奥克兰大学的Ross Ihaka、Robert Gentleman及其他志愿人员开发的,这个软件主要是方便广大兴趣者做统计分析的,它不以盈利为目的,R软件不仅是一套完备的进行数据处理、制图和计算的软件系统,而且还包含很多与统计学及数字分析相关的功能. R软件有很多功能,尤其是绘图功能,是它的主要功能之一. 当然,R语言除了主要应用于开发与统计相关的软体或统计分析外,还可以将其用作矩阵计算. R与MATLAB相比更具备开放性,这是因为R语言应用更广,在R软件中解决问题的命令可以根据自己需求编辑,而不仅限于傻瓜式的点命令. R语言在统计和金融等领域都有广泛运用. 由于它具有极强的统计功能,所以多数人会选择使用它,很多经典的或者最新、最高端的统计技术都可以在此软件的内部实现.

2. R语言的核心概念

(1) 对象. R语言是基于对象的语言,一切对象的内在属性包含元素类型和长度.

对象内元素的基本类型里有元素类型,元素类型有数值、字符型、复数型、逻辑型和函数等. 对象中元素的数目称为长度. 对象自身有差异,体现的数据结构也就有了差异. 下面介绍一部分R语言中的对象类型:

1)向量:相当于一维数组,由一系列有相同基本类型的有序元素构成.

2)因子:对其他同长的向量元素展开分类的向量对象. 在R语言中有有序和无序两种因子.

3)数组:带有多个下标的类型相同的元素的一种集合.

4)矩阵:与向量类似,也是由一些具有相同基本类型的有序元素构成,矩阵仅仅是一个双下标的数组.

5)数据框:以数据框形式结合数据,数据框的结构和矩阵类似. 数据框中列可以作为有差别的对象.

6)时间序列:包含一些类似时间和频率的其他属性.

7)列表:一种普遍化的向量,以列表形式结合数据. 它不要求全部元素是同一类型,通常情况下有向量和列表两种类型. 当统计计算的结果返回时,列表可以提供方便的措施.

(2) 常量. R语言中还定义了一些常量,如下所示:

NA:表示不可用

Inf:无穷

-Inf:负无穷

TRUE:真

FALSE:假

(3)R语言的基本使用.

1) 命令. R软件中的R语言是一种有着相对简单语法的表达式语言,它跟C语言类似. R软件使用者能够通过命令与R语言进行交互.

R语言中的基本命令除了表达式,还有赋值. R软件会自动解析哪些是表达式的命令,并且屏幕上显示结果的同时,它也会自动清空该命令所占的内存. 如果一些赋值也是表达式,此时这个赋值会自动传给变量,同时赋值被解析,但是在屏幕上不会自动显示其结果.

2)交互式使用R语言. 与Python、Ruby等语言相似,R软件也有命令编写环境,可以进行各种尝试,并且可以随时调整过程.

下面是交互式使用R语言的几个例子:

例如:

```
1. >? start() # 启动在线帮助,会打开浏览器.
2. >x<-rnorm(50); y<-rnorm(x)   # 产生两个随机向量 x 和 y
3. >plot(x,y) # 使用 x,y 画二维散点图,会打开一个图形窗口
4. >Is() # 查看当前工作空间里面的 R 对象
5. >rm(x,y) # 清除 x,y 对象
6. >x<-1:20 # 相当于 x=(1,2,…,20)>
```

例如:

```
1. x<-1:20 # 等价于 x=(1,2,…,20).
2. w<-1+sqrt(x)/2 # 标准的权重向量.
3. fm<-1m(y~x,data=dummy) # 拟合 y 对 x 的简单线性回归
4. summary(fm) # 查看分析报告.
5. fml<-1m(y~x,data=dummy,weight=1/w~2) # 加权回归
```

3. R语言在统计模拟中的应用

对于统计模拟来说最重要的事情就是产生一些数据和样本空间,这些样本和数据不仅与

统计模型的要求一致，还应该是最优的.

(1)软件优秀的随机模拟功能. 众所周知，要想实现统计模拟功能，那么产生某概率分布的随机数是它不可缺少的前提条件，在 R 软件中，它有最优秀的随机模拟功能.

(2)优良的编程环境和编程语言. 由于 R 软件并不单是提供统计程序，而且使用者仅仅只需要指定数据库和部分参数便可以进行统计分析，所以说，如果把 R 软件看作是一种统计软件，那么把它看作是进行数学计算的环境更加贴切. R 软件的思想是：它不单可以提供一些集成的统计工具，而且还可以提供各种数学计算、统计计算的函数，这样不仅可以使数据分析更具灵活性，还可以创造出一些新的符合需要的统计计算方法.

R 语言表面上类似于 C 语言的语法，但在语义上是函数设计语言的延伸拓展并且和 Lisp 以及 APL 有很强的兼容性. 它与 C 语言最大的区别便是 R 语言允许计算，这使得输入的参数是它作为函数的表达式，而关键在于这种做法对统计模拟和绘图很有用.

(3)高效率的向量运算功能. R 软件中含有的向量运算功能在使用的时候可以大大地减少程序运行的时间，这也就提高了程序运行的效率，缩短了工作时间.

1.7.4　利用软件进行数据统计模拟试验

1. 统计模拟的概念

统计模拟就是在计算机上通过对大量实验的研究，来实现从样本抽取到统计推断的统计分析全过程，并且找出统计推断的规律. 统计模拟即计算机统计模型，它的本质就是计算机建模后用计算机模拟出人们建立的模型，最后根据建立的模型与现实事件贴近度来估计建立的模型的准确性和误差性，也即计算机模型就是计算机方法和统计模型（如程序、流程图和算法等）的结合，它是计算机理论和实际问题之间的桥梁. 它与统计建模的关系如图 1.1 所示.

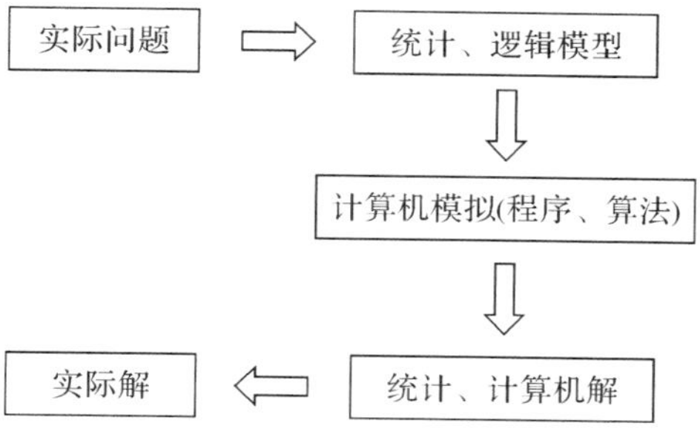

图 1.1　统计模拟与统计建模的关系

通常，模拟的方法主要有物理模拟和数学模拟两大类. 物理模拟的实质是用功能相似的实验系统去模仿实际系统及其功能. 但是物理模拟通常花费比较大、周期较长、改变系统结构和系数都比较困难，而且许多实际系统无法展开物理模拟，比如军事训练之类的实际系统. 按照模拟过程中因变量的变化情况，即按状态变量的变化性质可以将模拟分为离散型、连续型和混合型三种模拟类型. 按变量是不是随时间变动，又可以将统计模拟分为动态随机模拟和静态随机模拟.

2. 常用的统计模拟方法

(1)蒙特卡罗法(随机模拟法). 对于不容易解决的复杂模型,可用随机模拟法近似计算出系统的预计值,这种方法称为蒙特卡罗法,也是统计模拟中最常用的方法.

(2)系统模拟方法. 系统模拟是研究系统的重要方法,对于一个结构复杂的系统,要建立一个数学(统计)模型来描述它是非常困难的,甚至是做不到的,即使能够构造出数学(统计)模型,也因为数学(统计)结构复杂无解或者是难以研究,对于这类系统采用模拟的方法不失为一种求解的好方法. 按照系统模拟的因变量是离散的还是连续的,系统模拟可以分为离散系统模拟和连续系统模拟.

(3)MCMC(马尔可夫链蒙特卡罗方法). 马尔可夫链蒙特卡罗方法(简称马氏蒙特卡罗法)是蒙特卡罗模拟的扩展,随机数通过马尔可夫链生成. 在数学上,构建一个马尔可夫链,并按该马尔可夫链移动,同时选取任意一个状态开始采样,经过一段时间的采样之后,最后选用接近平稳分布的样本作为最终的采样样本,这是马尔可夫链蒙特卡罗抽样的核心思想. 这里的平稳分布可以理解为,如果模拟了一条这样的马尔可夫链,去除样本中前面的一部分后,就可以识别之后的样本,并认为它来自于平稳分布.

构造马尔可夫链的方法,就是取 i,j 两状态之间最小转移概率作为二者之间转入和转出的概率,转出去概率大的状态增加了自我转移的概率. 假设状态 i 转出到状态 j 的概率大,如图 1.2 所示.

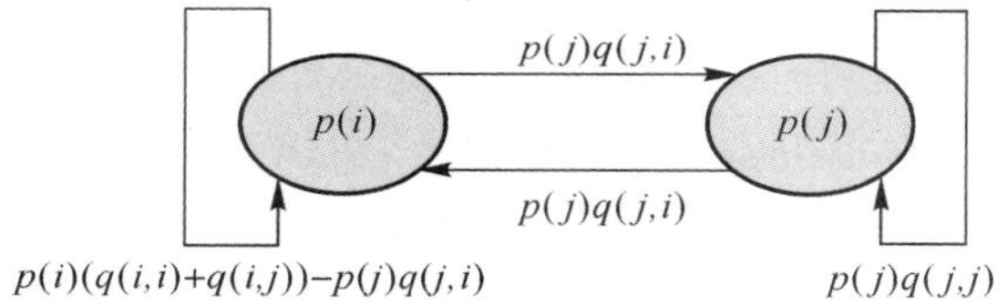

图 1.2

因此,如果要构造最快收敛的转移方法思路就是调整每个状态的自我转移概率,使它最接近稳态下的自我转移概率,多余的概率都要转移出去,同时保证细致平稳条件.

3. 统计模拟的一般步骤

统计模拟的一般步骤如图 1.3 所示.

4. 统计模拟案例试验

实例 1.1: 用 Buffon 法估计 π 的值.

在平面上,有一些距离相等的平行线,长度为 $a(a>0)$,向平面上随机投一长为 $L(L<a)$ 的针. 求针与平行线相交的概率 $P(A)$.

解决思路:如果以 M 表示针的中点,以 x 表示距离 M 最近平行线的距离, 表示针与平行线的夹角,则针与平行线相交的充要条件(θ,x)满足 $0\leqslant x\leqslant\frac{1}{2}\sin\theta, 0\leqslant\theta\leqslant\pi$ 在计算机上模拟的步骤如下:

(1)产生随机数. 首先产生 n 个相互独立的随机变量 θ,x 的抽样序列 $\theta_i,x_i,i=1,2,\cdots,n$,其中 $\theta_i\sim U(0,\pi)$,$x_i\sim U(0,a/2)$.

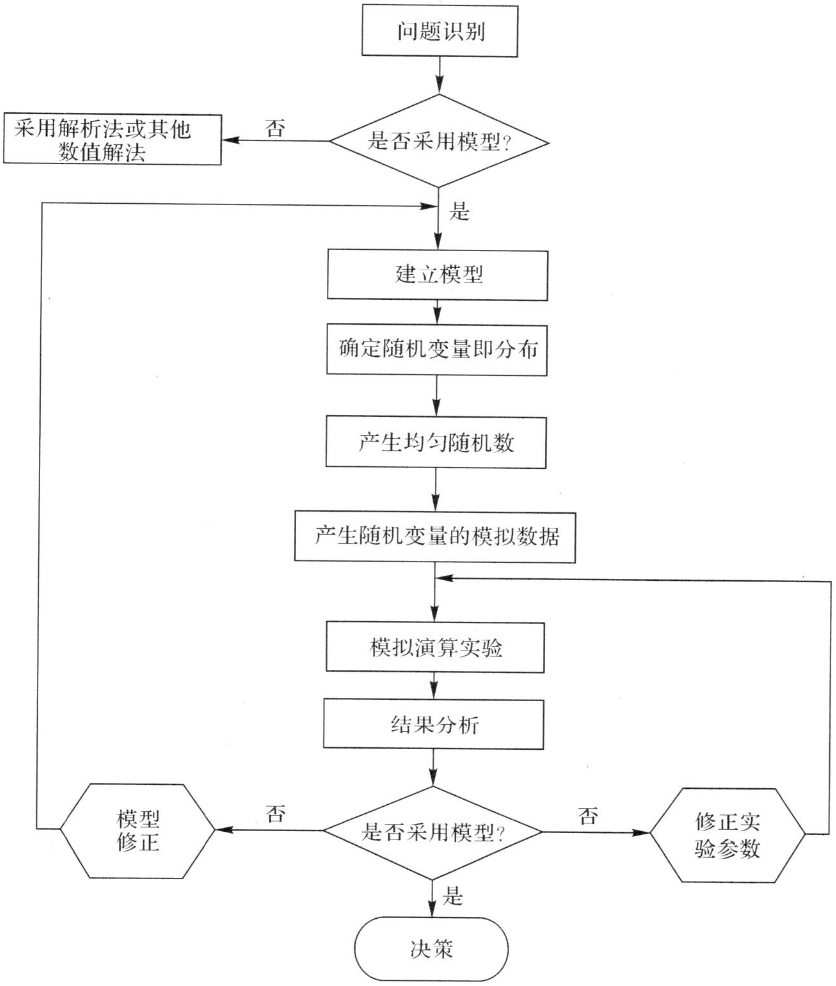

图 1.3　统计模拟的一般步骤

(2)模拟试验. 检验不等式 $x_i\leqslant\frac{1}{2}\sin\theta_i$ 是否成立. 若该式成立,表示第 i 次试验成功(即针与平行线相交). 设 n 次试验中有 k 次成功,则 π 的估计值为 $\hat{\pi}=\frac{2Ln}{ak}$,其中 $a>L$,且均为预先给定.

实现用 Buffon 法估计 π 的 R 语言函数如下:

```
buffon<-function(n,l,a){
k<-0;theta<-runif(n,0,pi);x<-runif(n,0,a/2)
for(i in 1:n)
{if(x[i]<=1/2*sin(theta[i])){k<-k+1}}
2*l*n/(k*a)
}
buffon(100000,l=0.8,a=1)
```

当取 $n=100000$,l=0.8,a=1 时,运行结果为

```
>
>buffon(100000,l=0.8,a=1)
[1]2.51276
>|
```

实例 1.2: 用蒙特卡罗法求解积分.

用蒙特卡罗法考虑定积分 $I=\int_0^1 g(x)\mathrm{d}x$. 解题思路:令 x,y 为相互独立的(0,1)区间上的均匀随机数,在单位正方形内随机地投掷 n 个点 (x_i,y_i),$i=1,2,\cdots,n$. 若第 j 个随机点 (x_j,y_j) 落于曲线 $f(x)$ 下的区域内,表明第 j 次试验成功,这相应于满足概率模型 $y_i\leqslant f(x_j)$. 设成功的总点数有 k 个,总的试验次数为 n,则由强大数定理,有 $\lim\limits_{n\to\infty}\frac{k}{n}=p$,从而有 $I-\frac{k}{n}\approx p$,随机点落在区域 A 的概率 p 恰是所求积分的估值.

例如,求 ln5 的近似值.

解决思路:考虑 $\ln x=\ln x-\ln 1=\int_1^x \frac{1}{x}\mathrm{d}x$,随机抽取横坐标在 1~5 之间、纵坐标在 0~1 之间的一点 (x,y),如果 y 小于 $\frac{1}{x}$,则标记为 1,否则标记为 0. 经过 n 次以后,将前面标记为 1 的点相加,并除以 n,就得到相应的估计值. 在 R 软件中可以一次性生成多个随机数,所以前面的思路可以稍作调整以提高效率:随机收取 n 个点,这些点满足横坐标在 1~5 之间,纵因此坐标在 0~1 之间;将满足 $y<\frac{1}{x}$ 的点的个数除以 n,即可得到需要的估计值.

其 R 程序如下:

```
MC.ln5<-function(n)
{
x=runif(n,1,5)
y=runif(n,0,1)
sum(y<1/x)/n
}
MC.ln5(100000)#一次模拟
#多次模拟以后求平均值
ys=replicate(1000,MC.ln5(100000))#将上述程序重复 1000 次
mean(ys)#计算平均值
```

其运行结果为:

```
>MC.ln5(100000)
[1]0.40234
>
>
>
>
>ys=replicate(1000,MC.ln5(100000))
>mean(ys)
[1]0.4023341
```

```
>|
```

由 R 程序输出结果可知，模拟次数增多以后，所求结果更精确.

实例 1.3： 马尔可夫链蒙特卡罗法(MCMC)案例试验.

假设有 m 个城市 $c_1,c_2\cdots,c_m$ 以及一个 $m\times m$ 对称矩阵 $\boldsymbol{D}=d_{ij}$，其元素 d_{ij} 表示城市 i 和城市 j 的距离. 又假设一个商人居住在某个城市 c_i 中，他需要到其他城市中推销商品，然后返回家乡. 则他应该以何种顺序游历这些城市，使其路程最短？

令 $f(x)=\sum_{i=2}^{m}d(x_{i-1},x_i)+d(x_m,x_1)$，其中 x 为 $c_1,c_2,\cdots,c_m$ 任意一个排列. 在本例中，x 的邻居是由互换 x 中任意两个分量而得到的，共有 $\mathrm{C}_m^2=\dfrac{m(m-1)}{2}$ 个邻居，得到马尔可夫链的转移概率为

$$P_{x,x'}=\begin{cases}\dfrac{2}{m(m-1)}\min\left\{\exp\left(\dfrac{f(x)-f(x')}{T}\right),1\right\}, & \text{若 } x \text{ 与 } x' \text{为邻居}\\ 1-\sum\limits_{y:y\text{为}x\text{的邻居}}\dfrac{2}{m(m-1)}\min\left\{\exp\left(\dfrac{f(x)-f(y)}{T}\right),\right\}, & \text{若 } x'=x\end{cases}$$

算法：

(1)令 $X_0=(c_1,c_2,\cdots,c_m)$为初始状态.

(2)设 $X_n=(x_1^{(n)},x_2^{(n)},\cdots,x_m^{(n)})$为第 n 个状态. 从 $1,2,\cdots,m$ 任取 I,J 且 $I<J$，然后对换 X_n 中第 I 个和第 J 个分量，得到

$$Y=(x_1^n,\cdots,x_{I-1}^n,x_J^{(n)},x_{I+1}^{(n)},\cdots,x_{J-1}^{(n)},x_I^{(n)},x_{J+1}^{(n)},\cdots,x_m^{(n)})$$

(3)产生一个随机数 n，若 $f(Y)\leqslant f(X_n)$，则令 $X_{n+1}=Y$；否则，以概率 $\exp\left(\dfrac{f(X_n)-f(V)}{\lg(1+n)}\right)$ 使 $X_{n+1}=Y$，或者以概率 $1-\exp\left(\dfrac{f(X_n)-f(V)}{\lg(1+n)}\right)$ 使 $X_{n+1}=X_n$.

(4)计算 $\min\{f(X_n),n\geqslant 1\}$，确定最优 X^*.

其 R 程序如下：

```
travel=function(m,D)
k=length(D[,1]);d=0
x=matrix(0,nrow=m,ncol=k)
x[1,]=1:k
for(j in 1:(k-1)){
d=d+D[j,j+1]
}
d[1]=d+D[k,1]
for(i in 2:m){
E=sample(1:k,2)
I=E[1];J=E[2]
C=D
x[i,]=x[i-1,]
x[i,J]=x[i-1,I];x[i,I]=x[i-1,J]
a=D[,I];D[,I]=D[,J];D[,J]=a
b=D[I,];D[I,]=D[J,];D[J,]=b
d1=0
```

```
for(j in 1:(k-1)){
d1=d1+D[j,j+1]
}
d[i]=d1+D[k,1]
if(runif(1)<=min(1,exp((d[i-1]-d[i])/log(1+i)))){
x[i,]=x[i,]
}
else{
x[i,]=x[i-1,];D=C
}
}
G=0
for(i in 1:m){
if(d[i]==min(d)){
G=rbind(G,x[i]);opd=d[i]
}
}
G=G[-1,]
list(path=x,distance=d,optimpath=G,optimdistance=opd)
}
```

在这里假设游历中国的 31 个城市,已知 31 个城市的平面坐标为:1. 拉萨(1 304,2 312),2. 北京(3 639,1 315),3. 上海(4 177,2 244),4. 天津(3 712,1 399),5. 石家庄(3 488,1 535),6. 太原(3 326,1 556),7. 呼和浩特(3 238,1 229) ,8. 沈阳(4 196,1 004),9. 长春(4 312,790),10. 哈尔滨(4 386,570),11. 西安(3 007,1 970),12. 兰州(2 562,1 756),13. 银川(2 788,1 491),14. 西宁(2 381,1 676),15. 乌鲁木齐(1 332,695),16. 济南(3 715,1 678),17. 南京(3 918,2 179),18. 杭州(4 061,2 370),19. 合肥(3 780,2 212),20. 南昌(3 676,2 578),21. 福州(4 029,2 838),22. 台北(4 263,2 931),23. 郑州(3 429,1 908),24. 武汉(3 507,2 367),25. 长沙(3 394,2 643),26. 广州(3 439,3 201),27. 南宁(2 935,3 240),28. 海口(3 140,3 550),29. 成都(2 545,2 357),30. 贵阳(2 778,2 826),31. 昆明(2 370,2 975) . R 程序运行结果如图 1.4 所示.

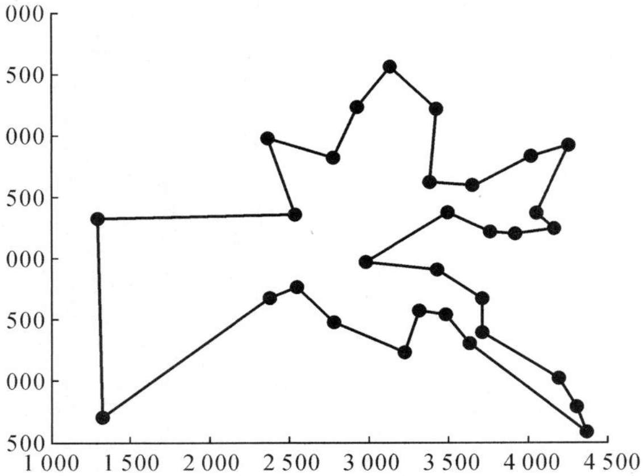

图 1.4

由图 1.4 可知，最优路径：21 福州—22 台北—18 杭州—3 上海—17 南京—19 合肥—23 郑州—11 西安—6 太原—5 石家庄—16 济南—4 天津—2 北京—8 沈阳—9 长春—10 哈尔滨—7 呼和浩特—13 银川—12 兰州—14 西宁—15 乌鲁木齐—1 拉萨—29 成都—31 昆明—30 贵阳—27 南宁—28 海口—26 广州—25 长沙—24 武汉—20 南昌.

1.8　数据的分布

在拿到一个新的数据之后，首先要有对该数据的直观了解. 本节介绍一些简单的数据描述方法，以对数据的特点、大概的分布形状等有个粗略的了解，为以后的进一步统计推断做好准备.

1.8.1　样本的重要数字特征

设 $X_1,X_2,\cdots,X_n$ 是总体 X 的一个样本，$T(X_1,X_2,\cdots,X_n)$ 是样本($X_1,X_2,\cdots,X_n$)的一个函数，且 $T(X_1,X_2,\cdots,X_n)$ 中不含任何未知参数，则称 $T(X_1,X_2,\cdots,X_n)$ 为一个统计量，$T(x_1,x_2,\cdots,x_n)$ 是最常用的观察值.

(1) $\overline{X}=\dfrac{1}{n}\sum\limits_{i=1}^{n}X_i$ 为样本均值；

(2) $S^{*2}=\dfrac{1}{n}\sum\limits_{i=1}^{n}(X_i-\overline{X})^2$ 为样本方差；

(3) $S^{*}=\sqrt{\dfrac{1}{n}\sum\limits_{i=1}^{n}(X_i-\overline{X})^2}$ 为样本标准差；

(4) $S^2=\dfrac{1}{n-1}\sum\limits_{i=1}^{n}(X_i-\overline{X})^2$ 为修正样本方差；

(5) $S=\sqrt{\dfrac{1}{n-1}\sum\limits_{i=1}^{n}(X_i-\overline{X})^2}$ 为修正样本标准差；

(6) $A_k=\dfrac{1}{n}\sum\limits_{i=1}^{n}X_i^k$ 为样本 k 阶原点矩 ($k\geqslant 1$)；

(7) $B_k=\dfrac{1}{n}\sum\limits_{i=1}^{n}(X_i-\overline{X})^k$ 为样本 k 阶中心矩 ($k\geqslant 2$).

这些统计量 $T(X_1,X_2,\cdots,X_n)$ 统称为样本矩，若 $x_1,x_2,\cdots,x_n$ 是总体 X 的一组观测值，$T(x_1,x_2,\cdots,x_n)$ 是最常用的样本数字特征，例如：$\overline{X}=\dfrac{1}{n}\sum\limits_{i=1}^{n}x_i$，$s^2=\dfrac{1}{n-1}\sum\limits_{i=1}^{n}(x_i-\overline{X})^2$ 等. 由辛钦大数定律进一步知道，样本的 A_k，B_k 是依概率分别收敛于总体的相应矩 $E(X^k)$，$E[X-E(X)]^k$.

1.8.2　偏度系数和峰度系数

1. 偏度系数

偏度是描述数据分布形态的，它描述了数据分布的对称性，记为 a.

偏度的具体计算公式为

$$\alpha=\frac{\frac{1}{n-1}\sum_{i=1}^{n}(x_i-\bar{x})^3}{\mathrm{Var}(x)^{\frac{3}{2}}}$$

这个量是与正态分布相比较而得到的量，α 为 0 时说明数据的分布形态与正态分布相同；α 大于 0 时为正偏或右偏，即它分布形态的顶部倒向左边；α 小于 0 时为负偏或左偏，这是其分布形态的顶部倒向右边. 偏度的绝对值表明了分布形态的偏斜程度，绝对值越大，偏斜程度越高，如图 1.5 所示.

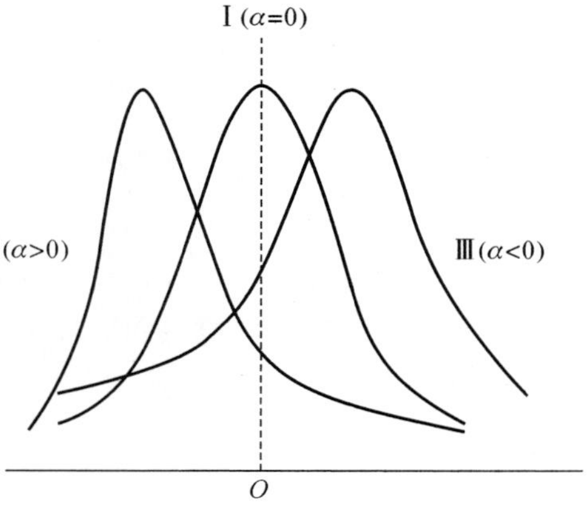

图 1.5　正偏和负偏

2. 峰度系数

峰度是描述某变量所有取值分布形态陡缓程度的统计量，记为 β.

峰度的具体计算公式为

$$\beta=\frac{\frac{1}{n}\sum_{i=1}^{n}(x_i-\bar{x})^4}{\mathrm{Var}(x)^2}-3$$

这个量是与正态分布相比较而得到的量，β 为 0 表示其数据的分布形态与正态分布相同；β 大于 0 表示其分布形态比正态分布要高要陡，称之为尖峰；β 小于 0 表示其分布形态比正态分布要矮要平，称之为平峰，如图 1.6 所示.

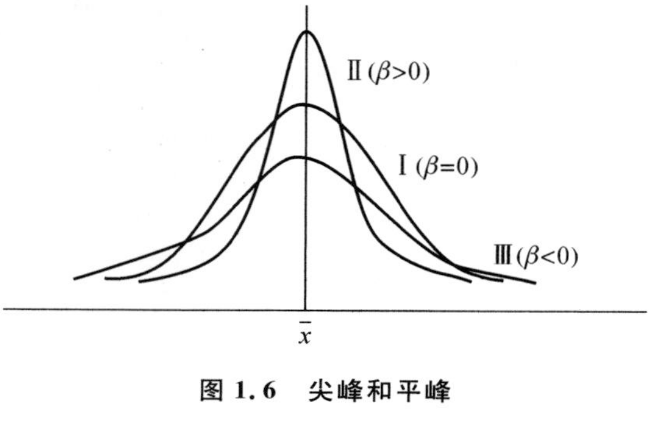

图 1.6　尖峰和平峰

1.8.3　总体的数字特征(矩)

总体随机变量 X 的数字特征又称为总体矩，在概率统计中占有重要的地位.

最常用的矩有两种：一种是原点矩，另一种是中心矩.

(1)总体原点矩。称 EX^k 为随机变量 X 的 k 阶原点矩；常用的数学期望是一阶原点矩.

(2)总体中点矩。称 $E(X-EX)^k$ 为随机变量 X 的 k 阶中心矩；常用的方差是二阶中心距.

(3)总体混合矩和绝对矩。对随机变量 X,Y，正整数 k,l，称 $E(X^kY^l)$ 为随机变量 X 和 Y 的 $k+1$ 阶混合原点矩；称 $E(X-EX)^k(Y-EY)^l$ 为随机变量 X 和 Y 的 $k+1$ 阶混合中心矩.

此外，对正数 p，称 $E|X|^p$ 为随机变量 X 的 p 阶原点绝对矩；称 $E|X-EX|^p$ 为随机变量 X 的 p 阶中心绝对矩.

在参数估计中，若总体 X 有有限的数学期望 $E(X)$ 和方差 $D(X)$，$X_1,X_2,\cdots,X_n$ 为容量为 n 的一组样本，样本均值 $\overline{X}=\dfrac{1}{n}\sum\limits_{i=1}^{n}X_i$. 由切比雪夫大数定律，对任意正数 ε，有 $\lim\limits_{n\to\infty}P(|\overline{X}-E(X)|<\varepsilon)=1$，即样本均值依概率收敛于总体的数学期望，而样本均值又称为一阶样本原点矩，数学期望是总体一阶原点矩. 因此，一阶样本原点矩依概率收敛于总体一阶原点矩. 以 X^k 来代替随机变量 X 同样可以得到，k 阶样本原点矩 $\dfrac{1}{n}\sum\limits_{i=1}^{n}X_i^k$ 依概率收敛于总体的 k 阶原点矩 EX^k；k 阶样本中心矩 $\dfrac{1}{n}\sum\limits_{i=1}^{n}(X_i-\overline{X})^k$ 依概率收敛于总体的 k 阶中心矩 $E(X-E(X))^k$，即样本矩依概率收敛于总体矩. 而许多随机变量的分布函数中所含参数都是矩的函数，实践中自然会想到利用样本矩代替总体矩，它的思想实质是采用子样的经验分布和子样矩去代替总体的分布和总体矩的原则，又称为替换原则.

(4)总体变异系数. 设总体 X 的二阶矩存在，则比值 $\dfrac{\sqrt{\mathrm{Var}(X)}}{E(X)}$ 称为 X 分布的变异系数.

容易看出，变异系数是以其数学期望为单位去度量随机变量取值波动程度的特征数. 它是一个无单位的量，一般说来，取值较大的随机变量的方差与标准差也较大，这时仅仅看方差大小就不合理，必须考察变异系数的大小.

(5)总体偏度系数. 正态总体的特征总的概括为两项：一是对称性；二是峰度. 如果分布的图形不对称则称为偏态，偏态又分为正偏态和负偏态. 峰度则分为尖峰和平峰.

设总体 X 的三阶矩存在，则比值 $\dfrac{E(X-E(X))^3}{[E(X-E(X))^2]^{\frac{3}{2}}}$ 称为 X 分布的偏度系数，简称偏度.

(6)总体峰度系数. 设总体 X 的四阶矩存在，则 $\dfrac{E(X-E(X))^4}{[E(X-E(X))^2]^2}-3$ 称为 X 分布的偏度系数，简称偏度.

除了以上重要的数字以外，还有中位数、极差、分位数和众数等，这里略去.

1.8.4 数据分布的描述方法

1. 概率图(P－P 图)

P－P 图是以样本的累积频率作为横坐标，以按照正态分布计算的相应累积概率作为纵坐标，样本点经计算，将结果绘制在直角坐标系中，如果大部分点分布在第一象限的角平分线上，则可以认为数据是服从正态分布的，如图 1.7 所示.

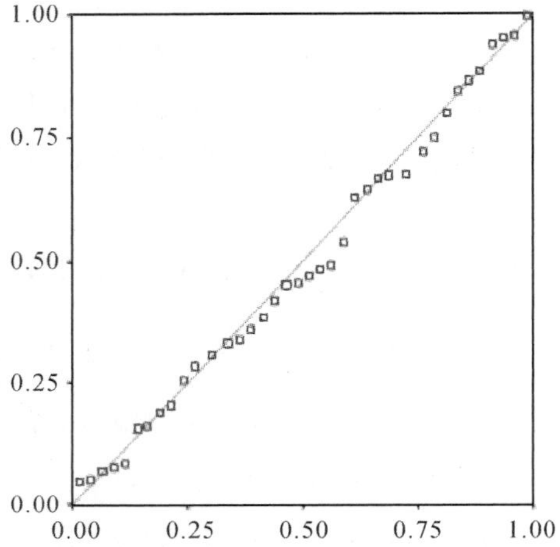

图 1.7 正态 P－P 图

去势 P－P 图是以样本的实际频率为横坐标，以样本的实际累积频率与按照正态分布计算的相应累积概率差作为纵坐标，样本点经计算后，将结果绘制在直角坐标系中，若点在横坐标上下均匀分布，则认为服从正态分布，如图 1.8 所示.

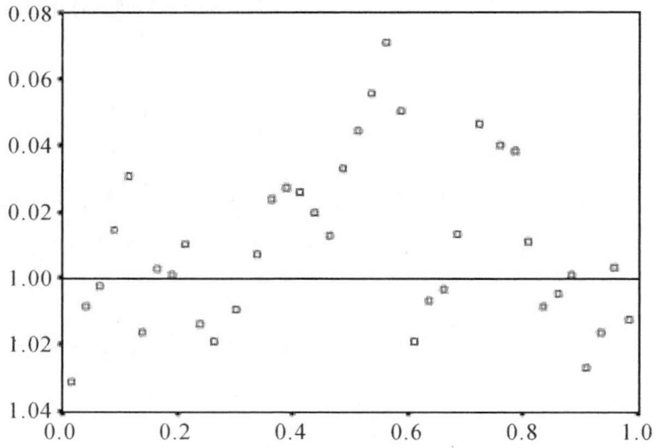

图 1.8 正态去势 P－P 图

2. 分位数图(Q－Q 图)

Q－Q 图是以样本的分位数作为横坐标，以按照正态分布计算的相应分位数作为纵坐标，样本经计算后，将结果绘制在直角坐标系中，如果点成一条直线，并与第一象限的角平分线近似重合，即可以断定数据服从正态分布，如图 1.9 所示.

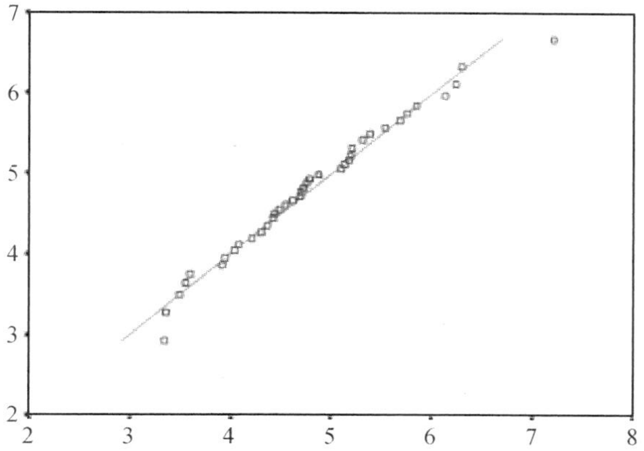

图 1.9　正态 Q-Q 图

去势 Q-Q 图是以样本的实际分位数作为横坐标，以样本的实际分位数与按照正态分布计算的相应理论分布分位数的差为纵坐标，样本经计算后，将结果绘制在直角坐标系中. 若在横坐标上下均匀分布，则认为服从正态分布，如图 1.10 所示.

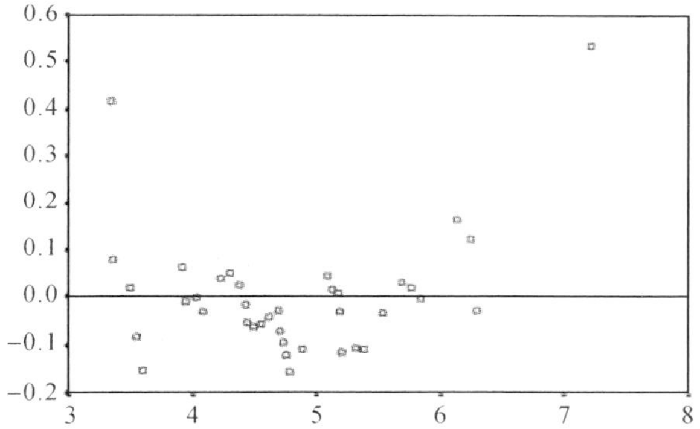

图 1.10　正态去势 Q-Q 图

3. 直方图

直方图用于表示连续变量的频数分布，横轴表示被观察的指标，纵轴表示单位组段频数或频率，以直条的面积代表各组段的频数或频率. 当图形呈现中间高两边低，与正态分布图相似时，可以判断出样本服从正态总体，如图 1-11 所示.

4. 箱式图

箱式图用以描述定量变量 5 个百分位点，P2.5、P25、P50、P75、P97.5 这 5 条线表示 5 个百分位点，由 P25 至 P75 构成"箱"，它代表中间 50%的数据. 由 P2.5～P25 及 P75～P97.5 构成两条"丝"，它代表两端 45%的数据. 中间的黑线是中位数，当这条黑线在箱体的中间时，说明数据呈对称分布，如图 1.12 所示.

其中，∗40 是极端值，即超出距箱上缘或下缘 3 倍四分位数间距的值. O^{15} 是离群点，称距箱上缘或下缘 1.5～3 倍四分位数间距的值为离群值.

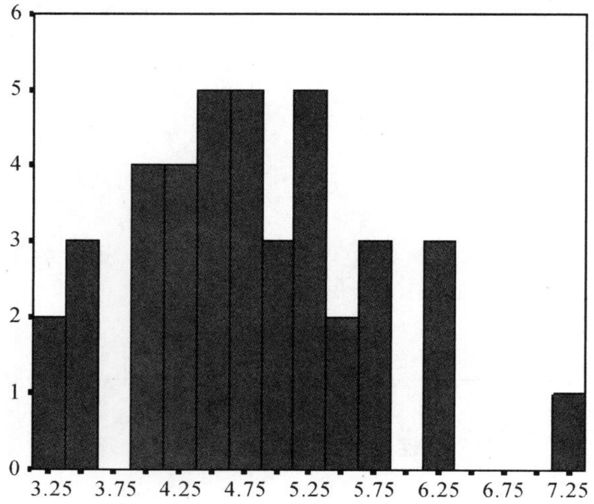

图 1.11　正态直方图

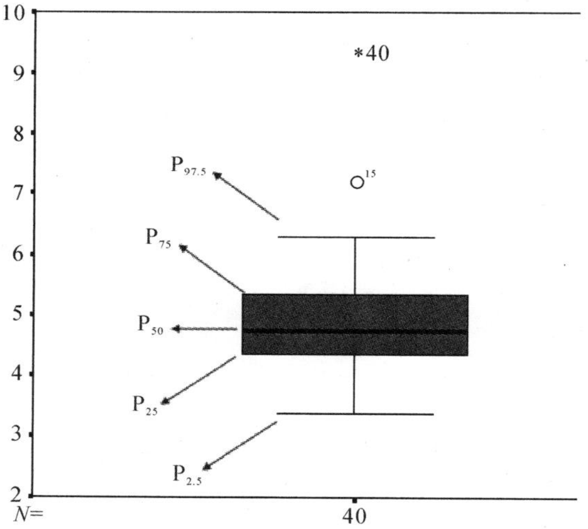

图 1.12　箱式图

5. 茎叶图

它是用实际数值取代频数表的组段,"茎"和"叶"组成数值. 茎叶图有三列数,左边一列是频数,它是每个主杆上的叶子数;中间是茎;右边一列是叶. 可以把茎叶图看作用数字组成的直方图. 同样,当其图形呈现中间高两边低,与正态分布图相似时,可以判断出样本服从正态总体,如图 1.13 所示.

1.8.5　多元数据的数字特征与相关矩阵

与上面一元数据相对应,实际中,人们更多会遇到由多元总体 $(X_1, X_2, \cdots, X_p)^{\mathrm{T}}$ (p 元)产生的多元数据，除了分析各分量的取值特点外，更重要的是研究分析各个分量之间的相关关系.

Frequency	Stem & Leaf
2.00	3.33
5.00	3.55699
9.00	4.002333444
8.00	5.01112233
4.00	5.5678
3.00	6.122
1.00 Extremes	(>=7.2)
Stem width:	1.00
Each leaf:	1 case(s)

图 1.13　茎叶图

设 p 元总体 $(X_1, X_2, \cdots, X_p)^{\mathrm{T}}$，从中取得样本数据：

$$(x_{11}, x_{12}, \cdots, x_{1p})^{\mathrm{T}},\ (x_{21}, x_{22}, \cdots, x_{2p})^{\mathrm{T}}, \cdots,\ (x_{n1}, x_{n2}, \cdots, x_{np})^{\mathrm{T}}$$

第 i 个观测数据记为

$$x_i = (x_{i1}, x_{i2}, \cdots, x_{ip})^{\mathrm{T}}, \quad i = 1, 2, \cdots, n$$

引进样本数据观测矩阵：

$$\boldsymbol{X} = \begin{bmatrix} x_{11} & x_{21} & \cdots & x_{n1} \\ x_{12} & x_{22} & \cdots & x_{n2} \\ \vdots & \vdots & & \vdots \\ x_{1p} & x_{2p} & \cdots & x_{np} \end{bmatrix}$$

它是 $p \times n$ 阶的矩阵，它来自 p 元总体 $(X_1, X_2, \cdots, X_p)^{\mathrm{T}}$ 的样本，记

$$x_{(j)} = (x_{1j}, x_{2j}, \cdots, x_{nj})^{\mathrm{T}}, \quad j = 1, 2, \cdots, p$$

因而有：

(1)第 j 行 $x_{(j)}$ 的均值 $\bar{x}_j = \dfrac{1}{n}\sum_{i=1}^{n} x_{ij}, j = 1, 2, \cdots, p$.

(2)第 j 行 $x_{(j)}$ 的方差 $s_j^2 = \dfrac{1}{n-1}\sum_{i=1}^{n}(x_{ij} - \bar{x}_j)^2, j = 1, 2, \cdots, p$.

(3) $x_{(j)}, x_{(k)}$ 的协方差 $s_{jk} = \dfrac{1}{n-1}\sum_{i=1}^{n}(x_{ij} - \bar{x}_j)(x_{ik} - \bar{x}_k), j, k = 1, 2, \cdots, p$.

(4)称

$$\boldsymbol{S} = \begin{bmatrix} s_{11} & s_{12} & \cdots & s_{1p} \\ s_{12} & s_{22} & \cdots & s_{2p} \\ \vdots & \vdots & & \vdots \\ s_{p1} & s_{p2} & \cdots & s_{pn} \end{bmatrix}$$

为样本观测数据的协方差矩阵，有

$$\boldsymbol{S}=\frac{1}{n-1}\sum_{i=1}^{n}(x_i-\overline{x})(x_i-\overline{x})$$

协方差矩阵 $\boldsymbol{S}$ 是 p 元观测数据的重要数字特征，它是一个非负定矩阵.

(5) $x_{(j)}, x_{(k)}$ 的相关系数为

$$r_{jk}=\frac{s_{jk}}{\sqrt{s_{jj}}-\sqrt{s_{kk}}}=\frac{s_{jk}}{s_j s_k},\quad j,k=1,2,\cdots,p$$

(6)称

$$\boldsymbol{R}=\begin{bmatrix}1 & r_{12} & \cdots & r_{1p}\\ r_{12} & 1 & \cdots & r_{2p}\\ \vdots & \vdots & & \vdots\\ r_{p1} & r_{p2} & \cdots & 1\end{bmatrix}$$

为观测数据的相关矩阵，它也是一个非负定矩阵，是多元观测数据的最重要的数字特征，它刻画了变量之间的线性联系的密切程度，它往往是多元数据分析方法的出发点.

(7)称

$$\boldsymbol{Q}=\begin{bmatrix}1 & q_{12} & \cdots & q_{1p}\\ q_{12} & 1 & \cdots & q_{2p}\\ \vdots & \vdots & & \vdots\\ q_{p1} & q_{p2} & \cdots & 1\end{bmatrix}$$

为 Spearman 相关矩阵(其中 $x_{(j)}, x_{(k)}$ 的 Spearman 相关系数记为 q_{jk}).

从数据分析的角度看，Spearman 相关矩阵似乎较 Pearson 相关矩阵损失了数据的某些信息，但 Spearman 相关矩阵适于研究具有一般分布的 p 元总体，且对于异常值的观测数据，具有稳健性，$\boldsymbol{Q}$ 同样是非负定的，在实际数据观测中常常是正定的.

同样地，对于 p 元总体的协方差矩阵和相关矩阵类同，也总是非负定的.

1.8.6 经验分布函数

总体的分布函数也叫作理论分布函数. 利用样本来估计和推断总体 X 的分布函数 $F(x)$，是数理统计要解决的一个重要问题. 为此，引进经验分布函数，并讨论它的性质.

设 X 是表示总体的一个随机变量，其分布函数为 $F(x)$，现在对 X 进行 n 次重复独立观测(即对总体作 n 次简单随机抽样)，以 $N_n(x)$ 表示随机事件 $\{X\leqslant x\}$ 在这 n 次重复独立观测中出现的次数，即 n 个观测值 $x_1, x_2, \cdots, x_n$ 中不大于 x 的个数.

对 X 每进行 n 次重复独立观测，便得到总体 X 的样本 $X_1, X_2, \cdots, X_n$ 的一组观测值($x_1, x_2, \cdots, x_n$)，从而对于固定的 $x(-\infty<x<+\infty)$ 可以确定 $N_n(x)$ 所取的数值，这个数值就是 $x_1, x_2, \cdots, x_n$ 的 n 个数中不大于 x 的个数. 重复进行 n 次抽样，对于同一个 x，一般 $N_n(x)$ 将取不同数值，因此 $N_n(x)$ 是一个随机变量，实际上是一个统计量. $N_n(x)$ 称为经验频数.

定义 1 称函数

$$F_n(x)=\frac{N_n(x)}{n},\quad -\infty<x<+\infty$$

为总体 X 的经验分布函数(或样本分布函数).

经验分布函数 $F_n(x)$ 的性质:

性质 1　经验频数 $N_n(x)$ 服从二项分布 $b(n,F(x))$.

性质 2　对每一组样本值 $x_1,x_2,\cdots,x_n$,经验分布函数 $F_n(x)(-\infty<x<+\infty)$ 是一个分布函数(即 $F_n(x)$ 是一单调不减、右连续函数,且满足 $F_n(-\infty)=0$ 和 $F_n(+\infty)=1$),并且是阶梯函数.

性质 3　对于固定的 $x(-\infty<x<+\infty)$,$N_n(x)$ 与 $F_n(x)$ 都是样本($X_1,X_2,\cdots,X_n$)的函数,从而都是随机变量,而且 $N_n(x)\sim b(n,F(x))$.

性质 4　当 $n\to+\infty$ 时,经验分布函数 $F_n(x)$ 依概率收敛于总体 X 的分布函数 $F(x)$,即对任意实数 $\varepsilon>0$,有 $\lim\limits_{n\to+\infty}P(|F_n(x)-F(x)|<\varepsilon)=1$.

由此性质可知,当 n 充分大时,就像可以用事件的频率近似它的概率一样,我们也可以用经验分布函数 $F_n(x)$ 来近似总体 X 的理论分布函数 $F(x)$. 还有比这更深刻的结果,这就是:

定理 1　(格里汶科(Gelivenko)定理)　总体 X 的经验分布函数 $F_n(x)$ 以概率 1 一致收敛于它的理论分布函数 $F(x)$,即对任何实数 x,有 $P(\lim\limits_{n\to+\infty}\sup\limits_{-\infty<x<+\infty}|F_n(x)-F(x)|=0)=1$.

证明略.

此定理表明:当样本容量 n 足够大时,对一切实数 x,总体 X 的经验分布函数 $F_n(x)$ 与它的理论分布函数 $F(x)$ 之间相差的最大值也会足够小. 即 n 相当大时,$F_n(x)$ 是 $F(x)$ 很好的近似. 这是数理统计中用样本进行估计和推断总体的理论根据.

当子样的数目越多时,经验分布函数越能真实地反映总体的特性.

性质 1 的证明　对 X 每进行 n 次重复独立观测,可认为完成了一次 n 重独立试验. n 重独立试验中,某事件出现次数服从二项分布,即

$$\begin{aligned}P(N_n(x)=k)&=C_n^k[P(X\leqslant x)]k[1-P(X\leqslant x)]^{n-k}\\&=C_n^k[F(x)]k[1-F(x)]^{n-k}\end{aligned}$$

其中,$k=0,1,2,\cdots,n$. 即 $N_n(x)\sim b(n,F(x))$.

性质 2 的证明　把 $x_1,x_2,\cdots,x_n$ 按它们的值从小到大排序:

$$x_1^*\leqslant x_2^*\leqslant\cdots\leqslant x_n^*$$

即 $x_1^*\leqslant x_2^*\leqslant\cdots\leqslant x_n^*$ 分别是 $x_1,x_2,\cdots,x_n$ 中最小的一个,第二小的一个,…,最大的一个.

容易看出

$$F_n(x)=\frac{N_n(x)}{n}=\begin{cases}0, & x<x_1^*\\ \dfrac{k}{n}, & x_k^*\leqslant x<x_{k+1}^*, k=1,2,\cdots,n-1\\ 1, & x_n^*\leqslant x\end{cases}$$

由此可见,$F_n(x)$ 是一个分布函数,而且是阶梯函数. 若样本观测值无重复,则在每一观测值处有间断点且跳跃度为 $1/n$;若样本观测值有重复,则按 $1/n$ 的倍数跳跃上升.

性质 3 的证明　由性质 1,再根据二项分布结论,得

$$E[N_n(x)]=nF(x),\quad E[F_n(x)]=E\left[\frac{N_n(x)}{n}\right]=F(x)$$

其中，$F(x)$ 为总体 X 的分布函数. 可见 $F_n(x)$ 是随机变量且 $F_n(x)$ 的数学期望就是总体 X 的分布函数.

性质 4 的证明 根据伯努利大数定律，取 $Y_n = N_n(x) \sim b(n, F(x))$，则对任意 $\varepsilon > 0$，有

$$\begin{aligned}\lim_{n\to+\infty} P\left\{\left|\frac{Y_n}{n} - p\right| < \varepsilon\right\} &= \lim_{n\to+\infty} P\left\{\left|\frac{Y_n}{n} - F(x)\right| < \varepsilon\right\} \\ &= \lim_{n\to+\infty} P\{|F_n(x) - F(x)| < \varepsilon\} = 1\end{aligned}$$

1.8.7 抽样分布

统计量是对总体 X 的分布函数或数字特征进行估计与推断最重要的基本概念. 统计量都是随机变量，统计量的分布称为抽样分布，求抽样分布是数理统计的基本研究问题之一.

设总体 X 的分布函数表达式已知，对于任意自然数 n，如能求出给定统计量 $T(X_1, X_2, \cdots, X_n)$ 的分布函数，这种分布就称为统计量 T 的精确分布. 求出统计量 T 的精确分布，这对于数理统计学中的所谓小样本问题(即在子样容量 n 比较小的情况下所讨论的各种统计问题)的研究是很重要的.

但一般说来，要确定一个统计量的精确分布其难度比较大. 只对一些重要的特殊情形，如总体 X 服从正态分布时，可以求出其 t 统计量、χ^2 统计量、F 统计量等的精确分布. 它们在参数估计及假设检验中起着很重要的作用.

若统计量 $T(X_1, X_2, \cdots, X_n)$ 的精确分布求不出来，或其表达式非常复杂而难于应用，但如能求出它在 $n \to \infty$ 时的极限分布，那么这个统计量的极限分布对于数理统计学中的所谓大样问题的研究就是有用的. 大样本问题是指在子样本容量 n 比较大的情况下(一般 $n \geqslant 30$)讨论的各种统计问题.

在使用统计量进行统计推断时需要知道它的分布，当总体的分布函数已知时，抽样分布是确定的，然而要求出统计量的精确分布，一般来说是困难的. 下面介绍来自正态总体的几个常用统计量的分布.

1. 几个重要抽样分布

(1) $\overline{X}$ 分布. 设总体 X 服从正态分布 $N(\mu, \sigma^2)$，$X_1, X_2, \cdots, X_n$ 为其样本，样本均值记为 $\overline{X}$，则 $\overline{X} \sim N\left(\mu, \frac{\sigma^2}{n}\right)$.

(2) χ^2 分布. 若 n 个相互独立随机变量 $X_1, X_2, \cdots, X_n$ 均服从正态分布 $N(0,1)$，则 $\chi^2 = \sum_{i=1}^{n} X_i^2$ 服从自由度为 n 的 χ^2 分布，记为 $\chi^2 \sim \chi^2(n)$.

$\chi^2 = \sum_{i=1}^{n} X_i^2$ 的密度函数为

$$f(x) = \begin{cases} \dfrac{1}{2^{n/2}\Gamma(n/2)} x^{\frac{n}{2}-1} \mathrm{e}^{-x/2}, & x > 0 \\ 0, & \text{其他} \end{cases}$$

χ^2 分布的密度函数如图 1.14 所示.

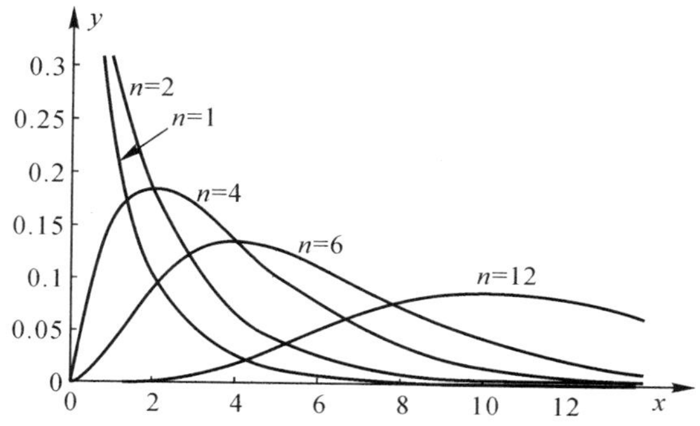

图 1.14 不同自由度的 χ^2 分布

定义 2 对于给定的正数 α，称满足条件

$$P\{\chi^2(n) > \chi^2{}_\alpha(n)\} = \int_{\chi^2{}_\alpha(n)}^{+\infty} f(x)\mathrm{d}x = \alpha$$

的点(或数) $\chi^2{}_\alpha(n)$ 为 $\chi^2(n)$ 分布的上 α 分位点(或数).

性质 1 自由度为 n 的 χ^2 分布的数学期望和方差分别为 $E(\chi^2) = n$, $D(\chi^2) = 2n$.

性质 2 (可加性)设 $X_1 \sim \chi^2(n_1)$, $X_2 \sim \chi^2(n_2)$,且 X_1,X_2 相互独立,则有

$$X_1 + X_2 \sim \chi^2(n_1 + n_2)$$

(3) t 分布. 设 $X \sim N(0,1)$, $Y \sim \chi^2(n)$,并且 X,Y 相互独立,则称随机变量

$$t = \frac{X}{\sqrt{\frac{Y}{n}}}$$

服从自由度为 n 的 t 分布(或 Student 分布),记为 $t \sim t(n)$. 密度函数为

$$f_t(x) = \frac{\Gamma[(n+1)/2]}{\sqrt{\pi n}\Gamma(n/2)}\left(1+\frac{x^2}{n}\right)^{-(n+1)/2}, -\infty < x < \infty$$

t 分布的密度函数如图 1.15 所示.

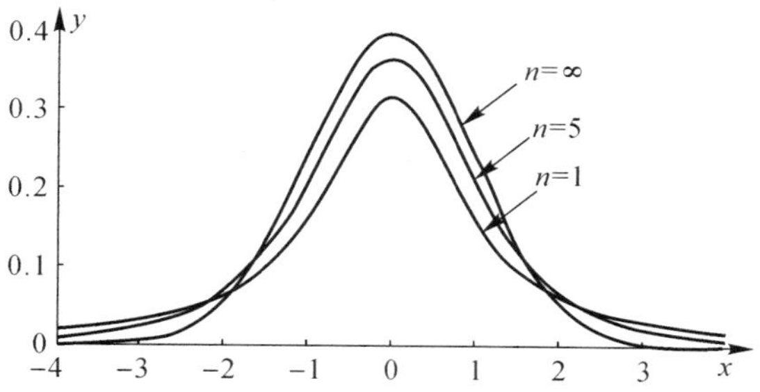

图 1.15 不同自由度的 t 分布

图 1.15 中画出了 $n = 1$, $n = 10$ 时 $f_t(x)$ 的图形. 它关于 $x = 0$ 对称,当 n 充分大时其图形类似于标准正态分布的概率密度函数的图形. 事实上

$$\lim_{n\to\infty} f_t(x) = \frac{1}{\sqrt{2\pi}}\mathrm{e}^{-x^2/2}$$

因此当 n 充分大时, t 近似服从 $N(0,1)$ 分布.

定义 3　对于给定的正数 α，称满足条件

$$P\{t > t_\alpha(n)\} = \int_{t_\alpha(n)}^{+\infty} f(x)\mathrm{d}x = \alpha$$

的点(或数) $t_\alpha(n)$ 为 t 分布的上 α 分位点(或数).

(4) F 分布. 设 $U \sim \chi^2(n_1)$，$V \sim \chi^2(n_2)$，且 U,V 相互独立，则称随机变量

$$F = \frac{U/n_1}{V/n_2}$$

服从自由度为 (n_1, n_2) 的 F 分布，记为 $F \sim F(n_1, n_2)$.

$F(n_1, n_2)$ 分布的概率密度为

$$f(x) = \begin{cases} \dfrac{\Gamma[(n_1+n_2)/2](n_1/n_2)^{n_1/2} x^{\frac{n_1}{2}-1}}{\Gamma(n_1/2)\Gamma(n_2/2)[1+(n_1 x/n_2)]^{(n_1+n_2)/2}}, & x > 0 \\ 0, & \text{其他} \end{cases}$$

F 分布的密度函数如图 1.16 所示.

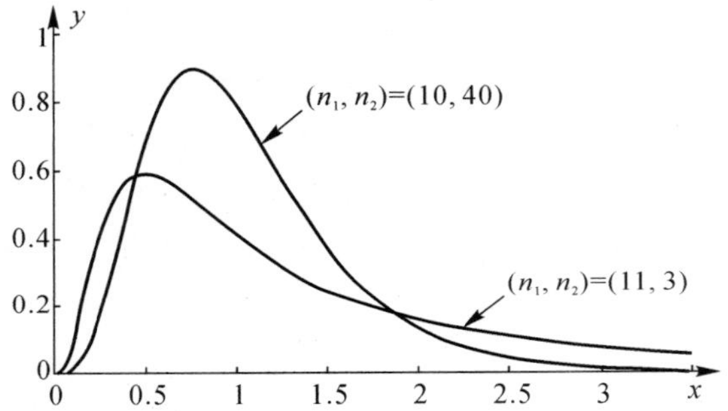

图 1.16　不同自由度的 F 分布

同样地，可定义：

定义 4　对于给定的正数 α，称满足条件：

$$P\{F > F_\alpha(n_1, n_2)\} = \int_{F_\alpha(n_1, n_2)}^{+\infty} f(x)\mathrm{d}x = \alpha$$

的点(或数) $F_\alpha(n_1, n_2)$ 为 F 分布的上 α 分位点(或数).

t 分布的密度函数形状是“中间高，两边低，左右对称”，很像标准正态分布的密度函数. 当 $n > 30$ 时，常用正态分布来代替 t 分布，t 分布与标准正态分布之间存在着微小差异，那么这个微小的差异是谁发现的呢？有什么价值？

备注：对于不同的分布，不同的 n 和 α，$\chi^2_\alpha(n)$，$F_\alpha(n_1, n_2)$ 具体分位数的值有现成数据表供查询.

t 分布是英国戈塞特(W. S. Cosset，1876—1937)在 1908 年提出的. 戈塞特年轻时在英国牛津大学学习数学与化学，1899 年在一家酿酒厂任酿酒化学技师，从事试验和数据分析工作，这项工作使他对误差有大量的感性认识. 戈塞特清楚地知道，在已知总体均值 μ 和标准差 σ 时，样本均值 $\overline{X}$ 的分布将随着样本容量 n 的增大而越来越接近正态分布，但戈塞特在试验中遇到的样本容量都不大，一般只有 5 个，他对每个样本分别计算 $t = \dfrac{\sqrt{n}(\overline{x}-\mu)}{s}$，从而获得大量 t 的观察值，发现其在(−1,1)，(−2,2)，(−3,3)内的频率 0.626，0.884，0.960 与 $N(0,1)$ 在这

些区间上的概率 0.683,0.995,0.997 相差较大,于是他怀疑是否还存在一个不属于正态分布族的其他分布,他下决心研究这个问题.在 1906—1907 年期间他去了伦敦大学学习统计方法,与老皮尔逊(K. Pearson,1857—1936,他的儿子 E. S. Pearson 也是著名统计学家,被人们称为小皮尔逊)共同讨论,靠着他的敏锐直觉,终于得到新的密度函数曲线,并在 1908 年以“Student”笔名发表此项结果,故后人称此分布为“学生氏分布”或“t 分布”.戈塞特作为统计学的新手,毅然提出一个崭新的分布是需要勇气的.在当时正态分布被看作是“万能分布”的时代里,代表统计学最高水平的老皮尔逊只研究大样本问题,他认为,小样本是与统计精神相违背的,是危险的倾向.在这样的氛围下,t 分布没有被外界所理解和接受,只在戈塞特的酿酒公司里使用.过了一段时间后,英国另一位著名的统计学家费歇尔在他的农业试验中也遇到小样本问题,发现 t 分布有实用价值,直到 1923 年,费歇尔给出了严格而简单的推导,1925 年又编制了 t 分布表后,戈塞特的小样本方法才被学术界承认,并获得迅速传播、发展和应用.戈塞特的 t 分布打开了人们的思路,开创了小样本方法的研究先河.

下面来认识 X 在正态总体的基本假定下得到的几个重要抽样分布的结论,这些定理在估计理论、假设检验及方差分析等数理统计学的基本内容中都有重要的作用.

2. 几个重要结论

结论 1　设总体 X 服从正态分布 $N(\mu,\sigma^2)$,$X_1,X_2,\cdots,X_n$ 为其样本,样本均值与样本方差为 $\overline{X}$ 与 S^2,则① $\overline{X}\sim N\left(\mu,\frac{\sigma^2}{n}\right)$;② $\frac{(n-1)S^2}{\sigma^2}\sim\chi^2(n-1)$,且 $\overline{X}$ 与 S^2 相互独立.

可以证明:若总体分布未知时,则 $E(\overline{X})=E(X)$,$D(\overline{X})=\frac{D(X)}{n}$,$E(S^2)=D(X)$.

结论 2　设总体 X 服从正态分布 $N(\mu,\sigma^2)$,$X_1,X_2,\cdots,X_{n1}$ 为其样本,则有 $T=\frac{\overline{X}-\mu}{S/\sqrt{n}}$ 服从自由度为 $n-1$ 的 t 分布.

结论 3　设总体 X 服从正态分布 $N(\mu_1,\sigma^2)$,$X_1,X_2,\cdots,X_{n1}$ 为其样本,总体 Y 服从正态分布 $N(\mu_2,\sigma^2)$,$Y_1,\cdots,Y_{n2}$ 为其样本,而且这两个样本是相互独立的.记

$$\overline{X}=\frac{1}{n_1}\sum_{i=1}^{n_1}X_i,S_1^2=\frac{1}{n_1-1}\sum_{i=1}^{n_1}(X_i-\overline{X})^2,\overline{Y}=\frac{1}{n_2}\sum_{j=1}^{n_2}Y_i,S_2^2=\frac{1}{n_2-1}\sum_{j=1}^{n_2}(Y_j-\overline{Y})^2$$

则有

(1) $\frac{S_1^2}{S_2^2}\sim F(n_1-1,n_2-1)$;

(2) $\sqrt{\frac{n_1n_2(n_1+n_2-2)}{n_1+n_2}}-\frac{(\overline{X}-\overline{Y})-(\mu_1-\mu_2)}{\sqrt{(n_1-1)S_1^2+(n_2-1)S_2^2}}\sim t(n_1+n_2-2)$.

以上证明略去.

1.9　参数模型的渐近分布理论

下面探讨渐近基础理论问题,重点介绍关于分类数据参数模型的渐近理论,其中 δ 方法推导统计量的大样本正态分布,最后还推导关于单元格残差以及 X^2 和 G^2 拟合优度统计量的渐

近分布等基础内容.在此,避免使用"定理-证明"式的正式表达方式,相反,这些重要结果实际上来源于一些简单的数学思想,即泰勒级数展开.

1.9.1 随机向量的向量函数的 δ 方法

假定估计参数的统计量服从大样本正态分布,在这种情况下,这些统计量的许多函数也渐近服从正态分布.

1. O 和 o 的收敛率

在描述一系列极限的时候,O 和 o 的区分很重要.对于实数 z_n,$o(z_n)$表示 $n\to\infty$时,它比 z_n 的阶数更小,即随着 $n\to\infty$,$o(z_n)/z_n\to\infty$,$o(z_n)/z_n\to\infty$.举例来说,当 $n\to\infty$时,$\sqrt{n}$就可以表示为$o(n)$,因为当 $n\to\infty$时,$\sqrt{n}/n\to 0$.如果序列满足 $o(1)/1=o(1)\to 0$,称为 $o(1)$;例如,当 $n\to 0$时,$n^{1/2}$就可以表示为 $o(1)$.

$O(z_n)$表示与 z_n 同阶的项,即随着 $n\to\infty$,$O(z_n)/z_n$ 是有边界的.例如,当 $n\to\infty$时,$(3/n)+(8/n^2)$就可以表示为 $O(n^{-1})$,因为随着 n 的不断增大,它与 n^{-1}的比近似等于 3.

类似的标识也可以用来表示一组随机变量,在标识中加上下标 p,用来表示这组变量的关系是从概率的意义上来讲的,而不是绝对意义上的.这样,符号 $O_p(z_n)$代表在 n 很大的情况下,阶数小于 z_n 的随机变量,即 $o_p(z_n)$依概率收敛于 0;也即,任意给定的 $\varepsilon>0$,随着 $n\to\infty$,$P(|o_p(z_n)/z_n|\leqslant\varepsilon)\to 1$.相反,符号 $O_p(z_n)$代表这样一个随机变量,对于任意的 $\varepsilon>0$,都存在常数 K 和整数 n_0 使得对所有的 $n>n_0$ 都满足 $P[|O_p(z_n)/z_n|<K]>1-\varepsilon$.

具体来说,令 $\overline{\mathrm{Y}}_{\mathrm{n}}$ 表示服从某一具有 $E(Y_i)=\mu$ 的分布的 n 个独立观测值 $Y_1,Y_2,\cdots,Y_n$ 的样本均值,那么$(\overline{Y}_n-\mu)=o_p(1)$.因为根据大数定理,随着 $n\to\infty$,$(\overline{Y}_n-\mu)/1$ 依概率收敛于 0.按照切比雪夫不等式,一个随机变量与它的期望之差与该随机变量的标准差是同阶的.由于 $\overline{Y}_n-\mu$的标准差为 $\sigma/\sqrt{n}$,所以$(\overline{Y}-\mu)=O_p(n^{1-/2})$.可表示为 $O_p(n^{1/2})$的随机变量也同时满足 $o_p(1)$.这样的一个例子就是$(\overline{Y}-\mu)$,乘法运算随阶数的影响与普通运算的情形相同.例如,$\sqrt{n}(\overline{Y}-\mu)=n^{1/2}O_p(n^{1-/2})=O_p(1)$.如果随着 $n\to\infty$,两个随机变量之差满足 $o_p(1)$,斯拉茨基定理表明,这些随机变量具有相同的分布.

2. 随机变量函数的 $\boldsymbol{\delta}$ 方法

令 T_n 表示一个统计量,其下标表明该统计量的取值依赖于样本规模 n.在大样本的情况下,假定 T_n 在 θ 附近近似服从正态分布,其标准误差约等于 $\sigma/\sqrt{n}$,更确切地说,随着 $n\to\infty$,假定$\sqrt{n}(T_n-\theta)$的累积分布函数收敛于 $N(0,\sigma^2)$的累积分布函数,这个极限是一个依次分布收敛的例子,可表示为

$$\sqrt{n}(T_n-\theta)\xrightarrow{d}N(0,\sigma^2) \tag{1.1}$$

接下来,对函数 g 推导关于 $g(T_n)$的极限分布.假定 g 在 θ 处至少是二阶可导的,应用 $g(t)$在 θ 附近的泰勒级数展开,对 t 和 θ 之间的某个 θ^* 存在:

$$\begin{aligned} g(t) &= g(\theta)+(t-\theta)g'(\theta)+(t-\theta)^2g''(\theta^*)/2 \\ &= g(\theta)+(t-\theta)g'(\theta)+O_p(|t-\theta|^2) \end{aligned}$$

对应于上式中的 t,代入随机变量 T_n,可以得出

$$\sqrt{n}[g(T_n)-g(\theta)]=\sqrt{n}(T_n-\theta)g'(\theta)+\sqrt{n}O(|T_n-\theta|^2)$$
$$=\sqrt{n}(T_n-\theta)g'(\theta)+O_p(n^{-1/2}) \tag{1.2}$$

其中

$$\sqrt{n}O(|T_n-\theta|^2)=\sqrt{n}O[O_p(n^{-1})]=O_p(n^{1-/2})$$

由于 $O_p(n^{-1/2})$在渐近过程中可以忽略，$\sqrt{n}[g(T_n)-g(\theta)]$具有与$\sqrt{n}(T_n-\theta)g'(\theta)$相同的极限分布，也即 $g(T_n)-g(\theta)$相当于对$(T_n-\theta)$乘以一个数 $g'(\theta)$. 由于$(T_n-\theta)$近似服从方差为 σ^2/n 的正态分布，因此，$g(T_n)-g(\theta)$近似服从方差为 $\sigma^2[g'(\theta)]^2/n$ 的正态分布，更确切地说，

$$\sqrt{n}[g(T_n)-g(\theta)]\xrightarrow{d}N(0,\sigma^2[g'(\theta)]^2) \tag{1.3}$$

结果被称为获得渐近分布的 δ 方法. 由于 $\sigma^2=\sigma^2(\theta)$，并且 $g'(\theta)$一般也取决于 θ，渐近方差是未知的. 令 $\sigma^2(T_n)$和 $g'(T_n)$表示关于在 θ 的样本估计值 T_n 时的相应取值. 当 $g'(g)$和 $\sigma=\sigma(g)$在 θ 处连续时，$\sigma(T_n)g'(T_n)$是关于 $\sigma(\theta)g'(\theta)$的一致估计. 因此，置信区间以及假设估计利用了$\sqrt{n}[g(T_n)-g(\theta)]/\sigma(T_n)|g'(T_n)|$渐近服从标准正态分布这一结果. 例如，

$$g(T_n)\pm z_{\alpha/2}\sigma(T_n)\,|\,g'(T_n)\,|\,/\sqrt{n}$$

是关于 $g(\theta)$的 $100(1-\alpha)\%$的大样本置信区间.

当 $g'(\theta)=0$ 时，式(1.3)没有意义，因为它的极限方差等于 0. 在这种情况下，$\sqrt{n}[g(T_n)-g(\theta)]=o_p(1)$，而泰勒级数展开中的高阶项给出了它的渐近分布.

3. 随机向量函数的 $\boldsymbol{\delta}$ 方法

δ 方法可以扩展到随机向量函数的情况.

假定 $\boldsymbol{T}_n=(T_{n1},T_{n2},\cdots,T_{nN})'$渐近服从多元正态分布，其中均值 $\boldsymbol{\theta}=(\theta_1,\theta_2,\cdots,\theta_N)'$，协方差矩阵为 $\boldsymbol{\Sigma}/n$. 假设 $g(t_1,t_2,\cdots,t_N)$在 θ 处具有非零的导数$\boldsymbol{\phi}=(\phi_1,\phi_2,\cdots,\phi_N)'$，其中

$$\phi_i=\left.\frac{\partial g}{\partial t_i}\right|_{t=\theta}$$

那么

$$\sqrt{\boldsymbol{n}}[g(\boldsymbol{T}_n)-g(\boldsymbol{\theta})]\xrightarrow{d}N(0,\boldsymbol{\varphi\Sigma\phi}) \tag{1.4}$$

在大样本的情况下，$g(\boldsymbol{T}_n)$的分布与均值为 $g(\boldsymbol{\theta})$、方差为 $\boldsymbol{\phi\Sigma\phi}/n$ 的正态分布相似.

对式(1.4)的证明可由下列展开式推得：

$$g(\boldsymbol{T}_n)-g(\boldsymbol{\theta})=(\boldsymbol{T}_n-\boldsymbol{\theta})'\boldsymbol{\phi}+o(\|\boldsymbol{T}_n-\boldsymbol{\theta}\|)$$

其中，$\|\boldsymbol{z}\|=\left(\sum z_i^2\right)^{1/2}$ 代表向量 $\boldsymbol{z}$ 的长度. 在 n 很大的情况下，$g(\boldsymbol{T}_n)-g(\boldsymbol{\theta})$相当随机向量$(\boldsymbol{T}_n-\boldsymbol{\theta})$的一个线性函数，而 $g(\boldsymbol{T}_n)-g(\boldsymbol{\theta})$近似服从正态分布，因而 $g(\boldsymbol{T}_n)-g(\boldsymbol{\theta})$也近似服从正态分布.

4. 多项分布计数函数的渐近正态性

关于随机向量的 δ 方法表明，列联表单元格计数的许多函数也具有渐近正态性. 假定单元格计数$(n_1,n_2,\cdots,n_N)$服从单元格概率为 $\pi=(\pi_1,\pi_2,\cdots,\pi_N)'$的多项分布，令$(n=n_1+n_2+\cdots+n_N)$，并令 $p=(p_1,p_2,\cdots,p_N)'$；代表相应的样本比例，其中 $p_i=n_i/n$.

将列联表交叉划分的 n 个观测值中的第 i 个表示为 $Y_{i1},Y_{i2},\cdots,Y_{iN}$，如果它落在第 j 个单

元格，$Y_{ij}=1$，否则 $Y_{ij}=0$，其中 $i=1,2,\cdots,n$. 例如，$Y_6=(0,0,1,0,0,\cdots,0)$表明，第 6 个观测值落在表中的第三个单元格. 由于每个观测值只能落在一个单元格中，因而 $\sum_j Y_{ij}=1$，并且当 $j\neq k$ 时存在 $Y_{ij}Y_{jk}=0$. 同时，$p_j=\sum_j Y_{ij}/n$，并且 $E(Y_{ij}=P(Y_{ij}=1)=\pi_j=E(Y_{ij}^2)$，如果 $j\neq k$，$E(Y_{ij}Y_{ik})=0$.

由此推出

$$E(Y_i)=\pi \text{ 以及 } \mathrm{Cov}=\mathrm{v}(Y_i)=\boldsymbol{\Sigma},\quad i=1,2,\cdots,n$$

其中，$\boldsymbol{\Sigma}=(\sigma_{jk})$，有

$$\sigma_{jj}=\mathrm{Var}(Y_{ij})=E(Y_{ij}^2)-[E(Y_{ij})]^2=\pi_j(1-\pi_j)$$

对于 $j\neq k$，有

$$\sigma_{jk}=\mathrm{Cov}(Y_{ij},Y_{jk})=E(Y_{ij}Y_{ik})=E(Y_{ij}Y_{ik})-E(Y_{ij})E(Y_{ik})=-\pi_j\pi_k$$

矩阵 $\boldsymbol{\Sigma}$ 具有如下形式：

$$\boldsymbol{\Sigma}=\mathrm{diag}(\boldsymbol{\pi}-\boldsymbol{\pi\pi}')$$

这里，$\mathrm{diag}(\boldsymbol{\pi})$是主对角线元素等于 $\boldsymbol{\pi}$ 的对角矩阵.

由于 p 是 n 个独立观测值的样本均值，即

$$p=\frac{\sum_{i=1}^{n}Y_i}{n},\quad \mathrm{Cov}(p)=\frac{[\mathrm{diag}(\boldsymbol{\pi})-\boldsymbol{\pi\pi}']}{n} \tag{1.5}$$

存在线性相依关系 $\sum p_i=1$. 这个协方差矩阵是一个奇异矩阵. 根据多元的中心极限定理，有

$$\sqrt{n}(\boldsymbol{p}-\boldsymbol{\pi})\xrightarrow{d}N[0,\mathrm{diag}(\boldsymbol{\pi})-\boldsymbol{\pi\pi}'] \tag{1.6}$$

按照 δ 方法，在 $\boldsymbol{\pi}$ 处存在非零导数的 P 函数也渐近服从正态分布.

令 $g(t_1,t_2,\cdots,t_N)$表示一个可导函数，并令

$$\phi_i=\partial g/\partial\pi_i,\quad i=1,2,\cdots,N$$

表示 $\partial g/\partial\pi_i$，在 $\boldsymbol{t}=\boldsymbol{\pi}$ 时的取值. 利用 δ 方法（式(1.4)）有

$$\sqrt{n}[g(\boldsymbol{p})-g(\boldsymbol{\pi})]\xrightarrow{d}N(0,\boldsymbol{\phi}[\mathrm{diag}(\boldsymbol{\pi})-\boldsymbol{\pi\pi}']\boldsymbol{\phi}) \tag{1.7}$$

其渐近方差等于

$$\boldsymbol{\phi}'\mathrm{diag}(\boldsymbol{\pi})\boldsymbol{\phi}-(\boldsymbol{\phi}'\pi)^2=\sum_{i=1}^{n}\pi_i\phi_i^2-(\sum_{i=1}^{n}\pi_i\phi_i)^2$$

5. 随机向量的向量函数的 $\boldsymbol{\delta}$ 方法

δ 方法可以进一步扩展到有关渐近正态随机向量的向量函数的情况. 令

$$g(t)=(g_1(t),(g_2(t),\cdots,g_q(t))'$$

并令$(\partial g/\partial\theta)$表示 $q\times N$ 阶雅可比矩阵，其第 i 行和第 j 列的元素为 $\partial g_i(t)/\partial t_j$ 在 $t=\theta$ 处的取值，那么

$$\sqrt{n}[g(\boldsymbol{T}_n-g(\boldsymbol{\theta}))]\xrightarrow{d}N[0,(\partial g/\partial\boldsymbol{\theta})\blacksquare(\partial g/\partial\boldsymbol{\theta})'] \tag{1.8}$$

极限正态分布的秩等于相应渐近协方差矩阵的秩.

式(1.8)在求解大样本联合分布时非常有用. 例如,根据式(1.6)、式(1.7)以及式(1.8),多项分布比例的几个函数的渐近分布具有以下形式的协方差矩阵:

$$\text{asymp. Cov}\{\sqrt{n}[g'(\boldsymbol{p})-g'(\boldsymbol{\theta})]\} \xrightarrow{d} [0,(\partial g/\partial\boldsymbol{\theta})\boldsymbol{\Sigma}(\partial g/\partial\boldsymbol{\theta})']$$

其中,$\boldsymbol{\Phi}$ 是指雅可比矩阵$(\partial g/\partial\boldsymbol{\pi})$.

6. 对数发生比之比的联合渐近正态性

通过求解列联表中的一组对数发生比之比的联合渐近分布,对公式(1.8)进具体说明. 这里使用对数尺度,因为它对正态性的收敛速度更快.

令 $g(\boldsymbol{\pi})=\log(\boldsymbol{\pi})$表示由单元格概率的自然对数组成的向量,其中

$$\partial g/\partial\boldsymbol{\pi} = \text{diag}(\boldsymbol{\pi})^{-1}$$

$\sqrt{n}[\log(\boldsymbol{p})-\log(\boldsymbol{\pi})]$ 的渐近分布的协方差等于

$$\text{diag}(\boldsymbol{\pi})^{-1}[\text{diag}(\boldsymbol{\pi})-\boldsymbol{\pi\pi}']\text{diag}(\boldsymbol{\pi})^{-1} = \text{diag}(\boldsymbol{\pi})$$

其中,**1** 代表一个元素为 1 的 $N\times1$ 向量.

对于一个 $q\times N$ 阶的常数矩阵 $\boldsymbol{C}$ 可推出:

$$\sqrt{n}\boldsymbol{C}[\log(\boldsymbol{p})-\log(\boldsymbol{\pi})]\xrightarrow{d} N[0,\text{Cdiag}(\boldsymbol{\pi})^{-1}\boldsymbol{C}'-\boldsymbol{C11}'\boldsymbol{C}'] \tag{1.9}$$

这里,假定 $\boldsymbol{C}\log(\boldsymbol{p})$是一组组样本对数发生比之比,那么,$\boldsymbol{C}$ 的每一行中除了形成给定对数发生比之比的 $\log(\boldsymbol{p})$所对应的位置元素为两个 1 和两个 −1 外,其他元素均等于零. 这时,式(1.9)中的协方差矩阵的第二项也等于零. 如果某个特定的发生比之比由单元格 h,i,j 和 k 组成,相应渐近分布的方差为

$$\text{asymp. Var}[\sqrt{n}(\text{样本对数发生之比})]=\pi_h^{-1}+\pi_i^{-1}+\pi_j^{-1}+\pi_k^{-1}$$

当两个对数发生比之比所使用的单元格都互不相同时在极限分布中它们之间的渐近协方差等于零.

1.9.2　模型参数和单元格概率估计值的渐近分布

现在推导在大样本情况下关于列联表的模型推断的基本结果. δ 方法是我们所使用的主要工具,相应推导适用于单一的多项分布. 当参数空间随着样本规模的增加保持固定不变时,这些结果可以直接扩展到多个多项分布乘积的情况.

在一个包括 N 个单元格的列联表中,观测值为单元格计数 $n=(n_1,n_2,\cdots,n_N)'$. 渐近过程将 N 视为给定的,并令 $n=(n_1,n_2,\cdots,n_N)'$. 我们假定 $n=np$ 服从概率为 $\pi=(\pi_1,\pi_2,\cdots,\pi_n)'$ 的多项分布. 模型为 $\pi=\pi(\theta)$,其中 $\pi(\theta)$将 π 表示为关于一组数量较少的参数 $\theta=(\theta_1,\theta_2,\cdots,\theta_q)$的函数.

随着 θ 的取值在其参数空间内变动,$\pi(\theta)$的取值落在 N 个概率 π 的一个子空间里. 当在 θ 中加入新的项时,模型变得更加复杂,进而满足模型的 π 的空间也变得更大. 利用 θ 和 π 表示具有一般性的参数和概率值 $\theta_0=(\theta_{10},\theta_{20},\cdots,\theta_{q0})'$ 和 $\pi_0=(\pi_{10},\pi_{20},\cdots,\pi_{N0})'=\pi(\theta_0)$表示某个特定的真值. 当模型不成立时,满足 $\pi(\theta_0)=\pi_0$ 的 θ_0 不存在;也即对于参数空间内所有可能的 θ,π_0 落在了 $\pi(\theta)$的取值范围 π 之外.

首先,推导关于 θ 的最大似然估计值 $\hat{\theta}$ 的渐近分布. 利用该结果可以继续推导关于 π 的模

型最大似然估计值$\hat{\pi}\pi=\pi(\hat{\theta})$的渐近分布.

这里借鉴了 Rao 以及 Bishop 等人的方法,相应方法假定满足下列规则性条件:

(1)θ_0 没有落在参数空间的边界上.

(2)所有的 $\pi_{i0}>0$.

(3)$\pi(\theta)$在 θ_0 附近存在连续的一阶偏导数.

(4)雅可比矩阵$[\partial\pi/\partial\theta]$在 θ_0 处满秩,其秩为 q.

这些条件确保 $\pi(\theta)$在 θ_0 处局部平滑,并且为一一对应的函数,在 θ_0 和 π_0 附近可以进行泰勒级数展开.当雅可比矩阵不满秩时,一般可以通过重新构建具有更少参数的模型来实现这一条件.

1.模型参数估计值的渐近分布

对 $\hat{\theta}$ 的分布进行推导的关键在于,将 $\hat{\theta}$ 表示为关于 p 的线性函数.这时,就可以根据 p 的渐近正态性应用 δ 方法.这个线性化过程包括:首先将 p 与 $\hat{\pi}$ 建立联系,然后将 $\hat{\pi}$ 与 $\hat{\theta}$ 相联系.多项分布对似然函数的核函数为

$$L(\theta)=\log\prod_{i=1}^{N}\pi_i(\theta)^{n_i}=n\sum_{i=1}^{N}p_i\log\pi_i(\theta)$$

相应的似然方程为

$$\frac{\partial L(\theta)}{\partial\theta_j}=n\sum_i\frac{p_i}{\pi_i(\theta)}\frac{\partial\pi_i(\theta)}{\partial\theta_j}=0,\quad j=1,\cdots,q \tag{1.10}$$

这些方程取决于模型中所选择的 $\pi(\theta_0)$的函数形式.注意

$$\sum_i\frac{\partial\pi_i(\theta)}{\partial\theta_j}=\frac{\partial}{\partial\theta_j}\Big[\sum_i\pi_i(\theta)\Big]=\frac{\partial}{\partial\theta_j}(1)=0 \tag{1.11}$$

令 $\partial\pi_i/\partial\hat{\theta}_j$ 表示 $\partial\pi_i(\theta)/\partial\theta_j$ 在 $\hat{\theta}$ 处的取值.从第 j 个式(1.10)似然方程的两边同时消去相同的项,有

$$\sum_i\frac{n(p_i-\pi_{i0}}{\hat{\pi}_i}\frac{\partial\pi_i}{\partial\hat{\theta}_j}=\sum_i\frac{n(\hat{\pi}_i-\pi_{i0}}{\hat{\pi}_i}\frac{\partial\pi_i}{\partial\hat{\theta}_j} \tag{1.12}$$

这里根据式(1.11),方程右边的第一项求和等于零.

接下来,通过

$$\hat{\pi}_i-\pi_{i0}=\sum_k(\hat{\theta}_k-\theta_{k0})\frac{\partial\pi_i}{\pi\bar{\theta}_k}$$

将 $\hat{\pi}$ 表示为 $\hat{\theta}$ 的函数,其中 $\partial\pi_i/\partial\bar{\theta}_k$ 代表 $\partial\pi_i/\partial\pi_k$ 在 $\hat{\theta}$ 和 θ_0 之间的某一点 $\bar{\theta}$ 处的取值.

将其代入等式(1.12)的右边,并将两边同除以$\sqrt{n}$得出,对于每个 j,有

$$\sum_i\frac{\sqrt{n}(p_i-\pi_{i0})}{\hat{\pi}_i}\frac{\partial\pi_i}{\partial\hat{\theta}_j}=\sum_k\sqrt{n}(\hat{\theta}_k-\theta_{k0})\left(\sum_i\frac{1}{\hat{\pi}_i}\frac{\partial\pi_i}{\partial\hat{\theta}_j}\frac{\partial\pi_i}{\partial\bar{\theta}_k}\right) \tag{1.13}$$

利用一些符号可以更简便地表述 $\hat{\theta}$ 对 p 的依赖关系.令 $\boldsymbol{A}$ 表示一个 $N\times q$ 阶矩阵,其元素为

$$a_{ij}=\pi_{i0}^{-1/2}\frac{\partial\pi_i(\theta)}{\partial\theta_{j0}}$$

$\boldsymbol{A}$ 的矩阵表示形式为

$$\boldsymbol{A}=\mathrm{diag}(\pi_0)^{-1/2}(\partial\pi/\partial\theta_0) \tag{1.14}$$

其中 $\partial\pi/\partial\theta_0$ 代表雅可比矩阵$[\partial\pi/\partial\theta]$在 θ_0 处的取值.随着 $\hat{\theta}$ 收敛于 θ_0,式(1.13)右边括号中

的项收敛于 $\boldsymbol{A}'\boldsymbol{A}$ 在第 j 行第 k 列的元素. 随着 $\hat{\theta}\to\theta_0$，方程式(1.13)可表示为

$$\boldsymbol{A}'\mathrm{diag}(\pi_0)^{-1/2}\sqrt{n}(p-\pi_0)+o_p(1)$$

由于雅可比矩阵在 θ_0 处满秩，$\boldsymbol{A}'\boldsymbol{A}$ 是非奇异矩阵，因此，

$$\sqrt{n}(\hat{\theta}-\theta_0)=(\boldsymbol{A}'\boldsymbol{A})^{-1}\boldsymbol{A}'\mathrm{diag}(\pi_0)^{1-/2}\sqrt{n}(p-\pi_0)+o_p(1) \tag{1.15}$$

这里，p 的渐近分布决定了 $\hat{\theta}$ 的渐近分布. 由式(1.6)可得，$\sqrt{n}(p-\pi_0)$渐近服从正态分布，其协方差矩阵为$[\mathrm{diag}(\pi_0)-\pi_0\pi_0']$. 根据 δ 方法，$\sqrt{n}(\hat{\theta}-\theta_0)$也渐近服从正态分布，它的渐近协方差矩阵为

$$(\boldsymbol{A}'\boldsymbol{A})^{-1}\boldsymbol{A}'\mathrm{diag}(\pi_0)^{1-/2}\times[\mathrm{diag}(\pi_0)-\pi_0\pi_0']\times\mathrm{diag}(\pi_0)^{-1/2}\boldsymbol{A}(\boldsymbol{A}'\boldsymbol{A})^{-1}$$

利用式(1.11)和式(1.14)，可以消去上式中的相减项，因为

$$\begin{aligned}\pi_0'\mathrm{diag}(\pi_0)^{-1/2}\boldsymbol{A}&=\pi_0'\mathrm{diag}(\pi_0)^{-1/2}\mathrm{diag}(\pi_0)^{-1/2}(\partial\pi/\partial\theta_0)\\&=1'(\partial\pi/\partial\theta_0)=\sum_i\partial\pi_i/\partial\theta_0'=0'\end{aligned}$$

因此，$\sqrt{n}(\theta-\theta_0)$的渐近协方差矩阵简化为$(\boldsymbol{A}'\boldsymbol{A})^{-1}$. 总之，这个推导过程给出了一般性的结论：

$$\sqrt{n}(\hat{\theta}-\theta_0)\xrightarrow{d}N[0,(\boldsymbol{A}'\boldsymbol{A})^{-1}] \tag{1.16}$$

$\hat{\theta}$ 的渐近协方差矩阵取决于 $\partial\pi/\partial\theta_0$，进而取决于模型中 π 作为 θ 的函数的形式. 令 $\hat{\boldsymbol{A}}$ 表示 $\boldsymbol{A}$ 在最大似然估计值 $\hat{\theta}$ 处的取值，所估计的协方差矩阵等于

$$\mathrm{Cov}(\hat{\theta})=(\hat{\boldsymbol{A}}'\hat{\theta})^{-1}/n$$

关于 $\hat{\theta}$ 的渐近正态性及其协方差可以更简便地从最大似然估计值的一般结果中得出. 但是，该方法要求比这里的假定更强的规则性条件. 假如观测值来自某个独立的概率密度函数 $f(y;\theta)$，那么最大似然函数的估计值 $\hat{\theta}$ 是有效的，也即

$$\sqrt{n}(\hat{\theta}-\theta)\xrightarrow{d}N(0,\mathfrak{I}^{-1})$$

其中，$\mathfrak{I}$是单一观测值对应的信息矩阵. 它的第(j,k)个元素为

$$-E\left(\frac{\partial^2\log f(y,\theta)}{\partial\theta_j\theta_k}\right)=E\left(\frac{\partial\log f(y,\theta)}{\partial\theta_j}\frac{\partial\log f(y,\theta)}{\partial\theta_k}\right)$$

当 f 是服从多项分布概率$\{\pi_1(\theta),\cdots,\pi_N(\theta)\}$的单一观测值的概率时，$\mathfrak{I}$的相应元素等于

$$\sum_{i=1}^{N}\frac{\partial\log(\pi_i(\theta))}{\partial\theta_j}\frac{\partial\log(\pi_i(\theta))}{\partial\theta_k}\pi_i(\theta)=\sum_{i=1}^{N}\frac{\partial\pi_i(\theta)}{\partial\theta_j}\frac{\partial\pi_i(\theta)}{\partial\theta_k}\frac{1}{\pi_i(\theta)}$$

这也就是 $\boldsymbol{A}'\boldsymbol{A}$ 的第(i,j)个元素，因而渐近协方差矩阵为$\mathfrak{I}^{-1}=(\boldsymbol{A}'\boldsymbol{A})^{-1}$.

在运用本节的结果时，θ 的最大似然估计值必须存在，而且它必须是似然方程的解. 这要求满足以下的强可识别性条件：对于任意 $\varepsilon>0$，存在 $\delta>0$，以使得如果$\|\theta-\theta_0\|>\varepsilon$，那么$\|\pi(\theta)-\pi_0\|>\delta$. 这个条件隐含着一个较弱的条件，即两个不同的 θ 值不能具有相同的 π 值. 当强可识别性条件和其他规则性条件成立时，随着 $n\to\infty$，最大似然估计值是似然方程的解的概率收敛于 1. 该估计值具有上文所提到的有关似然方程的解的所有渐近特性.

2. 单元格概率估计值的渐近分布

模型估计值 $\hat{\pi}$ 的渐近分布来自于泰勒级数展开：

$$\hat{\pi}=\pi(\hat{\theta})=\pi(\theta_0)+\frac{\partial\pi}{\partial\theta_0}(\hat{\theta}-\theta_0)+o_p(n^{-1/2}) \tag{1.17}$$

剩余项的大小由$(\hat{\theta}-\theta_0)=o_p(n^{-1/2})$推出．现在$\pi(\theta_0)=\pi_0$，并且$\sqrt{n}(\hat{\theta}-\theta_0)$渐近服从协方差距阵为$(\mathbf{A}'\mathbf{A})^{-1}$的正态分布．根据$\delta$方法，有

$$\sqrt{n}(\hat{\pi}-\pi_0)\xrightarrow{d}N\left[0,\frac{\partial\pi}{\partial\theta_0}(\mathbf{A}'\mathbf{A})^{-1}\frac{\partial\pi'}{\partial\theta_0}\right] \tag{1.18}$$

当模型成立且θ具有$q<N-1$个元素时，用$\hat{\pi}=\pi(\hat{\theta})$来估计$\pi$比使用样本比例$p$更有效．更一般地说，在估计关于$\pi$的平滑函数$g(\pi)$时，$(\hat{\theta})$比$g(p)$的渐近方差更小．接下来，对这个结果进行推导．在推导过程中删除了p和$\hat{\theta}$的第N项，以使得它们的协方差矩阵为正定矩阵．第N个比例线性依赖于前$N-1$个比例，因为它们相加等于1．令$\boldsymbol{\Sigma}=\mathrm{diag}(\pi)=\pi\pi'$表示$\sqrt{n}p$的$(N-1)\times(N-1)$协方差矩阵．$\boldsymbol{\Sigma}$的逆矩阵为

$$\boldsymbol{\Sigma}^{-1}=\mathrm{diag}(\theta)^{-1}+\boldsymbol{\Pi}'\theta_N \tag{1.19}$$

这可以通过推导$\boldsymbol{\Sigma}\boldsymbol{\Sigma}^{-1}$等于单位矩阵加以验证．

令$(\partial g/\partial\pi_0)=(\partial g/\partial\pi_1,\cdots,\partial g/\partial\pi_{N-1})'$，求其在$\pi=\pi_0$时的取值．根据$\delta$方法有

$$\mathrm{asymp.\,Var}[\sqrt{n}g(p)]=\left(\frac{\partial g}{\partial\theta_0}'\left[\mathrm{Cov}(\sqrt{n}p)\right]\frac{\partial g}{\partial\pi_0}=\left(\frac{\partial g}{\partial\pi_0}\right)'\boldsymbol{\Sigma}\frac{\partial g}{\partial\pi_0}\right)$$

且

$$\begin{aligned}\mathrm{asymp.\,Var}[\sqrt{n}g(\hat{\pi})]&=\left(\frac{\partial g}{\partial\theta_0}\right)'\left[\mathrm{asymp.\,Cov}(\sqrt{n}\hat{\pi})\right]\frac{\partial g}{\partial\pi_0}\\&=\left(\frac{\partial g}{\partial\pi_0}\right)'\frac{\partial\pi}{\partial\theta_0}\left[\mathrm{asymp.\,Cov}(\sqrt{n}\hat{\theta})\right]\left(\frac{\partial\pi}{\partial\theta_0}\right)\frac{\partial g}{\partial\pi_0}\end{aligned}$$

由式(1.11)和式(1.19)得出

$$\begin{aligned}\mathrm{asymp.\,Cov}(\sqrt{n}\hat{\theta})&=(\mathrm{A}'\mathrm{A})^{-1}=\left[(\partial\pi/\partial\theta_0)'diag(\pi_0)^{-1}(\partial\pi/\partial\theta_0)\right]^{-1}\\&=\left[(\partial\pi/\partial\theta_0)'\boldsymbol{\Sigma}^{-1}(\partial\pi/\partial\theta_0)\right]^{-1}\end{aligned}$$

因为$\boldsymbol{\Sigma}$是正定的，并且$(\partial\pi/\partial\theta)$的秩等于$q$，$\boldsymbol{\Sigma}^{-1}$和$\left[(\partial\pi/\partial\theta_0)'\boldsymbol{\Sigma}^{-1}(\partial\theta/\partial\theta_0)\right]^{-1}$也都是正定的．

为了表明$\mathrm{asymp.\,Var}\left[\sqrt{n}g(p)\right]\geqslant\mathrm{asymp,Var}\left[\sqrt{n}g(\hat{\pi})\right]$，证明

$$\left(\frac{\partial g}{\partial\pi_0}'\left\{\boldsymbol{\Sigma}-\frac{\partial\pi}{\partial\theta_0}\left[\left(\frac{\partial\pi}{\partial\theta_0}\right)'\boldsymbol{\Sigma}^{-1}\frac{\partial\pi}{\partial\theta_0}\right]^{-1}\left(\frac{\partial g}{\partial\theta_0}\right)'\right\}\frac{\partial g}{\partial\pi_0}\geqslant 0\right)$$

但是这个二次项形式等同于

$$(\boldsymbol{Y}-\boldsymbol{B}\boldsymbol{\xi})'\boldsymbol{\Sigma}^{-1}(\boldsymbol{Y}-\boldsymbol{B}\boldsymbol{\xi})$$

其中，$\boldsymbol{Y}=\boldsymbol{\Sigma}(\partial g/\partial\pi_0)$，$\boldsymbol{B}=(\partial\pi/\partial\theta_0)$，$\boldsymbol{\xi}=(\boldsymbol{B}'\boldsymbol{\Sigma}^{-1}\boldsymbol{B})^{-1}\boldsymbol{B}\boldsymbol{\Sigma}^{-1}\boldsymbol{Y}$．这时，由$\boldsymbol{\Sigma}^{-1}$的正定性可以推出相应结果．

这个推导过程基于Altham(1984)所给出的证明．她在证明中应用了最大似然估计值的标准特性．只要保证这些特性成立的规则性条件都满足，这个结果就成立．该结果不仅适用于分类数据，还适用于任意描述一组参数π对另一组更少参数θ的依赖情况的模型．

1.9.3 残差和拟合优度统计量的渐近分布

接下来讨论多项分布模型$\pi=\pi(\theta)$的拟合优度统计量——皮尔逊X^2以及似然比G^2的分布．首先，推导样本比例p和模型估计值$\hat{\pi}$的渐近联合分布．这个分布决定了与p和$\hat{\pi}$有关的

统计量的大样本分布. 例如,它决定了皮尔逊残差的渐近联合分布,该残差用来比较 p 与 $\hat{\pi}$ 的差异. 这时,可以很容易地推导 X^2 即皮尔逊残差的二次方和)的大样本卡方分布. 另外,还证明,当模型成立时,X^2 和 G^2 是渐近等价的.

1. P 和 $\hat{\pi}$ 的联合潮近正态性

为了证明 p 和 $\hat{\pi}$ 的联合渐近正态性,首先表达出 p 和 $\hat{\pi}$ 对 p 的联合依赖性.

令

$$D = \mathrm{diag}(\pi_0)^{1/2}\mathbf{A}(\mathbf{A}'\mathbf{A})^{-1}\mathbf{A}'\mathrm{diag}(\pi_0)^{-1/2}$$

由式(1.15)和式(1.17)可得

$$\begin{aligned}\hat{\pi}-\pi_0 &= \frac{\partial\pi}{\partial\theta_0}(\hat{\theta}-\theta_0)+o_p(n^{-1/2})\\ &= D(p-\pi_0)+o_p(n^{-1/2})\end{aligned}$$

因此,

$$\sqrt{n}\begin{bmatrix}p-\pi_0\\ \hat{\pi}-\pi_0\end{bmatrix} = \begin{pmatrix}\boldsymbol{I}\\ \boldsymbol{D}\end{pmatrix}\sqrt{n}(p-\theta_0)+o_p(\boldsymbol{I})$$

其中 $\boldsymbol{I}$ 是一个 $N\times N$ 阶单位矩阵. 根据 δ 方法,有

$$\sqrt{n}\begin{bmatrix}p-\pi_0\\ \hat{\pi}-\pi_0\end{bmatrix}\xrightarrow{d} N(0,\boldsymbol{\Sigma}^*) \tag{1.20}$$

其中

$$\boldsymbol{\Sigma}^* = \begin{pmatrix}\mathrm{diag}(\theta_0)-\pi_0\pi_0' & [\mathrm{diag}(\pi_0)-\pi_0\pi_0']\boldsymbol{D}'\\ \boldsymbol{D}[\mathrm{diag}(\pi_0)-\pi_0\pi_0'] & \boldsymbol{D}[\mathrm{diag}(\pi_0)-\pi_0\pi_0']\boldsymbol{D}'\end{pmatrix} \tag{1.21}$$

在 $\boldsymbol{\Sigma}^*$ 的主对角线上,两个子矩阵分别为前面推导的 $\mathrm{Cov}(\sqrt{n}p)$ 和 asymp. $\mathrm{Cov}(\sqrt{n}\hat{\pi})$,这里

$$\text{asymp. Cov}(\sqrt{n}p,\sqrt{n}\hat{\pi}) = [\mathrm{diag}(\pi_0)-\pi_0\pi_0']\boldsymbol{D}'$$

2. 皮尔逊和标准化残差的渐近分布

单元格计数$\{n_j\}$的皮尔逊统计量为 $X^2=\sum e_j^2$,其中

$$e_i = \frac{n_i-\mu_i'}{\hat{\mu}_i^{1/2}} = \frac{\sqrt{n}(p_i-\hat{\pi}_i)}{\hat{\pi}_i^{1/2}}$$

接下来,推导 $e=(e_1,e_2,\cdots,e_N)'$的渐近分布,用以诊断拟合不充分的情况. 在泊松模型中 $e=(e_1,e_2,\cdots,e_N)'$为皮尔逊残差,将其除以标准误差就得到了相应的标准化残差. e 的分布也有助于推导 X^2 的分布. 残差 e 是 p 和 $\hat{\pi}$ 的函数,根据式(1.20),二者具有联合渐近正态性.

在应用 δ 方法时,计算

$$\partial e_i/\partial p_i = \sqrt{n}\hat{\pi}_i^{-1/2},\quad \partial e_i/\partial\hat{\pi} = -\sqrt{n}(p_+\hat{\pi}_i)/2\hat{\pi}_i^{-3/2}$$

当 $i\neq j$ 时,$\partial e_i/\partial p_j=\partial e_i/\partial\hat{\pi}_j=0$,也即

$$\frac{\partial e}{\partial p = \sqrt{n}\mathrm{diag}(\hat{\pi})^{-1/2}}$$

以及

$$\frac{\partial e}{\partial\hat{\pi}} = -\frac{1}{2}\sqrt{n}[\mathrm{diag}(p)+\mathrm{diag}(\hat{\pi})\mathrm{diag}(\hat{\pi})^{-3/2}] \tag{1.22}$$

在 $p=\pi_0$ 和 $\hat{\pi}=\pi_0$ 处求这些偏导数的取值，相应的矩阵分别等于 $\sqrt{n}\mathrm{diag}(\pi_0)^{-1/2}$ 和 $-\sqrt{n}\mathrm{diag}(\pi_0)^{-1/2}$.

利用式(1.21)、式(1.22)，以及 $\boldsymbol{A}'\pi_0^{1/2}=\boldsymbol{0}$（由式(1.11)推出），$\delta$ 方法表明

$$e \xrightarrow{d} N(0,\boldsymbol{I}-\pi_0^{1/2}\pi_0^{1/2'}-\boldsymbol{A}(\boldsymbol{A}'\boldsymbol{A})^{-1}\boldsymbol{A}') \tag{1.23}$$

极限分布的形式为 $N(0,\boldsymbol{I}-\mathrm{Hat})$，其中 Hat 代表帽子矩阵，尽管 e 具有渐近正态性，它的方差却小于标准正态随机变量的方差. 将 e 除以标准误差的估计值，就得到了标准化皮尔逊残差. 将这个统计量渐近服从标准正态分布，可表示为

$$r_i=\frac{e_i}{\left[1-\hat{\pi}_i-\sum_j\sum_k(1/\hat{\pi}_i)(\partial\pi_i/\partial\hat{\theta}_j)(\partial\pi_i/\partial\hat{\theta}_k)\upsilon'^{jk}\right]^{1/2}} \tag{1.24}$$

其中，$\hat{\upsilon}^{jk}$ 代表在 $(\hat{\boldsymbol{A}}'\hat{\boldsymbol{A}})^{-1}$ 中第 j 行、第 k 列所对应的元素. r_i 的分母等于$\sqrt{1-\hat{h}_j}$，这里第 i 个观测值的杠杆力 $\hat{h}_i$ 是关于帽子矩阵中的第 i 个分母对角线元素的估计. 当在二维表格中进行独立性检验时，r_j 简化为式(1.13).

3. 皮尔逊统计量的渐近分布

利用正态分布与卡方分布之间的以下关系，可以证明皮尔逊 X^2 统计量渐近服从卡方分布：

令 X 表示均值为 v、协方差矩阵为 $\boldsymbol{B}$ 的多元正态变量，则服从卡方分布的充要条件是 $\boldsymbol{BCBCB}=\boldsymbol{BCB}$，其自由度等于 $\boldsymbol{CB}$ 的秩. 当 $\boldsymbol{B}$ 为非奇异矩阵时，这个条件简化为 $\boldsymbol{CBC}=\boldsymbol{C}$.

皮尔逊统计量与 e 之间的关系为 $X^2=e'e$，因而通过设定 X 为 e，$v=0$，$\boldsymbol{C}=\boldsymbol{I}$，以及 $\boldsymbol{B}=\boldsymbol{I}-\pi_0^{1/2}\pi_0^{1/2'}$ 来应用以上结果. 由于，$\boldsymbol{C}=\boldsymbol{I}$，$(\boldsymbol{X}-v')\boldsymbol{C}(\boldsymbol{X}-v)=|e'e|=X^2$）服从卡方分布的条件简化为 $\boldsymbol{BBB}=\boldsymbol{BB}$. 利用 $\boldsymbol{A}'\pi_0^{1/2}=0$ 直接计算的结果表明 $\boldsymbol{B}$ 是等幂的，所以上述条件成立. 由于 e 渐近服从多元正态分布，所以 X^2 渐近服从卡方分布.

在对称的幂等矩阵中，矩阵的秩等于它迹. $\boldsymbol{I}$ 的迹等于 N；$\pi_0^{1/2}\pi_0^{1/2'}$ 的迹等于 $\pi_0^{1/2'}\pi_0^{1/2}$ 的迹，等于 $\sum\pi_{i0}=1$，即为 1；$\boldsymbol{A}(\boldsymbol{A}'\boldsymbol{A})^{-1}\boldsymbol{A}'$的迹等于$(\boldsymbol{A}'\boldsymbol{A})^{-1}(\boldsymbol{A}'\boldsymbol{A})$的迹，等于 $q\times q$ 阶的单位矩阵的迹，即为 q. 因此，B=CB 的秩为 $N-q-1$. 进而，渐近的卡方分布的自由度 $df=N-q-1$.

这个结果由 Fisher(1922)推导给出. 在大样本的情况下，X^2 的分布不依赖于 θ_0 或模型形式，它只取决于 π 的维度（即 $N-1$）与 θ 的维度之差. 在 $q=0$ 个参数的情况下，X^2 就是皮尔逊用于检验多项分布概率等于一组特定值的统计量[aa (1.115)]，如皮尔逊所述，它的自由度 $df=N-1$. Watson(1959)证明，给定冗余参数的充分统计量，以上结果对渐近的条件分布也成立.

4. 似然比统计量的渐近分布

当模型成立时，随着 $n\to 8$，似然比统计量 G^2 与 X^2 渐近等价. 为了对此进行证明，利用表达式：

$$G^2=2\sum_i n\lg\frac{n_i}{\hat{\mu}_i}=2n\sum_i p\lg\left(\frac{p_i-\hat{\pi}_i}{\hat{\pi}_i}\right)$$

及秦勒级数展开式：

当 $|x|<1$ 时，　　　　$\lg(1+x)=x-x^2/2+x^3/3-\cdots$

设 x 为$(p_i = \hat{\pi}_i)/\hat{\pi}_i$，当模型成立时它依概率收敛于 0. 在大样本的情况下，有

$$G^2 = 2n\sum_i [\hat{\pi}_i + (p_i - \hat{\pi}_i)]\left[\frac{p_i - \hat{\pi}_i}{\hat{\pi}_i} - \left(\frac{1}{2}\right)\frac{(p_i - \hat{\pi}_i)^2}{\hat{\pi}_i} + \cdots\right]$$

$$= 2n\sum_i \left[(p_i - \hat{\pi}_i) - \left(\frac{1}{2}\right)\frac{(p_i - \hat{\theta}_i)^2}{\hat{\pi}_j} + \frac{(p_i - \hat{\pi}_i)^2}{\hat{\pi}_i} + o_p(p_i - \hat{\pi}_i)^3\right]$$

$$= n\sum \frac{(p_i - \hat{\pi}_i)^2}{\hat{\pi}_i} + 2no_p(n^{-3/2}) = X^2 + o_p(1)$$

由于 $\sum(p_i - \hat{\pi}_i) = 0$ 以及$(p_i - \hat{\pi}_i) = (p_i - \pi_i) - (\hat{\pi}_i - \hat{\pi}_i)$，二者均为 $o_p(n^{-1/2})$. 因此，当模型成立时，X^2 与 G^2 之差依概率收敛于 0. 这时，与 X^2 一样，G^2 也渐近服从 $df = N - q - 1$ 的卡方分布.

最大化似然函数的参数值同时也使 G^2 取最小值. 对其进行证明，令

$$G^2(\pi; p) = 2n\sum p_i \lg(p_i/\pi_i)$$

多项分布对数似然函数的核函数为

$$L(\theta) = n\sum p_i \lg \pi_i(\theta)$$

$$= -n\sum p \lg \frac{p_i}{\pi_i(\theta)} + n\sum p_i \lg p_i$$

$$= -\left(\frac{1}{2}\right)G^2(\pi(\theta); p) + n\sum p_i \lg p_i$$

最后一个表达式中的第二项不取决于 θ，所以最大化 $L(\theta)$ 等价于针对 θ 最小化 G^2.

关于 G^2 的基本结果常用于进行嵌套模型间的比较. 假定模型 M_0 是模型 M_1 的一个特例，令 q_0 和 q_1 分别表示两个模型的参数数量，$\{\hat{\pi}_{0i}\}$ 和 $\{\hat{\pi}_{1i}\}$ 分别表示两个模型关于单元格概率的最大似然估计值，那么

$$G^2(M_0) - G^2(M_1) = 2n\sum_{i=1}^{n} p_i \lg(\hat{\pi}_{1i}/\hat{\pi}_{0i})$$

具有以 M_1 成立为备择假设来检验 M_0 成立的 -2(对数似然比)的形式. 似然比检验的 理论表明，当较简单的模型成立时，$G^2(M_0) - G^2(M_1)$ 渐近服从自由度为 $q_1 - q_0$ 的卡方分布. 定义的 $X^2(M_0|M_1)$ 是对模型的 G_2 之差进行的二次项近似. Haberman 指出，只要与样本规模相比，$q_1 - q_0$ 很小，并且期望频数之间具有相同的数量级，即便针对大型的稀疏表格，这些检验仍然适用.

5. 渐近非中心分布

本章推导的结果假定某个特定的参数模型成立. 在现实应用中，任何非饱和模型几乎都不可能完全成立，所以有人可能会对这些结果存有疑虑. 如果将模型仅仅看作是对现实世界的一种近似，这就不是什么问题. 例如，最大似然估计值 $\hat{\theta}$ 收敛于值 θ_0，在该值处，所选取的模型对现实世界拟合得最好. 从这个意义上来说，关于 θ 的推断给我们提供了对现实世界的一种有意义的近似. 相似地，当模型不成立时，有关单元格概率的模型推断与真实的概率并不一致，不过，这些推断仍是对现实情况的一种有益修匀.

在模型成立和不成立的情况下，拟合优度统计量的极限特性存在区. 当模型成立时，我们已经看到 X^2 和 G^2 的极限服从卡方分布，并且随着 n 的上升二者之间的差异消失. 当模型不

成立时，随着 n 的上升，X^2 和 G^2 一般持续增大，而且 $|X^2-G^2|$ 不一定会趋近于零. 获取适当极限分布的一种方法是，考虑一系列情况对应的 π_n，其中拟合不充分的程度随着 n 的上升而下降. 具体地说，模型为 $\pi=f(\theta)$，但现实情况却是

$$\pi_n = f(\theta) + \delta/\sqrt{n} \tag{1.25}$$

模型对总体的最优拟合结果为第 i 个概率等于 $f_i(\theta)$，但它与真实值之间仍相差 $\delta/\sqrt{n}$.

Mitra(1958)表明，在这种情况下，皮尔逊 X^2 的极限服从非中心卡方分布，其自由度 $df=N-q-1$，非中心参数为

$$\lambda = n\sum_{i=1}^{n}\frac{[\pi_{ni}-f_i(\theta)]}{f(\theta)}$$

该参数具有 X^2 的形式，其中样本值 p_i 和 $\hat{\pi}_i$ 由总体值 π_{ni} 和 $f_i(\theta)$ 所替代. 与此相同，似然比统计量的非中心参数具有 G^2 的形式. Haberman 证明，在一定条件下，X^2 和 G^2 的极限服从相同的分布，也即，随着 $n\to\infty$，它们的非中心参数收敛于同一个值.

式(1.25)表明，在大样本的情况下，当模型基本正确时，非中心卡方近似是有效的. 在现实应用中，当 n 为一个给定的有限值时，即便在获得更多数据后，式(1.25)可能并不合理，这时往往仍利用式(1.25)来近似 X^2 的分布. 式(1.25)还可以表示为

$$\pi = f(\theta) + \delta \tag{1.26}$$

其中，随着 $n\to\infty$，π 与 $f(\theta)$ 之间相差一个常数. 这似乎是一种更自然的表述. 事实上，从提供具有一致性检验(即拒绝模型成立的假设的概率收敛于 1)的角度来说，式(1.26)比式(1.25)更适当. 但是，在式(1.26)中，随着 $n\to\infty$，非中心参数 λ 持续增大，并且 X^2 和 G^2 不存在适当的极限分布.

当模型成立时，无论在式(1.25)还是式(1.26)中都有 $\delta=0$. 也即

$$f(\theta) = \pi(\theta)$$

1.9.4 对数线性模型的渐近分布

在对数线性模型中，关于 $\hat{\theta}$ 和 $\hat{\pi}$ 的渐近协方差矩阵的公式，相当于在上面所推导的结果的特例. 与上面的内容直接相关，我们给出多项分布模型的相应结果. 然后，讨论这些结果与泊松对数线性模型的联系.

限定概率之和等于 1，将多项分布样本下的对数线性模型表示为

$$\pi = \exp(\boldsymbol{X}\theta)/[1'\exp(\boldsymbol{X}\theta)] \tag{1.27}$$

其中，$\boldsymbol{X}$ 为模型矩阵并且 $1'=(1,\cdots,1)$. 令 x_i 表示 X 的第 i 行，那么

$$\pi_i = \pi_j(\theta) = \frac{\exp(x_i\theta)}{\sum_k \exp(x_k\theta)}$$

模型通过雅可比矩阵来求解协方差矩阵. 由于

$$\begin{aligned}\frac{\partial\pi_i}{\partial\theta_j} &= \frac{\left[\sum_k \exp(x_k\theta)\right]x_{ij} - [\exp(x_i\theta)]\left[\sum_k X_{kj}\exp(x_k\theta)\right]}{\left[\sum_k \exp(x_k\theta)\right]^2} \\ &= \pi_i x_{ij} - \pi_i\sum_k x_{kj}\pi_k\end{aligned}$$

这些元素的矩阵形式为

$$\partial\pi/\partial\theta = [\mathrm{diag}(\pi) - \pi\pi']\boldsymbol{X}$$

利用这个表达式以及式(1.14)和式(1.16)，在 θ_0 处的信息矩阵为

$$\begin{aligned}\boldsymbol{A}'\boldsymbol{A} &= (\partial\pi/\partial\theta_0)'\mathrm{diag}(\pi)^{-1}(\partial\pi/\partial\theta_0)\\ &= \boldsymbol{X}'[\mathrm{diag}(\pi_0) - \pi_0\pi'_0]'\mathrm{diag}(\pi_0)^{-1}[\mathrm{diag}(\pi_0) - \pi_0\pi'_0]\boldsymbol{X}\\ &= \boldsymbol{X}'[\mathrm{diag}(\pi_0) - \pi_0\pi'_0]\boldsymbol{X}\end{aligned}$$

因此，在多项分布对数线性模型中，$\hat{\theta}$ 渐近服从正态分布，对其估计的协方差矩阵为

$$\mathrm{Cov}(\hat{\theta}) = \{\boldsymbol{X}'[\mathrm{diag}(\hat{\pi}) - \hat{\pi}\pi'_0]\}^{-1}/n \tag{1.28}$$

相似地，由式(1.23)可得，所估计的关于 $\hat{\pi}$ 的渐近协方差矩阵为

$$\mathrm{Cov}(\hat{\pi}) = [\mathrm{diag}(\hat{\pi}) - \hat{\pi}\hat{\pi}']\boldsymbol{X}\{\boldsymbol{X}'[\mathrm{diag}\hat{\pi} - \hat{\pi}\hat{\pi}']\boldsymbol{X}\}^{-1} \times \boldsymbol{X}'[\mathrm{diag}(\hat{\pi} - \hat{\pi}\hat{\pi}')]/n$$

根据式(1.23)，皮尔逊残差 e 渐近服从正态分布，即

$$\begin{aligned}\mathrm{asymp.\,Cov}(e) &= \boldsymbol{I} - \pi_0^{1/2}(\pi_0^{1/2})' - \boldsymbol{A}(\boldsymbol{A}'\boldsymbol{A})^{-1}\boldsymbol{A}'\\ &= \boldsymbol{I} - \pi_0^{1/2}(\pi_0^{1/2})' - \mathrm{diag}(\pi_0)^{-1/2}[\mathrm{diag}(\pi_0) - \pi_\pi{}'_0]\boldsymbol{X}\\ &\quad \times \{\boldsymbol{X}'[\mathrm{diag}(\pi_0) - \pi_0\pi'_0]\boldsymbol{X}\}^{-1}\boldsymbol{X}'\\ &\quad \times [\mathrm{diag}(\pi_0) - \pi_0\pi'_0]\mathrm{diag}(\pi_0)^{-1/2}\end{aligned}$$

参考文献

[1] 于秀林，任雪松. 多元统计分析[M]. 北京：中国统计出版社，1999.

[2] 林震岩. 多变量分析[M]. 北京：北京大学出版社，2007.

[3] 苏金明. 统计软件 SPSS 12.0 for Windows 应用及开发指南[M]. 北京：电子工业出版社，2004.

[4] MARGARET. 数据挖掘教程[M]. 郭崇慧，田凤占，靳晓明，等，译. 北京：清华大学出版社，2005.

[5] 赵广社，张希仁. 数据挖掘中的统计方法概述[J]. 计算机测量与控制. 2003，11(12)914 - 917.

[6] 朱建平. 数据挖掘的统计方法及实践[M]. 北京：中国统计出版社. 2005.

[7] 王松桂，张忠占，程维虎，等. 概率论与数理统计[M]. 2 版. 北京：科学出版社，2006.

[8] 茆诗松，程依明，濮晓龙. 概率论与数理统计[M]. 2 版. 北京：高等教育出版社，2011.

[9] 盛骤，谢式千，潘承毅. 概率论与数理统计[M]. 4 版. 北京：高等教育出版社，2008.

[10] 哈金才，秦传东，范亚静. 概率论与数理统计[M]. 长春：吉林大学出版社，2017.

[11] 施雨. 概率论与数理统计应用[M]. 西安：西安交通大学出版社，1998.

[12] 方开泰，许建伦. 统计分布[M]. 北京：科学出版社，1987.

第 2 章　参数估计思想方法及其实践应用

一般的数理统计主要研究估计问题和检验问题，假设产生数据的总体分布的形式是已知的，所不能确定的是数量有限的一些参数值，而所要做的就是对这些参数进行估计和检验．但是实践中，当没有足够证据时，去假设一个总体有某种分布形式，并进行参数估计或检验，结果是不可靠的，甚至是灾难性的，所以不仅要进行参数估计量的评优选取，同时还要进行未知参数的各种点估计和区间估计，有时还需要进行分布的拟合研究等．

2.1　参数估计量的评价标准

参数估计（Parameter Estimator）就是在不知道总体参数的情况下，使用样本统计量估计总体参数．在参数估计中，估计总体参数得到的统计量称为估计量（Estimator），其具体数值大小称为估计值（Estimated Value）．参数估计的方法主要有点估计和区间估计两类．

样本估计量的不唯一性使得参数估计量的评价标准具体如下：

1. 无偏性

定义 1　设 $\hat{\theta}=\hat{\theta}(x_1,x_2,\cdots,x_n)$ 是 $\hat{\theta}$ 的一个估计，θ 的参数空间为 Θ，若对任意的 $\theta\in\Theta$，有

$$E(\hat{\theta}=\theta)$$

符合上述定义的估计就是无偏估计，不符合上述定义的估计就是有偏估计．

2. 有效性

定义 2　设 $\hat{\theta}_1,\hat{\theta}_2$ 是 θ 的两个无偏估计，并且如果对任意的 $\theta\in\Theta$，有

$$\mathrm{Var}(\hat{\theta}_1)\leqslant\mathrm{Var}(\hat{\theta}_2)$$

同时保证至少有一个 $\theta\in\Theta$ 上述不等号严格成立（或存在），则 $\hat{\theta}_1$ 比 $\hat{\theta}_2$ 有效．

3. 一致性（相合性）

定义 3　设 $\theta\in\Theta$ 为未知参数，$\hat{\theta}_n=\hat{\theta}_n(x_1,x_2,\cdots,x_n)$ 是 θ 的一个估计量，n 为样本容量，若对任何一个 $\varepsilon>0$，有

$$\lim P(|\hat{\theta}_n-\theta|\geqslant\varepsilon)=0$$

此时称 $\hat{\theta}_n$ 为参数 θ 的相合估计．

4. 均方误差

均方误差（Mean Squared Error，MSE）顾名思义是数理统计范围内评价估计值 $\hat{\theta}$、参数真值 θ 平均误差经常可能用到的方法，它的大小与拟合效果成反比，即数值小反而效果好，可用如下方式表达：

$$\mathrm{MSE}(\hat{\theta}) = E(\hat{\theta}-\theta)^2$$

$$\begin{aligned}\mathrm{MSE}(\hat{\theta}) &= E[(\hat{\theta}-E\hat{\theta})+(E\hat{\theta}-\theta)]^2\\ &= E[(\hat{\theta}-E\hat{\theta})^2+(E\hat{\theta}-\theta)^2+2(\hat{\theta}-E\hat{\theta})(E\hat{\theta}-\theta)]\\ &= E(\hat{\theta}-E\hat{\theta})^2+(E\hat{\theta}-\theta)^2+2E[(\hat{\theta}-E\hat{\theta})(E\hat{\theta}-\theta)]\\ &= \mathrm{Var}(\hat{\theta})+(E\hat{\theta}-\theta)^2\end{aligned}$$

由此发现 MSE 其实就是由点估计的方差加上其偏差得到的.在估计量符合无偏性的条件下,均方误差值与点估计的方差相等始终成立;相反地,估计量不符合无偏性时,均方误差值则为点估计的偏差加上其方差求得.

实例 2.1　已知 $x_1,x_2,\cdots,x_n$ 是总体 $U(0,\theta)$ 的一个随机样本,$\hat{\theta}=\dfrac{n+1}{n}x_{(n)}$,具有无偏性,容易知道它的均方误差是

$$\mathrm{MSE}(\hat{\theta}) = \mathrm{Var}(\hat{\theta}) = \frac{\theta^2}{n(n+2)}$$

把形式如 $\hat{\theta}_\alpha=\alpha x_{(n)}$ 作为 θ 的一个估计,它的均方误差为

$$\begin{aligned}\mathrm{MSE}(\hat{\theta}_\alpha) &= \mathrm{Var}(\alpha x_{(n)})+(\alpha E x_{(n)}-\theta)^2\\ &= \alpha^2\mathrm{Var}(x_{(n)})+\left(\alpha\frac{n}{n+1}\theta-\theta\right)^2\\ &= \alpha^2\frac{n}{(n+1)^2(n+2)}\theta^2+\left(\frac{n\alpha}{n+1}-1\right)^2\theta^2\end{aligned}$$

运用求导等方法可以知道当 $\alpha=\dfrac{n+2}{n+1}$ 时,均方误差最小,即

$$\mathrm{MSE}(\hat{\theta}_\alpha) = \mathrm{MSE}\left(\frac{n+2}{n+1}x_{(n)}\right)=\frac{\theta^2}{(n+1)^2}<\frac{\theta^2}{n(n+2)}=\mathrm{MSE}(\hat{\theta})$$

显然此时有偏估计的方差反而比无偏估计的要小,即有偏估计更有效.

2.2　点　估　计

点估计显然是由点出发分析整体,具体到参数估计问题中就是指从总体的某一个随机样本出发,利用其某个特征值通过特定方法估计总体的某个不知道但是需要描述的量的过程,是数理统计中典型的以小见大的方法之一.构造点估计常用的方法有:

(1)矩估计:渗透替换原理由样本入手估计总体;

(2)最大似然估计法:通过求似然函数的最大值寻找最佳拟合估计值;

(3)最小二乘法:主要应用在线性统计模型中;

(4)贝叶斯估计法:在估计总体时,除考虑总体信息和样本信息外,还要考虑先验信息,即实验前对于该实验的已有经验和相关历史信息.

可以用来估计未知参数的估计量非常多,但是如何选择才能更好地分析问题,需要一个好的选择标准来实现,于是优良性准则应运而生.

2.2.1 矩估计

从统计学家 K. Pearson(英国)曾提出的替换原则由来的估计法称作矩估计. 矩估计主要包含原点矩和中心矩. 在样本容量 n 大的时候,可实现样本分布函数 $F_n(x)$ 概率对总体分布函数 $F_n(x)$ 的收敛,此时可由替换原则相应得到如下结果:

样本均值 $\overline{x}$ 对总体均值 $E(X)$: $\hat{E}(X)=\overline{x}$;

样本方差 S_n^2 对总体方差 $\mathrm{Var}(X)$: $\hat{\mathrm{V}}\mathrm{ar}(X)=S_n^2$.

实例 2.2 为分析问题,假设 $x_1, x_2, \cdots, x_n$ 服从存在二阶原点矩 $U(a,b)$. 试求 a 和 b 的矩估计.

解 根据题意可得

$$E(X)=\frac{a+b}{2}, \quad \mathrm{Var}(X)=\frac{(b-a)^2}{12}$$

有

$$a=E(X)-\sqrt{3\mathrm{Var}(X)}, \quad b=E(X)+\sqrt{3\mathrm{Var}(X)}$$

故

$$\hat{\alpha}=\overline{x}-\sqrt{3}s, \quad \hat{b}=\overline{x}+\sqrt{3}s$$

如果随机抽取了来自 $U(a,b)$ 一个包含 4.5　5.0　4.7　4.0　4.2 共 5 个数据的样本,可以计算得到具体数值 $\overline{x}=4.48$, $s_n=0.396\ 2$,此时的矩估计为

$$\hat{\alpha}=4.48-0.396\ 2\times\sqrt{3}=3.793\ 8$$

$$\hat{b}=4.48-0.396\ 2\times\sqrt{3}=5.166\ 2$$

2.2.2 最小二乘估计

除矩估计外,一个在点估计中同样具有重要作用的方法就是最小二乘(Least Squares)估计,许多著名数学家都曾在自己的研究中应用该方法,而且 1900 年其最小方差性质的确立更是锦上添花. 在此只做基本叙述.

使用最小二乘估计总体的目的在于减小观测值和回归值的离差,从而求得最小离差和. 若此时离差二次方和如下:

$$Q(\beta_0,\beta_1,\cdots,\beta_p)=\sum_{i=1}^{n}(y_i-\beta_0-\beta_1x_1-\beta_2x_{i2}-\cdots-\beta_px_{ip})^2$$

那么为了达到目的,求离差二次方和 Q 的最小值,就要使 $\hat{\beta}_0, \hat{\beta}_1, \hat{\beta}_2, \cdots, \hat{\beta}_p$ 满足:

$$Q(\beta_0,\beta_1,\cdots,\beta_p)=\sum_{i=1}^{n}(y_i-\beta_0-\beta_1x_1-\beta_2x_{i2}-\cdots-\beta_px_{ip})^2$$

$$=\min_{\beta_0,\beta_1,\beta_2,\cdots,\beta_p}\sum_{i=1}^{n}(y_i-\beta_0-\beta_1x_{i1}-\beta_{2\,i2}-\cdots-\beta_px_{ip})^2$$

由上面计算过程可知,此时要求 Q 作为非负二次函数的最小值需要应用高等数学微积分使偏导为 0 求极值的知识,对 $\boldsymbol{\beta}$ 求偏导. 也就是说,所求的最小二乘估计 $\hat{\beta}_0, \hat{\beta}_1, \hat{\beta}_2, \cdots, \hat{\beta}_p$ 需要符合的条件为

$$\begin{cases}\left.\dfrac{\partial Q}{\partial \beta_0}\right|_{\beta_0=\hat{\beta}_0} = -2\sum\limits_{i=1}^{n}(y_i-\hat{\beta}_0-\hat{\beta}_1x_{i1}-\hat{\beta}2x_{i2}-\cdots-\hat{\beta}_px_{ip})=0\\ \left.\dfrac{\partial Q}{\partial \beta_1}\right|_{\beta_1=\hat{\beta}_1} = -2\sum\limits_{i=1}^{n}(y_i-\hat{\beta}_0-\hat{\beta}_1x_{i1}-\hat{\beta}2x_{i2}-\cdots-\hat{\beta}_px_{ip})x_{i1}=0\\ \left.\dfrac{\partial Q}{\partial \beta_2}\right|_{\beta_2=\hat{\beta}_2} = -2\sum\limits_{i=1}^{n}(y_i-\hat{\beta}_0-\hat{\beta}_1x_{i1}-\hat{\beta}2x_{i2}-\cdots-\hat{\beta}_px_{ip})x_{i2}=0\\ \cdots\cdots\\ \left.\dfrac{\partial Q}{\partial \beta_p}\right|_{\beta_p=\hat{\beta}_p} = -2\sum\limits_{i=1}^{n}(y_i-\hat{\beta}_0-\hat{\beta}_1x_{i1}-\hat{\beta}2x_{i2}-\cdots-\hat{\beta}_px_{ip})x_{ip}=0\end{cases}$$

即

$$\boldsymbol{X}'(\boldsymbol{y}-\boldsymbol{X}\hat{\boldsymbol{\beta}})=0$$

从而有

$$\boldsymbol{X}'\boldsymbol{X}\hat{\boldsymbol{\beta}}=\boldsymbol{X}'\boldsymbol{y}$$

在$(\boldsymbol{X}'\boldsymbol{X})^{-1}$条件下，所求相应的最小二乘估计是

$$\hat{\boldsymbol{\beta}}=(\boldsymbol{X}'\boldsymbol{X})^{-1}\boldsymbol{X}'\boldsymbol{y}$$

2.2.3　极大似然估计

基于极大似然原理产生的极大似然估计（Maximum Likelihood Estimate，MLE），也称最大似然估计，不仅适用于很多数学研究，对实际生产生活也有着巨大帮助，因而应用范围大．极大似然估计经历了德国数学家高斯（Gauss）的开创和英国统计学家费歇尔（Fisher）的重新发现，具备了完整、优良的估计特性．

其思想是：认为在某个事件可能出现的众多结果中，概率较大指的是一次试验就出现的结果的概率，此时，把大概率事件视为已经实际发生的结果．

定义 4　将总体分布函数为 $f(x;\theta)$，$\theta\in\Theta$，$\theta=(\theta_1,\theta_2,\cdots,\theta_n)$视为未知参数构建的参数向量，其中 Θ 是参数空间，其样本表示为 $x_1,x_2,\cdots,x_n$，那么似然函数为

$$L(\theta)=L(\theta;x_1,x_2,\cdots,x_n)=f(x_1;\theta)\cdot\cdots\cdot f(x_n;\theta)$$

若 $\hat{\theta}$ 满足：

$$L(\hat{\theta})=\max_{\theta\in\Theta}L(\theta)$$

此时 $\hat{\theta}$ 即为极大似然估计．

实例 2.3　设一个事件有三种情况，它们出现的概率如下：

$$p_1=\theta^2,\quad p_2=2\theta(1-\theta),\quad p_3=(1-\theta)^2$$

现做 n 次实验，观测到三种结果发生的次数分别为 $n_1,n_2,n_3(n_1+n_2+n_3=n)$，则似然函数为

$$L(\theta)=(\theta^2)^{n_1}[2\theta(1-\theta)]^{n_2}[(1-\theta)^2]^{n_3}=2^{n_2}\theta^{2n_1+n_2}(1-\theta)^{2n_3+n_2}$$

它的对数似然函数为

$$\ln L(\theta)=(2n_1+n_2)\ln\theta+(2n_3+n_2)\ln(1-\theta)+n_2\ln 2$$

关于 θ 求导并令其为 0 得到

$$\frac{2n_1+n_2}{\theta}-\frac{2n_3+n_2}{1-\theta}=0$$

解之得
$$\theta=\frac{2n_1+n_2}{2(n_1+n_2+n_3)}+\frac{2n_1+n_2}{2n}$$

又
$$\frac{\partial \ln L(\theta)}{\partial \theta^2}=-\frac{2n_1+n_2}{\theta^2}-\frac{2(n_3+n_2}{(1-\theta)^2}<0$$

故 θ 为题中符合条件的极大值点.

1. 总体函数为离散分布的 MLE

离散函数下对 MLE 的求解，一般依据与参数距离最近的数值进行计算. 经常按照下面的步骤进行：

第一步，建立数学模型. 令总体的概率函数是 $p(x;\theta)$，那么似然函数式为
$$L(\theta)=p(x_1;\theta)\cdot P(x_2;\theta)\cdot\cdots\cdot P(x_n;\theta)=\prod_{i=1}^{n}P(x_i;\theta)$$

第二步，挑选样本数据中符合的极大似然估计值 $\hat{\theta}$ 使似然函数 $L(\theta)$ 最大成立. 比较数据中距离最近的数值的似然函数值的方法即为比值法.

实例 2.4 要统计一个生态动物园中生活的麻雀数量，先捕捉 600 只，打好标牌后再放飞，时间足够长麻雀充分混合后，再捕捉 1200 只，这里面 200 只是带有标牌的，试求麻雀总数.

解 令园中麻雀总数为 N 只，其中有标牌的麻雀有 r 只，随机捕捉 s 只，包括 x 只有标牌，X 代表 s 只鸟中有标牌的只数，概率分布如下：
$$P(X=x)=\frac{\begin{bmatrix}N-r\\s-x\end{bmatrix}\begin{bmatrix}r\\s\end{bmatrix}}{\begin{bmatrix}N\\s\end{bmatrix}}$$

此时的似然函数显然为 $L(N)=P(X=x)$，而
$$\frac{L(N)}{L(N-1)}=\frac{(N-s)(N-r)}{(N+x-r-s)N}=\frac{N^2-(r+s)N+rs}{N^2-(r+s)N+xN}$$

在 $rs>XN$ 下，$L(N)>L(N-1)$，在 $rs<XN$ 下，$L(N)<L(N-1)$.

由此可得，似然函数 $L(N)$ 最大值就是在 $rs=XN$ 时，数量只能是正整数，故其极大似然估计量，$\hat{N}=\left[\frac{rs}{X}\right]$，最后得到 $\hat{N}=\frac{600\times 1\ 200}{200}=3\ 600$，因而，园中麻雀总数为 3 600 只.

2. 总体函数为连续分布的 MLE

连续分布下，若令概率密度函数为 $f(x;\theta)$，那么样本 X 的似然函数是
$$L(\theta)=f(x_1;\theta)\cdot f(x_2;\theta)\cdot\cdots\cdot f(x_n;\theta)=\prod_{i=1}^{n}f(x_1;\theta)$$

这时求极大似然估计找最大值，需要依据连续函数的分布特性，对已得到的似然函数取对数后令对数的导数为 0 得到所求，进而很好地描述所求问题称为微分法则，一般步骤如下：

第一步，写出总体未知参数的似然函数并取对数；

第二步，对似然函数对数中的未知参数求导数；

第三步，让导数为 0，进而求解.

3. MLE 的性质

性质 1 其一致性表现为

$$P\lim_{n\to\infty}\hat{\theta}_{ML}=\theta$$

性质2　如果 $\hat{\theta}$ 是 θ 的 MLE，同时 θ 符合连续函数 $f(\theta)$，那么 $f(\hat{\theta})$ 是 $f(\theta)$ 的 MLE，其不变性得到体现.

性质3　大的样本里面，存在 $\hat{\theta}$ 为 θ 的 MLE，那么$\dfrac{\hat{\theta}-\theta}{\sigma(\theta)}\sim N(0,1)$，则渐近正态性凸显.

2.2.4　贝叶斯估计

令 θ 作为总体分布 $P(x|\theta)$ 中的参数，应用随机样本中 θ 的先验信息得到 θ 的先验分布 $\pi(\theta)$，应用贝叶斯公式

$$\pi(\theta\mid x)=\frac{h(x,\theta)}{m(x)}=\frac{P(x\mid\theta)\pi(\theta)}{\int_{\Theta}P(x\mid\theta)\pi(\theta)\mathrm{d}\theta}$$

进而求得 θ 的后验分布 $\pi(\theta|x)$. 用后验分布估计 θ 的三种不同方法得到的三种估计统称 θ 的贝叶斯估计，记为 θ.

根据下面步骤进行贝叶斯估计的步骤：

第一步，找到先验信息分析并选择先验分布 $\pi(\theta)$，进行下一步；

第二步，明晰联合条件的概率函数的分布：

$$p(X\mid\theta)=p(x_1,x_2,\cdots,x_n)=\prod_{i=1}^{n}p(x_i\mid\theta)$$

第三步，综合获得联合分布函数为

$$h(X,\theta)=p(X\mid\theta)\pi(\theta)$$

$h(X,\theta)$ 也就是 $h(X,\theta)=\pi(\theta|X)m(X)$，$m(X)$ 与 θ 没有关联，此时的后验分布函数是

$$\pi(\theta\mid x)=\frac{h(X,\theta)}{m(X)}=\frac{p(X\mid\theta)\pi(\theta)}{\int p(X\mid\theta)\pi(\theta)\mathrm{d}\theta}$$

第四步，需要加入损失函数 $\mathrm{Loss}(\hat{\theta},\theta)$ 来估计贝叶斯决策. 把 $\mathrm{Loss}(\hat{\theta},\theta)$ 与期望最小值相等的 $\hat{\theta}$ 看成参数其所求估计值.

实例2.5　已知 $x_1,x_2,\cdots,x_n$ 是服从 $N(\mu,\sigma_0^2)$ 的一个随机选出的样本，已经知道 σ_0^2，而不知道 μ，若此时 μ 的先验分布同时服从 $N(\theta,\tau^2)$，而且先验均值 θ、先验方差 τ^2 都是知道的.

解　X 分布：　$$p(X\mid\mu)=(2\pi\sigma_0^2)^{\frac{-n}{2}}\exp\left\{-\frac{1}{2\sigma_0^2}\sum_{i=1}^{1}(x_i-\mu)^2\right\}$$

μ 先验分布：　$$\pi(\theta)=(2\pi\tau^2)^{\frac{-1}{2}}\exp\left\{-\frac{1}{2\tau^2}(\mu-\theta)^2\right\}$$

它们的联合分布就是

$$h(X,\mu)=k_1\exp\left\{-\frac{1}{2}\left[\frac{n\mu^2-2n\mu\overline{x}+\sum_{i=1}^{1}x_i^2}{\sigma_0^2}+\frac{\mu^2-2\theta\mu+\theta^2}{\tau^2}\right]\right\}$$

此时 $\overline{x}=\dfrac{1}{n}\sum_{i=1}^{1}x_i$，$k_1=(2\pi)^{-\frac{n+1}{2}}\tau^{-1}\sigma_0^{-n}$. 如果令

$$A=\frac{n}{\sigma_0^2}+\frac{1}{\tau_0^2},\quad B=\frac{n\bar{x}}{\sigma_0^2}+\frac{\theta}{\tau^2},\quad C=\frac{\sum_{i=1}^{n}x_i^2}{\sigma_0^2}+\frac{\theta^2}{\tau^2}$$

那么

$$h(X,\mu)=k_1\exp\left\{-\frac{\left(\frac{\mu-B}{A}\right)^2}{\frac{2}{A}}-\frac{1}{2}\left(C-\frac{B^2}{A}\right)\right\}$$

即有

$$m(X)=\int_{-\infty}^{+\infty}h(X,\mu)\mathrm{d}\mu=k_1\exp\left\{-\frac{1}{2}\left(C-\frac{B^2}{A}\right)\right\}\left(\frac{2\pi^{\frac{1}{2}}}{A}\right)$$

后验分布是

$$\pi(\mu\mid x)=\frac{h(X,\mu)}{m(X)}=\left(\frac{2\pi}{A}\right)^{\frac{1}{2}}\exp\left\{-\frac{1}{\frac{2}{A}}\left(\mu-\frac{B}{A}\right)^2\right\}$$

该结果表明，μ 的后验分布为 $N\left(\frac{B}{A},\frac{1}{A}\right)$. 它的贝叶斯估计是

$$\mu=\frac{\frac{n}{\sigma_0^2}}{\frac{n}{\sigma_0^2}+\frac{1}{\tau^2}}\bar{x}+\frac{\frac{1}{\tau^2}}{\frac{n}{\sigma_0^2}+\frac{1}{\tau^2}}\theta$$

作为 μ 的贝叶斯估计值，在总体方差与样本量成反比时即方差小时，样本均值所占比例大些；相反的结果可能更容易被人们认可.

2.2.5 最小二乘估计和极大似然估计的比较

若存在两个不同变量，一个是随机变量而另一个可控变量，且两变量间没有确定的函数关系，但是每一个可控变量都与一个确定的随机变量概率分布对应且唯一，此时适当地选取一函数 $y=y(x)$，使 $(x_1,y(x_1))$，$(x_2,y(x_2))$，…，$(x_n,y(x_n))$，在一定意义下最好地吻合于观测结果，采取以下的数据模型：

$$Y=(ax+b+\varepsilon)(x-x_0)+y_0$$

其中，ε 是随机变量，服从正态分布 $N(0,\sigma^2)$，根据这个可以获得符合参数的表达式，也就需要找到一条经过点 $(x_0,y(x_0))$ 同时符合观测结果、分布程度高的 $(x_1,y(x_1))$，$(x_2,y(x_2))$，…，$(x_n,y(x_n))$.

1. 线性模型下的最小二乘估计

如果用最小二乘拟合方法去拟合，所求适合曲线必须经过点 (x_0,y_0)，则此时的最小二乘法称为带一个插点的最小二乘法.

对于带一个点的最小二乘法，应用下面二次曲线进行拟合：

$$Y=(ax+b+\varepsilon)(x-x_0)+y_0$$

其中，ε 服从正态分布 $N(0,\sigma^2)$，则当 $\sum_{j=1}^{n}[x_j(x_j-x_0)]^2\sum_{j=1}^{n}(x_j-x_0)^2-\left[\sum_{j=1}^{n}x_i(x_j-x_0)^2\right]^2\neq 0$ 时，a，b 的最小二乘估计为

$$\begin{cases} \hat{a} = \dfrac{\sum\limits_{j=1}^{n}[(y_j - y_0)x_j(x_j - x_0)]\sum\limits_{j=1}^{n}(x_j - x_0)^2 - \sum\limits_{j=1}^{n}[(y_j - y_0)(x_i - x_0)]\sum\limits_{j=1}^{n}x_j(x_j - x_0)^2}{\sum\limits_{j=1}^{n}[x_j(x_j - x_0]^2\sum\limits_{j=1}^{n}(x_j - x_0)^2 - \left[\sum\limits_{j=1}^{n}x_j(x_j - x_0)^2\right]^2} \\ \hat{b} = \dfrac{\sum\limits_{j=1}^{n}[(y_j - y_0)(x_j - x_0)]\sum\limits_{j=1}^{n}[(x_j - x_0)^2 x_j] - \sum\limits_{j=1}^{n}[(y_j - y_0)x_j(x_i - x_0)]\sum\limits_{j=1}^{n}x_j(x_j - x_0)^2}{\sum\limits_{j=1}^{n}[x_j(x_j - x_0]^2\sum\limits_{j=1}^{n}(x_j - x_0)^2 - \left[\sum\limits_{j=1}^{n}x_j(x_j - x_0)^2\right]^2} \end{cases}$$

并且最小二乘估计 $\hat{a}$ 是 $\hat{b}$ 的无偏估计.

2. 带一个插点值的极大似然估计

设 ξ 是一随机变量，x 是一般变量，它们之间存在如下关系：

$$Y = (ax + b + \varepsilon)(x - x_0) + y_0$$

由极大似然估计回归系数 a,b，似然函数如下：

$$L(a,b,\sigma^2) = \prod_{i=0}^{n}\frac{1}{\sqrt{2\pi}\sigma}\exp\left\{-\frac{1}{2\sigma^2}\left[\frac{\xi - y_0}{x_i - x_0} - ax - b\right]^2\right\}$$

$$= \left[\frac{1}{\sqrt{2\pi}\sigma}\right]^n\exp\left\{-\frac{1}{2\sigma^2}\sum_{i=1}^{n}\left[\frac{\xi_i - y_0}{x_i - x_0} - ax - b\right]^2\right\}$$

回归系数 a,b 的最大似然估计 $\hat{a},\hat{b}$ 符合

$$\begin{cases} \dfrac{\partial \ln L(a,b,\sigma^2)}{\partial a} = -\dfrac{1}{\sigma^2}\sum\limits_{i=0}^{n}\left[\dfrac{\xi_i - y_0}{x_i - x_0} - ax - b\right]x_i = 0 \\ \dfrac{\partial \ln L(a,b,\sigma^2)}{\partial a} = -\dfrac{1}{\sigma^2}\sum\limits_{i=0}^{n}\left[\dfrac{\xi_i - y_0}{x_i - x_0} - ax - b\right] = 0 \end{cases}$$

故有

$$\hat{a} = \frac{\sum\limits_{i=0}^{n}(\eta_i - \bar{\eta})(x_i - \bar{x})}{\sum\limits_{i=0}^{n}(x_i - x_0)^2} = \frac{n\sum\limits_{i=0}^{n}\left[\dfrac{\xi_i - y_0}{x_i - x_0}x_i\right] - \sum\limits_{i=0}^{n}\left[\dfrac{\xi_i - y_0}{x_i - x_0}\right]\sum\limits_{i=0}^{n}x_i}{n\sum\limits_{i=0}^{n}x_i^2 - \left[\sum\limits_{i=0}^{n}x_i\right]^2}$$

$$\hat{b} = \bar{\eta} - a\bar{x} = \frac{\sum\limits_{i=1}^{n}\left[\dfrac{\xi_i - y_0}{x_i - x_0}\right]\sum\limits_{i=1}^{n}x_i^2 - \sum\limits_{i=1}^{n}\left[\dfrac{\xi_i - y_0}{x_i - x_0}x_i\right]\sum\limits_{i=1}^{n}x_i}{n\sum\limits_{i=1}^{n}x_i^2 - \left[\sum\limits_{i=1}^{n}X_i\right]^2}$$

其中

$$\bar{x} = \frac{1}{n}\sum_{i=1}^{n}x_i,\quad \eta_i = \frac{\xi_i - y_0}{x_i - x_0},\quad \bar{\eta} = \frac{1}{n}\sum_{i=1}^{n}\eta_i$$

此时

$$Ea = E\frac{\sum\limits_{i=1}^{n}(\eta - \bar{\eta})(x_i - \bar{x})}{\sum\limits_{i=1}^{n}(x_i - \bar{x})^2} = a$$

$$Eb = E(\bar{\eta} - a\bar{x}) = b + a\bar{x} - a\bar{x} = b$$

通过上述计算过程可知，这两种估计方法的原理是不同的，在获得随机样本观测值之后，为实现对于数据最好的拟合，最小二乘法需要找到让估计值与观测值最差结果的最小值，而极

大似然法只需要找到概率最大的值.

极大似然法在开始选择参数时就以寻找似然函数最大情况下使得已知数据出现概率最大为标准.但是,这必须建立在概率分布已知的前提下.我们知道,实际生活中的情况往往很复杂,想要得到确切的概率分布十分困难,所以在这方面极大似然法有很大的局限性.

最小二乘估计一般用于曲线拟合,对于分布均匀的可以拟合的数据具有较高的准确性,结果清晰明了,能很好地帮助我们描述数据;但是,也正是因为这样的特点,对于那些分布特别散,不具有类似规律的数据,再使用最小二乘法,不仅不能准确分析,反而可能出现错误.因此,具体情况还要具体分析.

2.2.6 贝叶斯估计与极大似然估计的比较

已知事件 A 每次发生的概率相等,且已有结果不会影响下一次结果,此时重复实验 n 次观测并记录结果,其中事件 A 发生了 X 次,得到 $X|\theta:b(n,\theta)$,即

$$P(X=x \mid \theta)=\binom{n}{x}\theta^{x}(1-\theta)^{n-x}, x=0,1,\cdots,n$$

1. 基于 n 重伯努利事件的贝叶斯估计

由贝叶斯求解过程先得到 X 和 θ 的联合分布:

$$P(X=x \mid \theta)=\binom{n}{x}\theta^{x}(1-\theta)^{n-x}, x=0,1,\cdots,n, \quad 0<\theta<1$$

后求边际分布有

$$m(x)=\binom{n}{x}\int_0^1\theta^{x}(1-\theta)^{n-x}\mathrm{d}\theta=\binom{n}{x}\frac{\Gamma(x+1)\Gamma(n-x+1)}{\Gamma(n+2)}$$

最后得后验分布为

$$\pi(\theta \mid x)=\frac{h(x,\theta)}{m(x)}=\frac{\Gamma(n+2)}{\Gamma(x+1)\Gamma(n-x+1)}\theta^{(x+1)x}(1-\theta)^{n-x+1}, \quad 0<\theta<1$$

故 $\theta \mid x:Be(x+1,n-x+1)$ 成立,且后验估计为

$$\hat{\theta}_B=E(\theta \mid x)=\frac{x+1}{n+2}$$

2. 基于 n 重伯努利事件的极大似然估计

由前知,事件发生概率的极大似然估计是:

$$\hat{\theta}_M=\frac{x}{n}$$

有时,贝叶斯估计更合理.消费者在挑选水果的时候,如果一箱子有 20 个桃子,从箱子中拿出 5 个,5 个桃子都是又大又好看;若从中拿出的是 10 个,这 10 个也是又大又好看.从结果上看,桃子的优质率都是 100%,但后面得到的结果明显更让人相信,从而产生更大的购买倾向.而贝叶斯估计中的后验信息刚好可以反映这种信息,因而具有更大的实用性.

3. 二项分布的贝叶斯估计

若 $$p(X=r)=\binom{n}{r}R^{n-r}(1-R)^{r}, r=0,1,\cdots,n$$

那么此时随机变量是服从二项分布的. 其中 R 为产品的可靠度(或合格品率). 按贝叶斯假设，R 的先验分布 $\beta(1,1)$，则 R 的置信水平为 $1-a$ 的贝叶斯置信下限 R_L 满足 $I_{R_{BL_1}}(n-r+1,1+r)=a$.

贝叶斯假设只要确定 R 在某个范围内，就可以假设其服从该范围内的均匀分布成为可能，并称此为专家经验. 以二项分布为例，根据 R 在 $(0,1)$ 内可认为 R 的先验分布服从 $U(0,1)$. 此时根据专家信息，得到一个 R 范围中的小端点值 R_L，满足 $0\leqslant R_L\leqslant R\leqslant 1$，使得假设更加有说服力.

在二项次分布中，其先验分布已经知道，且服从 $U(R_L,1)$，$0\leqslant R_L\leqslant 1$($R_L$ 已知)，那么就有

(1)R 的贝叶斯估计为

$$\hat{R}=\left(\frac{n+1-r}{n+2}\frac{[1-I_{R_L}(n+2-r,1-r)]}{[1-I_{R_L}(n+2-r,1-r)]}\right)$$

(2)R 在 $1-a$ 下的贝叶斯的置信区间的端点小值 R_{BL_5} 满足：

$$I_{R_{BL_5}}(n+1-r,1+r)=1-(1-a)[1-I_{R_L}(n+1-r,1+r)]$$

证明　在考虑二项分布的前提下，已知 R 的先验分布是 $U(R_L,1)$，那么可以知道 R 的后验分布其实是

$$h(R\mid r)=\frac{R^{n-r}(1-R)^r}{\beta(n-r+1,1+r)[1-I_{R_L}(n-r+1,1+r)]},R_L<R<1$$

(1)所求贝叶斯估计是

$$\begin{aligned}\hat{R}&=\frac{\int_{R_L}^{1}R\cdot R^{n-r}(1-R)^r\mathrm{d}R}{\beta(n-r+1,1+r)[1-I_{R_L}(n-r+1,1+r)]}\\&=\frac{\beta(n-r+2,1+r)[1-I_{R_L}(n-r+2,1+r)]}{\beta(n-r+1,1+r)[1-I_{R_L}(n-r+1,1+r)]}\\&=\left(\frac{n+1-r}{n+2}\right)\frac{[1-I_{R_L}(n-r+2,1+r)]}{[1-I_{R_L}(n-r+1,1+r)]}\end{aligned}$$

(2)R 在 $1-a$ 下的贝叶斯置信区间的界点小值 R_{BL_5} 应该符合以下条件：

$$\begin{aligned}1-a&=\frac{\int_{R_L}^{1}R\cdot RI\ n-r(1-R)^r\mathrm{d}R}{\beta(n-r+1,1+r)[1-I_{R_L}(n-r+1,1+r)]}\\&=\frac{[1-I_{R_{BL_5}}(n-r+1,1+r)]}{[1-I_{R_L}(n-r+1,1+r)]}\end{aligned}$$

解得 $I_{R_{BL_5}}(n-r+1,1+r)=1-(1-a)[1-I_{R_L}(n-r+1,1+r)]$. 证明完成.

若 $R_L=0$，则 $R_{BL_5}=R_{BL_1}$；否则 $R_{BL_5}>R_{BL_1}$.

定理 1　在二项分布中，若 R 的先验分布符合

$$\pi(R\mid a,b)=\frac{R^{a-1}(1-R)^{b-1}}{\beta(a,b)},0\leqslant R_L\leqslant R<1,a>0,b>0,R_L\text{ 已知}$$

那么

(1)所求贝叶斯估计是

$$\hat{R}=\left(\frac{n+a-r}{n+a+b}\frac{[1-I_{R_L}(n+a+1-r,b+r)]}{1-I_{R_L}(n+a-r,b+r)}\right)$$

(2)R 在 $1-a$ 下的贝叶斯置信区间的界小值 R_{BL_6} 符合

$$I_{R_{BL_6}}(n+a-1,b+r)=1-(1-a)[1-I_{R_L}(n+a-r,b+r)]$$

证明 在二项分布下，如果 R 的先验分布其实就是截尾贝塔分布这一结果是成立的，那么，其密度函数显然可以写为

$$\pi(R\mid a,b)=\frac{R^{a-1}(1-R)^{b-1}}{\beta(a,b)},\quad 0\leqslant R_L\leqslant R<1,\quad a>0,b>0$$

此时 R 的后验分布是

$$h(R\mid r)\frac{\dfrac{R(a+n-r)^{-1}(1-R)^{b+r-1}}{\beta(a,b)}}{\displaystyle\int_{R_L}^{1}\left[\frac{R^{(a+n-r)^{-1}}(1-R)^{b+r^{-1}}}{\beta(a,b)}\right]\mathrm{d}R}$$

$$=\frac{R(a+n-r)^{-1}(1-R)^{(b+r)^{-1}}}{\beta(a+n-r,b+r)[1-I_{R_L}(a+n-r,b+r)]},\quad R_L\leqslant R<1$$

(1)可以得到

$$\hat{R}=E(R\mid r)=\frac{\displaystyle\int_{R_L}^{1}R\cdot R^{(a+n-r)^{-1}}(1-R)^{(b+r)^{-1}}\mathrm{d}R}{\beta(a+n-r,b+r)[1-I_{R_L}(a+n-r,b+r)]}$$

$$=\left(\frac{a+n-r}{n+a-b}\right)\left[\frac{1-I_{R_L}(a+1+n-r,b+r)}{1-I_{R_1}(a+n-r,b-r)}\right]$$

(2)R 在 $1-a$ 下的贝叶斯置信区间的界小值点 R_{BL_6} 必然符合

$$1-a=\frac{\displaystyle\int_{BL_6}^{1}R^{(a+n-r)^{-1}}(1-R)^{(b+r)^{-1}}\mathrm{d}R}{\beta(a+n-r,b+r)[1-I_{R_L}(a+n-r,b+r)]}$$

$$=\left[\frac{1-I_{R_{BL_6}}(a+n-r,b+r)}{1-I_{R_L}(a+n-r,b+r)}\right]$$

解得 $I_{R_{BL_6}}(a+n-r,b+r)=1-(1-a)[1-I_{R_L}(a+n-r,b+r)]$，证明完成.

若 $R_L=0$ 时，则 $R_{BL_6}=R_{BL_4}$；否则，$R_{BL_6}>R_{BL_4}$.

2.2.7 Logistic 回归模型的最大似然估计

1. Logistic 回归模型的推导

由于常规最小二乘法模型的不适应性，建议对于二分类因变量的分析使用非线性函数.事件发生的条件概率 $P(y_i=1|x_i)$ 与 x_i 之间的非线性关系通常是单调函数，即随着 x_i 的增加 $P(y_i=1|x_i)$ 也单调增加，或者是随着 x_i 的减少 $P(y_i=1|x_i)$ 也单调减少.一个自然的选择便是值域在(0,1)之间有着 S 形状的曲线，这样当 x_i 趋近于负无穷时有 $E(y_i)$ 趋近于 0，在 x_i 趋近于正无穷时有 $E(y_i)$ 趋近于 1.这种曲线类似于一个随机变量的累积分布曲线.在二分类因变量分析中最常用的函数是流行的 Logistic 分布.这里先简要地描述一下把 Logistic 函数用于二分类因变量分析的理论依据.

假设有一个理论上存在的连续反应变量 y_i^* 代表事件发生的可能性，其值域为负无穷至正无穷.当该变量的值跨越一个临界点 c(比如 $c=0$)时，便导致事件发生.于是有：

当 $y_i^* > 0$ 时，$y_i = 1$；在其他情况下，$y_i = 0$.

这里，y_i 是实际观察到的反应变量. $y_i = 1$ 表示事件发生，$y_i = 0$ 表示事件未发生. 如果假设在反应变量 y_i^* 和自变量 x_i 之间存在一种线性关系，即

$$y_i^* = \alpha + \beta x_i + \varepsilon_i \tag{2.1}$$

由公式(2.1)，可得到

$$P(y_i = 1 \mid x_i) = P[(\alpha + \beta x_i + \varepsilon_i) > 0] \tag{2.2}$$

通常，假设公式(2.1)中误差项 ε_i 有 Logistic 分布或标准正态分布. 为了取得一个累积分布函数，一个变量的概率需要小于一个特定值. 因此，必须改变公式(2.2)中不等号的方向. 由于 Logistic 分布和正态分布都是对称的，所以公式(2.2)可以改写为

$$P(y_i = 1 \mid x_i) = P[\varepsilon_i \leqslant (\alpha + \beta x_i)] = F(\alpha + \beta x_i)$$

其中，F 为 ε_i 的累积分布函数. 分布函数的形式依赖于公式(2.1)中 ε_i 的假设分布. 如果假设 ε_i 为 Logistic 分布，就得到 Logistic 回归模型. 在标准 Logistic 回归模型中，标准 Logistic 分布的平均值等于 0，方差等于 $\pi^2/3 \approx 3.29$. 之所以选择这样一个方差是因为它可以使累积分布函数取得一个较简单的公式：

$$\begin{aligned} P(y_i = 1 \mid x_i) &= P[\varepsilon_i \leqslant (\alpha + \beta x_i)] \\ &= \frac{1}{1 + e^{-\varepsilon_i}} \end{aligned} \tag{2.3}$$

这一函数称为 Logistic 函数，它具有 S 形的分布. 当 ε_i 趋近于负无穷时，有

$$\begin{aligned} P(y_i = 1 \mid x_i) &= 1/(1 + e^{-(-\infty)}) \\ &= 1/(1 + e^{\infty}) = 0 \end{aligned}$$

与此相对，当 ε_i 趋近于正无穷时，有

$$\begin{aligned} P(y_i = 1 \mid x_i) &= 1/(1 + e^{-(-\infty)}) \\ &= 1/(1 + e^{\infty}) = 1 \end{aligned}$$

无论 ε_i 取何值，Logistic 函数 $P(y_i = 1 | x_i) = 1/(1 + e^{-\varepsilon_i})$ 的取值范围均在 0 与 1 之间. Logistic 函数的这一性质保证了由 Logistic 模型估计的概率决不大于 1 或小于 0.

为了根据 Logistic 函数取得 Logistic 回归模型，将公式(2.3)重写为

$$P(y_i = 1 \mid x_i) = \frac{1}{1 - e^{-(\alpha + \beta x_i)}}$$

其实，这就是当 ε_i 取值为 $\alpha + \beta x_i$ 时的累积分布函数. 在这里，ε_i 被定义为一系列影响事件发生概率的因素的线性函数，即

$$\varepsilon_i = \alpha + \beta x_i$$

其中，x_i 为自变量；α 和 β 分别为回归截距和回归系数.

将事件发生的条件概率标注为 $P(y_i = 1 | x_i) = p_i$，就能得到下列 Logistic 回归模型：

$$p_i = \frac{1}{1 + e^{-\alpha + \beta x_i}} = \frac{e^{\alpha + \beta x_i}}{1 + e^{\alpha + \beta x_i}} \tag{2.4}$$

定义不发生事件的条件概率为

$$1 - p_i = 1 - \left(\frac{e^{\alpha + \beta x_i}}{1 + e^{\alpha + \beta x_i}}\right) = \frac{1}{1 + e^{\alpha + \beta x_i}}$$

那么，事件发生概率与事件不发生概率之比为

$$\frac{p_i}{1-p_i}=e^{\alpha+\beta x_i}$$

这个比称为事件的发生比,简称为 odds. odds 一定为正值,并且没有上界,因为$0<p_i<1$.将 odds 取自然对数就能得到一个线性函数:

$$\ln\left(\frac{p_i}{1-p_i}\right)=\alpha+\beta x_i \tag{2.5}$$

式(2.5)将 Logistic 函数做了自然对数转换,这称作 Logit 形式,也称作 y 的 Logit,即 Logit(y).这一转换的重要性在于,Logit(y)有许多可利用的线性回归模型性质.Logit(y)对于其参数而言是线性的,并且依赖于 x 的取值,它的值域为负无穷至正无穷.从式(2.5)可以看出,当 odds 从 1 减少到 0 时,Logit(y)取负值且绝对值越来越大;当 odds 从 1 增加到正无穷时,它取正值且值越来越大.于是,就不为概率估计值会超过概率值域的问题所困了.Logit 模型的系数和可以按照一般回归系数那样解释.一个变量的作用如果是增加对数发生比的话(lg odds),也就增加事件发生的概率.反之依然.

2. Logistic 回归模型的推广

尽管线性回归分析的原则也应用于 Logistic 回归模型,但应当记住,Logistic 回归与线性回归是完全不同的.首先,线性回归的因变量与其自变量之间的关系是线性的,而 Logistic 回归中因变量与自变量之间的关系是非线性的.其次,在线性回归中通常假设,对应自变量 x_i 的某个值,因变量 y_i 的观测值有正态分布.但在 Logistic 回归中,因变量的观测值却为二项分布.最后,在 Logistic 回归模型中不存在线性回归模型中有的残差项.

当有 k 个自变量时,式(2.4)可扩展为

$$p_i=\frac{e^{\alpha+\sum\limits_{k=1}^{k}\beta_k x_{ki}}}{1+e^{\alpha+\sum\limits_{k=1}^{k}\beta_k x_{ki}}}$$

那么,相应的 Logistic 回归模型将有以下形式:

$$\ln\left(\frac{p_i}{1-p_i}\right)=\alpha+\sum_{k=1}^{k}\beta_k x_{ki}$$

其中,$p_i=p(y_i=1\mid x_{1i},x_{2i},\cdots,x_{ki})$为在给定系列自变量 $x_{1i},x_{2i},\cdots,x_{ki}$ 的值时的事件发生概率.

一旦拥有各个案例的观测自变量之值构成的样本,并同时拥有其事件发生与否的观测值,就能使用这些信息来分析和描述在特定条件下事件发生比及发生的概率.

在线性回归中估计未知总体参数时主要采用最小二乘法.这一方法的原理是根据线性回归模型选择参数估计值,使因变量的观测值与模型的估计值之间的离差二次方值为最小.而最大似然估计法则是统计分析中另一常用模型参数估计方法.在线性回归分析中,最大似然估计法可以得到与最小二乘法相同的结果.与最小二乘法相比,最大似然估计既可以用于线性模型,也可以用于更为复杂的非线性估计.由于 Logistic 回归是非线性模型,所以最大似然估计法是最常用的模型估计方法.

首先建立一个函数,称为似然函数.这一函数将观测数据的概率表述为未知模型参数的函数.模型参数的最大似然估计是选择能够使这一函数值达到最大的参数估计值.换句话说,这套参数估计能够通过模型以最大概率再现样本观测数据.下面介绍如何通过最大似然估计法

来估计 Logistic 回归模型的参数.

3. 不分组变量的 Logistic 回归模型的最大似然估计

假设总体 Y 中随机地抽取 n 个案例作为样本,观测值标注为 $y_1, y_2, \cdots, y_n$. 设 π 为事件 A 发生的概率,$1-\pi$ 为事件 A 不发生的概率,并且 $y_i=0$ 或 $y_i=1$, y_i 为某一特定案例的观测值,因为假设各项观测值之间是相互独立的,则

$$L(\beta_0, \beta_1, \cdots, \beta_p; y_1, y_2, \cdots, y_n) = \prod_{j=1}^{n} \pi^{y_j}[1-\pi]^{1-y_j}$$

Logistic 回归模型的对数似然值为

$$\begin{aligned}
\ln L &= \ln\left\{\prod_{j=1}^{n} \pi^{y_j}(1-\pi)^{1-y_j}\right\} \\
&= \sum_{j=1}^{n}\{y_i \ln\pi + (1-y_i)\ln(1-\pi)\} \\
&= \sum_{j=1}^{n}\left\{y_i \ln\left[\frac{\pi}{1-\pi}\right]\ln(1-\pi)\right\} \\
&= \sum_{j=1}^{n}\left\{y_i\left[\alpha + \sum_{j=1}^{n}\beta_i x_i\right] + \ln\left[1 - \frac{\exp(\alpha + \sum_{j=1}^{p}\beta_i x_i)}{1+\exp(\alpha + \sum_{j=1}^{p}\beta_i x_i)}\right]\right\} \\
&= \sum_{j=1}^{n}\left[y_i(\alpha + \sum_{j=1}^{p}\beta_i x_i) - \ln(1+\exp(\alpha + \sum_{j=1}^{p}\beta_i x_i))\right]
\end{aligned}$$

将对数似然值分别对 $\beta_i(i=0,1,2,\cdots,p)$ 求一阶偏导:

$$\begin{aligned}
\frac{\partial \ln L}{\partial \beta_0} &= \sum_{j=1}^{n}\left[y_i - \frac{\exp(\beta_0 + \sum_{i=1}^{p}\beta_i x_i)}{1-\exp(\beta_0 + \sum_{i=1}^{p}\beta_i x_i)}\right] \\
&= \sum_{j=1}^{n} y_j + \sum_{j=1}^{n}\frac{1}{1-\exp(\beta_0 + \sum_{i=1}^{p}\beta_i x_i)}
\end{aligned}$$

$$\frac{\partial \ln L}{\beta_i} = \sum_{j=1}^{n} y_j x_i - \sum_{j=1}^{n}\frac{x_i \exp(\beta_0 + \sum_{i=1}^{p}\beta_i x_i)}{1+\exp(\beta_0 + \sum_{i=1}^{p}\beta_i x_i)}$$

联立方程组,整理得

$$\begin{cases}
\sum_{j=1}^{n} y_i + \sum_{j=1}^{n}\dfrac{1}{1+\exp(\beta_0 + \sum_{i=1}^{p}\beta_i x_i)} = n \\
\sum_{j=1}^{n} y_j x_i - \sum_{j=1}^{n}\dfrac{x_i \exp(\beta_0 + \sum_{i=1}^{p}\beta_i x_i)}{1+\exp(\beta_0 + \sum_{i=1}^{p}\beta_i x_i)}
\end{cases}, \quad i = 0,1,2,\cdots,p$$

因为 y_j, x_i 都为已知的样本数据，$\beta_i(i=0,1,2,\cdots,p)$ 为未知参数，所以有 $p+1$ 个待估参数，并且有 $p+1$ 个方程，故可以解出唯一的 β_i.

4. 分组变量的 Logistic 回归模型的最大似然估计

设对变量 $\boldsymbol{x}=(X_1,X_2,\cdots,X_{p-1})^{\mathrm{T}}$，给定了 m 组值 $\boldsymbol{x}_a=(x_{a1},x_{a2},\cdots,x_{a,p-1})^{\mathrm{T}}$，其中 $a=1,2,\cdots,m$，对于第 α 组值 x_α，共独立观测了 n_α 次，其中 $\alpha=1,2,\cdots,m$. 令 Z 为在对 x_α 的 n_α 次观测中事件 A 发生的次数，以 π_α 记在 $x=x_\alpha$ 下事件 A 发生的概率，则 Z 服从参数为 n_α 和 π_α 的二项分布，即

$$Z\sim B(n_\alpha,\pi_\alpha),\quad \alpha=1,2,\cdots,m$$

令 $\bar{\boldsymbol{x}}_\alpha=(1,x_\alpha^{\mathrm{T}})^{\mathrm{T}}=(x_{\alpha0},x_{\alpha1},\cdots x_{\alpha,p-1})^{\mathrm{T}}$，其中 $x_{\alpha0}=1$，$\alpha=1,2,\cdots,m$，则相应的线性 Logistic 模型为

$$\ln\left(\frac{\pi\alpha}{1-\pi_\alpha}\right)=\bar{\boldsymbol{x}}_\alpha^{\mathrm{T}}\boldsymbol{\beta},\quad \alpha=1,2,\cdots,m \tag{2.6}$$

或

$$\pi_\alpha(\bar{x}_\alpha)=\frac{\exp(\bar{\boldsymbol{x}}_\alpha^{\mathrm{T}}\boldsymbol{\beta})}{1+\exp(\bar{\boldsymbol{x}}_\alpha^{\mathrm{T}}\boldsymbol{\beta})},\quad \alpha=1,2,\cdots,m \tag{2.7}$$

其中，$\boldsymbol{\beta}=(\beta_0,\beta_1,\cdots,\beta_{p-1})^{\mathrm{T}}$ 为未知参数.

设在 $\boldsymbol{x}=\boldsymbol{x}_\alpha$ 的 n_α 次独立观测中，事件 A 发生了 y_α 次(即 $Z_\alpha=y_\alpha$)，$\alpha=1,2,\cdots,m$，则由式(2.6)和式(2.7)知，$Z_1=y_1,Z_2=y_2,\cdots,Z_m=y_m$ 的似然函数为

$$\begin{aligned}L&=P(Z_1=y_i,Z_2=y_2,\cdots,Z_m=y_m)\\&=\prod_{\alpha=1}^{m}P(Z_\alpha=y_\alpha)\\&=\prod_{\alpha=1}^{m}\binom{n_\alpha}{y_\alpha}\pi_\alpha^{y_\alpha}(1-\pi_\alpha)^{n_\alpha-y_\alpha}\\&=\left\{\prod_{\alpha=1}^{m}\binom{n_\alpha}{y_\alpha}\right\}\prod_{\alpha=1}^{m}\{[1+\exp(\tilde{\boldsymbol{x}}_\alpha^{\mathrm{T}}\boldsymbol{\beta})]^{-n_\alpha}[\exp(\tilde{\boldsymbol{x}}_\alpha^{\mathrm{T}}\boldsymbol{\beta})]^{y_\alpha}\}\\&=\left\{\prod_{\alpha=1}^{m}\binom{n_\alpha}{y_\alpha}\right\}\prod_{\alpha=1}^{m}\{[1+\exp(\tilde{\boldsymbol{x}}_\alpha^{\mathrm{T}}\boldsymbol{\beta})]^{-n_\alpha}\cdot[\exp(\sum_{\alpha=1}^{m}\boldsymbol{y}_\alpha\tilde{\boldsymbol{x}}_\alpha^{\mathrm{T}}\boldsymbol{\beta})\end{aligned}$$

从而对数似然函数为

$$L=\ln\left\{\prod_{\alpha=1}^{m}\binom{n_\alpha}{y_\alpha}\right\}-\sum_{\alpha=1}^{m}n_\alpha\ln[1+\exp(\tilde{\boldsymbol{x}}_\alpha^{\mathrm{T}}\boldsymbol{\beta})]+\sum_{\alpha=1}^{m}\boldsymbol{y}_\alpha\tilde{\boldsymbol{x}}_\alpha^{\mathrm{T}}\boldsymbol{\beta}$$

由于

$$\tilde{\boldsymbol{x}}_\alpha^{\mathrm{T}}\boldsymbol{\beta}=\sum_{k=0}^{p-1}x_{\alpha k}\beta_k$$

$$\sum_{\alpha=1}^{m}\boldsymbol{y}_\alpha\tilde{\boldsymbol{x}}_\alpha^{\mathrm{T}}\boldsymbol{\beta}=\sum_{\alpha=1}^{m}\boldsymbol{y}_\alpha(\sum_{k=0}^{p-1}x_{\alpha k}\beta_k)=\sum_{k=0}^{p-1}(\sum_{\alpha=1}^{m}y_\alpha x_{\alpha k})\beta_k$$

故对于 $\beta_k(k=0,1,\cdots,p-1)$，有

$$\begin{aligned}\frac{\partial\ln L}{\partial\beta_k}&=\sum_{\alpha=1}^{m}y_\alpha x_{\alpha k}-\sum_{\alpha=1}^{m}\frac{n_\alpha x_{\alpha k}\exp(\tilde{\boldsymbol{x}}_\alpha^{\mathrm{T}}\boldsymbol{\beta})}{1+\exp(\tilde{\boldsymbol{x}}_\alpha^{\mathrm{T}}\boldsymbol{\beta})}\\&=\sum_{\alpha=1}^{m}y_\alpha x_{\alpha k}-\sum_{\alpha=1}^{m}n_\alpha x_{\alpha k\pi},\quad k=0,1,\cdots,p-1\end{aligned}$$

令$\dfrac{\partial \ln L}{\partial \beta_k}=0, k=0,1,\cdots,p-1$，则得到似然方程为

$$\sum_{\alpha=1}^{m} n_\alpha x_{\alpha k}\pi = \sum_{\alpha=1}^{m} y_\alpha x_{\alpha k},\quad k=0,1,\cdots,p-1$$

为简化表示，将似然方程写成矩阵形式. 为此令

$$\begin{cases} \boldsymbol{X} = \begin{pmatrix} \tilde{\boldsymbol{x}}_1^{\mathrm{T}} \\ \tilde{\boldsymbol{x}}_2^{\mathrm{T}} \\ \vdots \\ \tilde{\boldsymbol{x}}_m^{\mathrm{T}} \end{pmatrix} = \begin{pmatrix} 1 & x_{11} & \cdots & x_{1,p-1} \\ 1 & x_{21} & \cdots & x_{2,p-1} \\ \vdots & \vdots & & \vdots \\ 1 & x_{m1} & \cdots & x_{m,p-1} \end{pmatrix} \\ \boldsymbol{N} = \begin{pmatrix} n_1\pi_1(\tilde{x}_\alpha) \\ n_2\pi_2(\tilde{x}_\alpha) \\ \vdots \\ n_m\pi_m(\tilde{x}_\alpha) \end{pmatrix} \\ \boldsymbol{Y} = \begin{pmatrix} y_1 \\ y_2 \\ \vdots \\ y_m \end{pmatrix} \end{cases}$$

其中，$\pi_\alpha(\tilde{x}_\alpha)=\dfrac{\exp(\tilde{\boldsymbol{x}}_\alpha^{\mathrm{T}}\boldsymbol{\beta})}{1+\exp(\tilde{\boldsymbol{x}}_\alpha^{\mathrm{T}}\boldsymbol{\beta})}, \alpha=1,2,\cdots,m$，则似然方程可写为如下矩阵形式：

$$\boldsymbol{X}^{\mathrm{T}}\boldsymbol{N} = \boldsymbol{X}^{\mathrm{T}}\boldsymbol{Y}$$

5. Logistic 回归模型估计的假设条件

Logistic 回归模型估计的一些假设条件与 OLS 回归中的十分类似. 首先，数据必须来自于随机样本. 其次，因变量 y_i 被假设为 k 个自变量 $x_{ki}(k=1,2,\cdots,K)$ 的函数. 最后，正如 OLS 回归，Logistic 回归也对多元共线性敏感. 自变量之间存在的多元共线性会导致标准误差的膨胀.

Logistic 回归模型还有一些与 OLS 回归不同的假设. 第一，Logistic 回归的因变量 y_i 是二分变量，这个变量只能取值 0 或 1. 研究事件发生的条件概率，即 $P(y_i-1\mid x_{ki})$. 第二，Logistic 回归中因变量和各自变量之间的关系是非线性的. 第三，在 OLS 回归中要假设相同分布性或称方差不变，类似的假设在 Logistic 回归中却不需要. 最后，Logistic 回归也没有关于自变量分布的假设条件. 各自变量可以是连续的变量，也可以是离散变量，还可以是虚拟变量. 并且，也不需要假设它们之间存在多元正态分布. 但是，自变量之间如果存在多元正态分布关系将能够增加模型的功效，也能够提高求解稳定性.

6. Logistic 回归模型估计的性质

只要上述假设条件得到满足，Logistic 回归的最大似然估计的统计性质与 OLS 估计的统计性质几乎完全相同.

也就是说，Logistic 回归的最大似然估计具有一致性、渐近有效性和渐近正态性.

一致性指当样本规模增大时，模型参数估计逐渐向真值收敛. 这意味着在样本规模很大

时,估计将近似于无偏.

所谓渐近有效性指当样本规模增大时,参数估计的标准误差相应缩小.也就是说,在样本规模很大时,估计的标准误差至少不比用其他方法估计的标准误差大.

渐近正态性指随着样本规模的增大,最大似然参数估计值的分布趋近正态分布.这意味着可以利用这一性质进行假设的显著性检验和计算参数的置信区间.

与 OLS 回归估计不同的是,最大似然估计的上述性质具有渐近性,也就是说,当样本较大时这些性质才能保持.

最大似然估计的渐近方差和协方差可以由信息矩阵的逆矩阵估计出来.

实际上,信息矩阵是 $\ln[L(\theta)]$ 二阶导数的负值的期望为 $I(\theta)=E\left[-\frac{\partial^2\ln(L)}{\partial\theta^2}\right]$,则信息矩阵的逆为 $[I(\theta)]^{-1}$.

2.2.8 混合自回归滑动平均模型的参数估计

1. 基本定义

1894 年,Pearson 首次提出混合模型,它提供了一种可以近似任何分布形式的灵活、有效的方法,因此混合模型已经在许多领域得到了广泛的研究和应用.

由 K 个混合元组成的 MARMA 模型定义如下:

$$F(y_i \mid F_{t-1}) = \sum_{k=1}^{K}\alpha_k\Phi((y_i-\phi_{k0}-\phi_{k1}y_{t-1}-\cdots-\phi_{kp_k}y_{t-p_k}+\theta_{k1}\varepsilon_{k,t-1}+\cdots+\theta_{kq_k}\varepsilon_{k,t-q_k})/\sigma_k)$$

其中 $\alpha_1+\alpha_2+\cdots\alpha_k=1, \alpha_k>0, k=1,\cdots,K, F_{t-1}=\sigma(y_{t-1},y_{t-2},\cdots)$ 是由 $(y_{t-1},y_{t-2},\cdots)$ 生成的 σ 域,$F(y_t \mid F_{t-1})$ 表示 y_t 的条件分布函数.

模型简记为 $\text{marma}(K;p_1,p_2,\cdots,p_k;q_1,q_2,q_k)$.

令 $p=\max(p_1,p_2,\cdots,p_k), q=\max(q_1,q_2,\cdots,q_k)$,MARMA 模型实际上是由 K 个残差服从 Gauss 分布的线性 ARMA 模型混合得到的.如果 $K=1$,则它是一般的 ARMA 模型;如果 $\theta_k=0, k=1,2,\cdots,K$,则它是 MARMA 模型.

2. 模型参数的最大似然估计

EM 算法估计参数是以最大化对数似然函数为准则,该算法由 E 步和 M 步构成.

E 步:假定参数 θ 已知,缺损数据 Z 可由其条件期望代替,记 $z_{k,t}$ 的条件期望为 $\tau_{k,t}$. α_k 为 y_t 来自第 K 个混合元的先验概率.由后验概率有

$$\tau_{k,t}=E(z_{k,t} \mid Y,\theta)=\frac{(\alpha_k/\sigma_k)\phi(\varepsilon_{k,t}/\sigma_k)}{\sum_{k=1}^{K}(\alpha_k/\sigma_k)\phi(\varepsilon_{k,t}/\sigma_k)}, \quad k=1,2,\cdots,K$$

M 步:设缺损数据 Z 已知,用最大对数似然函数来估计参数 θ,可得到

$$\hat{\alpha}_k=\frac{\sum_{t=p+1}^{n}\tau_{k,t}}{n-p}, \quad k=1,2,\cdots,K$$

将 E 步和 M 步反复迭代直到收敛,便可得到参数 θ 的估计值.

2.2.9　Logistic 分布参数估计实践应用

1. Logistic 分布密度函数

设 Logistic 总体的分布函数为

$$F(x;\mu,\sigma)=\frac{1}{1+e^{-\frac{x-\mu}{\sigma}}},\quad -\infty<x<+\infty \tag{2.8}$$

其中，$-\infty<\mu<+\infty,\sigma>0$ 为未知参数，则称 X 服从参数 μ 和 σ 的 Logistic 分布，记作 $X\sim L(\mu,\sigma)$，μ 和 σ 分别称为分布的位置参数和尺度参数.

若 $X\sim L(\mu,\sigma)$，由式(2.8)，得 X 有概率密度函数：

$$f(x;\mu,\sigma)=\frac{e^{-\frac{x-\mu}{\sigma}}}{\sigma[1+e^{-\frac{x-\mu}{\sigma}}]^2},\quad -\infty<x<+\infty \tag{2.9}$$

2. Logistic 分布的性质

由式(2.9)可得

$$E(X)=\mu \tag{2.10}$$

X 的 k 阶中心矩：

$$E(X-\mu)^k=\int_{-\infty}^{+\infty}(x-\mu)^k f(x;\mu,\sigma)\mathrm{d}x=\sigma^k\int_{-\infty}^{+\infty}u^k e^{-u}(1+e^{-u})^{-2}\mathrm{d}u,\quad k=1,2,\cdots \tag{2.11}$$

由 $e^{-u}(1+e^{-u})^2$ 为 u 的偶函数，可得

$$E(X-\mu)^k=\begin{cases}0, & k=2m-1\\ 2\sigma^{2m\int_0^{\infty}u^{2m}e^{-u}(1+e^{-u})^{-2}}\mathrm{d}u, & k=2m\end{cases} \tag{2.12}$$

其中，$m=1,2,\cdots$.

通过计算可得

$$E(X-\mu)^{2m}=2(2m)!\sigma^{2m}\sum_{n=1}^{\infty}(-1)^{n-1}\frac{1}{n^{2m}},\quad m=1,2,\cdots \tag{2.13}$$

利用伯努利级数

$$\sum_{n=1}^{\infty}(-1)^{n-1}\frac{1}{n^{2m}}=\frac{(2^{2m-1}-1)\pi^{2m}}{(2m)!}B_m,\quad m=1,2,\cdots$$

得

$$E(X-\mu)^{2m}=(2^{2m}-2)(\pi\sigma)^{2m}B_m,\quad m=1,2,\cdots \tag{2.14}$$

其中，B_m 为伯努利级数.

特别地，当 $m=1$ 时，$B_1=\frac{1}{6}$，从而可得

$$\mathrm{Var}(X)=E(X-\mu)^2=\frac{\pi^2\sigma^2}{3} \tag{2.15}$$

3. Logistic 分布的参数估计

欲求解 Logistic 分布的位置参数及尺度参数的参数估计[18]，首先要计算总体分布的四阶中心矩及 S_n^2 的方差.

假设 X 服从 Logistic 分布 $L(\mu,\sigma)$，可得 X 的四阶中心矩：

$$E[X-E(X)]^4=(7/15)\pi^4\sigma^4 \tag{2.16}$$

式(2.16)可由式(2.1)和式(2.10)共同求得.

由式(2.15)可得

$$\mathrm{Var}(X)=E[X-E(X)]^2=\frac{\pi^2\sigma^2}{3} \tag{2.17}$$

即可得

$$\mathrm{Var}(S_n^2)=\frac{1}{n}E[X-E(X)]^4-\frac{n-3}{n(n-1)}[\mathrm{Var}(X)]^2=\frac{\pi^4\sigma^4}{45n}\left[16+\frac{10}{N-1}\right] \tag{2.18}$$

欲求解 Logistic 分布的位置参数及尺度参数的参数估计，还需了解如下引理.

引理 1　设$\{Z_n\}$,$\{U_n\}$是两个随机变量序列，Z 为随机变量，c 为常数.

$Z_n \xrightarrow{L} Z$（依分布收敛），$U_n \xrightarrow{P} c$（依概率收敛），则有：

(1) $Z_n+U_n \xrightarrow{L} Z+c$；

(2) $U_nZ_n \xrightarrow{L} cZ$ ；

(3) $Z_n/U_n \xrightarrow{L} Z/c$，当 $c\neq 0$ 时 .

引理 2　设参数空间 Θ 是欧氏空间，$\widetilde{\Theta}$ 为 R^k 的开子集，$\widetilde{\Theta}\supset\Theta$，$g(\theta)$为定义在 $\widetilde{\Theta}$ 上的实值连续函数.

若统计量 $T_n \xrightarrow{P} \theta$，则 $g(T_n)\xrightarrow{P} g(\theta)$.

由总体分布的四阶中心矩、S_n^2 的方差以及上述引理，可推出如下结果：

设 $x_1,x_2,\cdots,x_n(n\geqslant 2)$为随机变量 X 的简单样本，X 的分布密度由式(2.9)给出，记 $\overline{x}_n$ 为样本均值，S_n^2 为样本方差，$S_n=\sqrt{S_n^2}$，则可得出

$$\frac{\sqrt{5n}(3S_n^2-\pi^2\sigma^2)}{4\pi^2\sigma^2}\xrightarrow{L} N(0,1) \tag{2.19}$$

$$\frac{\sqrt{n}(\overline{x}-\mu)}{S_n}\longrightarrow N(0,1) \tag{2.20}$$

$$\frac{\sqrt{5n}(\sqrt{3}S_n-\pi\sigma)}{2\pi\sigma}\xrightarrow{L} N(0,1) \tag{2.21}$$

由式(2.19)可知，S_n^2 有渐近分布 $N(\pi^2\sigma^2/3,\gamma^2/n)$，从而可得 σ^2 的参数估计(其中 $\gamma^2=\mathrm{Var}[(X-\mu)^2]$).

由式(2.20)可以得到 μ 的参数估计.

由式(2.21)可以得到 σ 的参数估计.

综上所述，利用渐近分布，可一一求得 Logistic 分布的参数估计.

2.2.10　Laplace 分布的参数估计

Laplace 分布的密度函数为

$$f_\zeta(x)=\frac{1}{2\sigma}\mathrm{e}^{-\frac{|x-a|}{\sigma}},\sigma>0 \tag{2.22}$$

分布函数为

$$F(x)=\begin{cases}\frac{1}{2}\exp\left(\frac{x-\mu}{\sigma}\right),x<\mu\\1-\frac{1}{2}\exp\left(\frac{x-\mu}{\sigma}\right),x<\mu\end{cases} \tag{2.23}$$

此分布与正态分布在形式上有些类似,并且也有许多相似的性质.

性质 1　偏度为 0.

性质 2　相对正态分布具有尖峰厚尾特性.

性质 3　a 的矩估计为 $\hat{a}=\bar{\xi}$,在 a 采用矩估计 $E(\xi)$ 的前提下,σ 的极大似然估计:

$$\sigma=\frac{1}{n}\sum_{i=1}^{n}|\xi_i-\bar{\xi}|,\quad \bar{\xi}=\sum_{i=1}^{n}\xi_i \tag{2.24}$$

中国股市收益率的分布具有尖峰厚尾特性,Laplace 分布是一种具有尖峰厚尾特性的分布.

1. 非对称 Laplace 分布的性质

性质 1　非对称 Laplace 分布的密度函数 $f(x;\theta,\sigma,p)$ 在 $x=\theta$ 处达到最大值,即 θ 是随机变量 x 的众数,且 $f(x;\theta,\sigma,p)$ 在 $x=\theta$ 处不可导.

性质 2　如果 $X\sim \mathrm{AL}(\theta,\sigma,p)$,那么有

$$P\{x<\theta\}=\int_{-\infty}^{\theta}f(x)\mathrm{d}x=\frac{p^2}{1+p^2},\quad p\{x>\theta\}=\int_{\theta}^{+\infty}f(x)\mathrm{d}x=1-\frac{p^2}{1+p^2} \tag{2.25}$$

这说明了位置参数 θ 是非对称 Laplace 分布的 $\frac{p^2}{1+p^2}$ 位点.

性质 3　如果 $X\sim \mathrm{AL}(\theta,\sigma,p)$,那么有

$$E(X-\theta)^r=\frac{r!}{\sqrt{k^2+2}}\cdot\frac{\sigma^r}{k^r}\left[(-1)^r p^{r+1}+\frac{1}{p^{r+1}}\right],\quad r=1,2,\cdots \tag{2.26}$$

由式(2.26)可以计算出非对称 Laplace 分布的各阶矩以及偏度和峰度.

性质 4　如果 $X\sim \mathrm{AL}(\theta,\sigma,p)$,那么 X 的三阶中心矩 m_3 和四阶中心矩 m_4 分别为

$$m_3=E(X-E(X))^3=\frac{2\sigma^3(1-p^6)}{p^3k^3} \tag{2.27}$$

$$m_4=E(X-E(X))^4=\frac{3\sigma^4}{p^4k^4}(p^8+6p^6-6p^4+6p^4+1) \tag{2.28}$$

偏度 S_k 和峰度 K_u 可分别计算得

$$S_k=E(X-EX)^3=\frac{2\sigma^3(1-p^6)}{p^3k^3} \tag{2.29}$$

$$K_u=E(X-E(X))^4=\frac{3\sigma^4}{p^4k^4}(p^8+6p^6-6p^4+6p^2+1) \tag{2.30}$$

从式(2.28)可以分析,当 $p=1$ 时,偏度值为零,即密度曲线关于 $x=\theta$ 对称;当 $0<p<1$ 时,偏度值为正,即密度曲线向右偏;当 $p>1$ 时,偏度值为负,即密度曲线向左偏. 当 $p=0$ 时,偏度取最大值 2;当 $p\to+\infty$ 时,偏度取最小值 -2. 由式(2.29)可以看出,峰度完全由 p 值决定,当 $p=1$ 时,峰度取最大值 6;当 $p\to-\infty$ 时,峰度取最小值 3. 可计算正态分布的偏度值为 0,峰度值为 3,对称 Laplace 分布偏度值为 0,峰度值为 6,而非对称 Laplace 分布实现了有偏,而且峰度的取值范围变大了,如图 2.1 所示.

从图 2.1 可看出，σ 越小，顶部越高，分布更集中在 $x=\theta$ 的附近. p 值越大，顶部越高越尖，p 值还控制着密度曲线的有偏性. 由此说明，非对称 Laplace 分布具有尖峰厚尾性和有偏性.

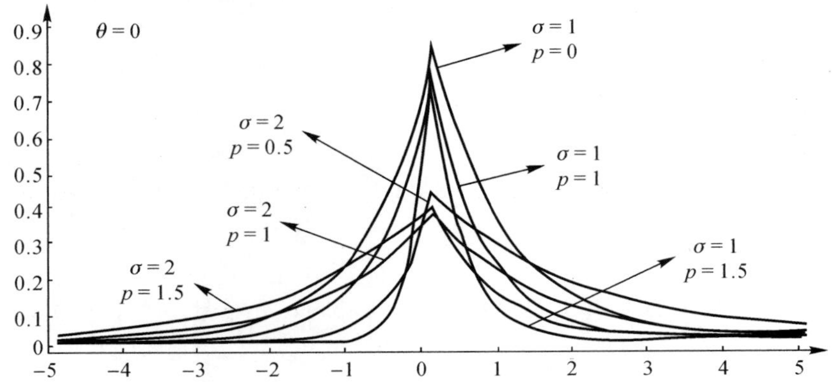

图 2.1　非对称 Laplace 分布的密度函数图

2. 非对称 Laplace 分布的参数估计

非对称 Laplace 分布主要有三个参数 θ,σ,p，采用极大似然估计方法求它们估计值，根据密度函数(2.22)有如下似然函数：

$$\begin{aligned} L(\theta,\sigma,p) &= \prod_{i=1}^{n} \frac{k}{\sigma\sqrt{k^2+2}} \exp\left[-\left(pI_{[x_i\geqslant\theta]}+\frac{1}{p}I_{x_i<\theta}\right)\frac{k}{\sigma}\mid x_i-\theta\mid\right] \\ &= \frac{k^n}{\sigma^n\left(\sqrt{k^2+2}\right)^n}\exp\left[-\sum_{i=1}^{n}\left(pI_{[x_i\geqslant\theta]}+\frac{1}{p}I_{x_i<\theta}\right)\frac{k}{\sigma}\mid x_i-\theta\mid\right] \end{aligned} \tag{2.31}$$

由于函数 $\ln L(\theta,\sigma,p)$ 关于 σ,p 是可微的，因此利用多元求极值方法，令 $\frac{\partial \ln L(\theta,\sigma,p)}{\partial\sigma}=0$，$\frac{\partial \ln L(\theta,\sigma,p)}{\partial p}=0$，化简得到

$$\hat{\sigma}=\hat{k}\left(\hat{p}u+\frac{v}{\hat{p}}\right) \tag{2.32}$$

$$(\hat{p}^2+\hat{p}-1)u=\left(\frac{1}{\hat{p}^2}+\frac{1}{\hat{p}}-1\right)v \tag{2.33}$$

其中，$u=\frac{1}{n}\sum_{i=1}^{n}|x_i-\theta|I_{[x_i>\theta]}$，$v=\frac{1}{n}\sum_{i=1}^{n}|x_i-\theta|I_{[x_i<\theta]}$.

由于函数 $\ln L(\theta,\sigma,p)$ 对于 θ 不可微，只能用分析的方法求 θ 的极值. 假设：$x_{(1)},x_{(2)},\cdots,x_{(n)}$ 表示 $x_{(1)},x_{(2)},\cdots,x_{(n)}$ 从小到大排序的顺序统计量. 可以证明，要使 $\ln L(\theta,\sigma,p)$ 取最大值，当且仅当 $\theta=x_{(m+1)}$，其中 $m=\left[\frac{mp^2}{1+p^2}\right]$，而 $\left[\frac{mp^2}{1+p^2}\right]$ 表示 $\frac{np^2}{1+p^2}$ 的整数部分.

由于式(2.14)、式(2.15)是关于 σ,p 的隐式表达式，欲具体求出参数 θ,σ,p 的估计值，可以采用迭代法，构造算法如下：

(1)给 θ,σ,p 赋以恰当初值，得到 $\theta^{(0)},\sigma^{(0)},p^{(0)}$，一般取 $\theta^{(0)}=0,\sigma^{(0)}=0,p^{(0)}=0,\sigma^{(0)}$ 为样本标准差.

(2)θ,σ,p 的迭代公式如下：

$$\sigma^{(j+1)} = k^j \left(p^{(j)} u^{(j)} + \frac{v^{(j)}}{p^{(j)}} \right)$$

$$((p^{(j+1)})^2 + p^{(j+1)} - 1) u^{(j)} = \left(\frac{1}{(p^{(j+1)2})} + \frac{1}{p^{(j+1)}} - 1 \right) v^{(j)}$$

$$\theta^{(j+1)} = x_{(m^{(j)}+1)}$$

其中：

$$u^{(j)} = \frac{1}{n} \sum_{i=1}^{n} | x_i - \theta^{(j)} | I_{[x_i > \theta^{(j)}]}, \quad v^{(j)} = \frac{1}{n} \sum_{i=1}^{n} | x_i - \theta^{(j)} | I_{[x_i > \theta^{(j)}]}$$

$$k^{(j)} = \sqrt{(p^{(j)})^2 + \frac{1}{(p^{(j)})^2}}, \quad m^{(j)} = \left[\frac{n(p^{(j)})^2}{1 + (p^{(j)})^2} \right]$$

(3)重复上述迭代方法，直到 θ,σ,p 在某次迭代后的变化很小，即如果令 $\beta^{(j)} = (\theta^{(j)},\sigma^{(j)},p^{(j)})$，那么当 $\| \beta^{(j+1)} - \beta^{(j)} \|^{\frac{1}{2}}$ 小于某个事先设定的极小值时，迭代就可停止，通常这个极小值可以取为 10^{-3}.

2.2.11　Copula - EVT 模型的参数估计

下面研究 Copula - EVT 模型参数估计，IFM 方法是一种两阶段极大似然估计方法，它将边缘分布函数的参数和 Copula 函数的参数分开估计：

(1)使用极大似然估计法，估计边缘分布函数 F_i 的参数向量 $\theta_i(u,\eta,\sigma,a,b)(i=1,2)$：

$$\hat{\theta}_i = \arg\max \sum_{i=1}^{T} \ln f(X_i, \theta_i)$$

(2)将估计的边缘分布参数当成已知数，代入进一步估计 Copula 函数的参数 α：

$$\hat{\alpha}_i = \arg\max \sum_{i=1}^{T} \ln\{ c[f_i(X_i, \hat{\theta}_i,) g_t(X_t, \hat{\theta}_2; \alpha)] \}$$

相对于直接对 Copula 模型和边际分布的参数进行估计，IFM 法使 Copula 模型的参数估计大大简化.

2.3　区 间 估 计

2.3.1　置信区间和置信度

未知参数 θ 的点估计只告诉了 θ 的近似值，人们更想知道真值 θ 的范围和给出的范围的可靠度，它们分别是 θ 的置信区间和置信度.

一般定义：设 θ 是总体 x 的一个未知参数，$\hat{\theta}_1(X_1, X_2, \cdots, X_n)$，$\hat{\theta}_2(X_1, X_2, \cdots, X_n)$ 是由样本确定的两个统计量，对给定的常数 $\alpha(0<\alpha<1)$，有 $p(\hat{\theta}_1 < \theta < \hat{\theta}_2 = 1-\alpha)$，则称区间 $(\hat{\theta}_1, \hat{\theta}_2)$ 为 θ 的置信度 $1-\alpha$ 的置信区间.

应从以下几个方面理解上述定义：

(1)置信区间$(\hat{\theta}_1,\hat{\theta}_2)$的长度反映了估计的精确度,长度越小,则估计真值$\theta$的精度越高.置信度$1-\alpha$反映了置信区间$(\hat{\theta}_1,\hat{\theta}_2)$包含真值$\theta$的可靠程度,置信度越大,则置信区间$(\hat{\theta}_1,\hat{\theta}_2)$包含真值$\theta$的可信度越大.在抽取的容量为$n$的样本数一定的情况下,精度和置信度相互矛盾,两者不可能兼得.在实际问题中,总是在保证置信度的条件下,尽量提高精度,即减小置信区间长度.因此,以上定义既给出了真值θ的范围,又给出了可靠度.

(2)置信限$\hat{\theta}_1(X_1,X_2,\cdots,X_n)$,$\hat{\theta}_2(X_1,X_2,\cdots,X_n)$是由样本确定的两个统计量,因此置信区间$(\hat{\theta}_1,\hat{\theta}_2)$是随机区间.若进行100次抽样,每次抽取$n$个样本,则得到100个置信区间,它们有些包含真值$\theta$,有些不包含真值$\theta$.若置信度为$1-\alpha$,则100个置信区间中包含真值$\theta$的约有$100(1-\alpha)$个.当抽样次数充分大时,在这些置信区间中包含真值$\theta$的频率近似于置信度$1-\alpha$.

(3)定义中满足$p(\hat{\theta}_1<\theta<\hat{\theta}_2)=1-\alpha$的置信区间不唯一.但取对称的百分位点来计算,得到的置信区间长度最短,因此对概率密度对称的正态分布、t分布和不对称的χ^2分布和F分布,习惯上总是取对称的百分位点来计算置信度为$1-\alpha$的置信区间.

2.3.2 期望的置信区间长度的影响因素

设总体$X\sim N(\mu,\sigma^2)$,$X_1,X_2,\cdots,X_n$为X的一个样本,样本均值和样本方差分别为$\overline{X}=\frac{1}{n}\sum_{i=1}^{n}X_i$,$S^2=\frac{1}{n-1}\sum_{i=1}^{n}(X_i-\overline{X})^2$,数学期望$\mu$的置信度为$1-\alpha$的置信区间长度,分两种情况讨论.

情况1:若方差σ^2已知,由于$\mu=\frac{\overline{X}-\mu}{\sigma\sqrt{n}}\sim N(0,1)$,置信区间为$\left(\bar{x}-u_{\alpha/2}\frac{\sigma}{\sqrt{n}},\bar{x}+u_{\alpha/2}\frac{\sigma}{\sqrt{n}}\right)$,置信区间长为$2u_{\alpha/2}\frac{\sigma}{\sqrt{n}}$,与临界值$u_{\alpha/2}$和样本点个数$n$有关.

(1)样本点个数n越多,置信区间长度越短,估计数学期望的置信区间效果越好.

(2)临界值$u_{\alpha/2}$增大,即置信度$1-\alpha$增大,置信区间长度增大,估计数学期望的置信区间效果越差.因为未知数学期望μ落在某区间的可能性要增大,此时只要将μ的估计范围加大,才能保证所要求的以$100(1-\alpha)\%$把握保证μ落在所求的置信区间内.

情况2:若方差σ^2未知,由于$t=\frac{\overline{X}-\mu}{S/\sqrt{n}}\sim t(n-1)$,置信区间为$\bar{x}-t_{\alpha/2}\frac{s}{\sqrt{n}},\bar{x}+t_{\alpha/2}\frac{s}{\sqrt{n}}$,置信区间长为$2t_{\alpha/2}\frac{s}{\sqrt{n}}$,与临界值$t_{\alpha/2}$、样本点个数$n$和样本标准差$s$有关.

(1)样本点个数n越多,置信区间长度越短,估计数学期望的置信区间效果越好.

(2)临界值$t_{\alpha/2}$增大,即置信度$1-\alpha$增大,置信区间长度增大,估计数学期望的置信区间效果越差.

(3)样本标准差s越小,置信区间长度越短,估计数学期望的置信区间效果越好,即置信区间长度与所取的样本值有关.

2.3.3　参数区间估计的思想方法

参数区间估计的一般步骤是：

(1)首先明确问题是在什么条件下，求哪一个参数的区间估计；

(2)根据已知条件，通过常用的抽样分布，构造一个合适的统计量 $W=W(X_1,X_2,\cdots,X_n,\theta)$，它包含参数 θ，且有确定的分布；

(3)若 W 分布关于 y 轴对称，令 $P(|W|<\lambda)=1-\alpha$，否则令 $P(\lambda_1<W<\lambda_2)=1-\alpha$，其中 $P(W>\lambda)=\frac{\alpha}{2}$，$P(W>\lambda_1)=1-\frac{\alpha}{2}$，$P(W>\lambda_2)=\frac{\alpha}{2}$. 可根据给出的置信度 $1-\alpha$，由 W 的分布查出；

(4)最后将 $|W|<\lambda$ 或 $\lambda_1<W<\lambda_2$ 变形，解出参数 θ，得到参数 θ 的置信度为 $1-\alpha$ 的置信区间.

实例 2.6　总体 $X\sim N(\mu_1,\sigma_1^2)$，抽取容量为 n_1 的样本 $X_1,X_2,\cdots,X_{n_1}$，样本均值为 $\overline{X}$，样本方差为 S_x^2. 总体 $Y\sim N(\mu_2,\sigma_2^2)$ 抽取容量为 n_2 的样本 $Y_1,Y_2,\cdots,Y_{n_2}$，样本均值为 $\overline{Y}$，样本方差为 S_y^2，X,Y 独立.

(1)若 σ_1^2,σ_2^2 已知，求两个正态总体的期望差 $\mu_1-\mu_2$ 的置信度为 $1-\alpha$ 的置信区间.

(2)$\sigma_1^2=\sigma_2^2=\sigma^2$ 未知，求两正态总体的期望差 $\mu_1-\mu_2$ 的置信度为 $1-\alpha$ 的置信区间.

解　(1) $\overline{X}\sim N\left(\mu_1,\frac{\sigma_1^2}{n_1}\right)$，$\overline{Y}\sim N\left(\mu_2,\frac{\sigma_2^2}{n_2}\right)$，$\overline{X}-\overline{Y}\sim N\left(\mu_1-\mu_2,\frac{\sigma_1^2}{n_1}+\frac{\sigma_2^2}{n_2}\right)$

$$u=\frac{\overline{X}-\overline{Y}-(\mu_1-\mu_2)}{\sqrt{\frac{\sigma_1^2}{n_1}+\frac{\sigma_2^2}{n_2}}}\sim N(0,1),P(\mid u\mid<u_{\alpha/2})=1-\alpha$$

则
$$P\left(\overline{X}-\overline{Y}-u_{\alpha/2}\sqrt{\frac{\sigma_1^2}{n_1}+\frac{\sigma_2^2}{n_2}}<\mu_1-\mu_2<\overline{X}-\overline{Y}+u_{\alpha/2}\sqrt{\frac{\sigma_1^2}{n_1}+\frac{\sigma_2^2}{n_2}}=1-\alpha\right)$$

故所求置信区间为 $\left(\overline{X}-\overline{Y}-u_{\alpha/2}\sqrt{\frac{\sigma_1^2}{n_1}+\frac{\sigma_2^2}{n_2}},\overline{X}-\overline{Y}+u_{\alpha/2}\sqrt{\frac{\sigma_1^2}{n_1}+\frac{\sigma_2^2}{n_2}}\right)$.

(2) $$t=\frac{\overline{X}-\overline{Y}-(\mu_1-\mu_2)}{\sqrt{\frac{S^2}{n_1}+\frac{S^2}{n_2}}}\sim t(n_1+n_2-2),P(\mid t\mid<t_{\alpha/2})=1-\alpha$$

其中

$$P(t(n_1+n_2-2)>t_{/2})=\frac{\alpha}{2},\quad S^2=\frac{(n_1-1)S_x^2+(n_2-1)S_y^2}{n_1+n_2-2}$$

则
$$P\left(\overline{X}-\overline{Y}-t_{\alpha/2}S\sqrt{\frac{1}{n_1}+\frac{1}{n_2}}<\mu_1-\mu_2<\overline{X}-\overline{Y}+t_{\alpha/2}S\sqrt{\frac{1}{n_1}+\frac{1}{n_2}}=1-\alpha\right)$$

故所求置信区间为 $\left(\overline{X}-\overline{Y}-t_{\alpha/2}S\sqrt{\frac{1}{n_1}+\frac{1}{n_2}},\overline{X}-\overline{Y}+t_{\alpha/2}S\sqrt{\frac{1}{n_1}+\frac{1}{n_2}}\right)$.

实例 2.7　随机地从甲批导线中抽取 4 根，乙批导线中抽取 5 根，测得电阻值(单位：Ω)，甲：0.143，0.142，0.143，0.137；乙：0.140，0.142，0.136，0.138，0.140. 设甲、乙两批导线电阻分别服从 $N(\mu_1,0.002\,5^2)$，$N(\mu_2,0.002\,5^2)$ 分布，并且它们相互独立，但 μ_1,μ_2 未知，求 $\mu_1-\mu_2$ 的置信度为 0.95 的置信区间.

分析 这是 σ_1^2, σ_2^2 已知,求两正态总体期望差 $\mu_1 - \mu_2$ 的置信度 0.95 的置信区间.

解 $\overline{X} = \frac{1}{4}\sum_{i=1}^{4} X_i \sim N\left(\mu_1, \frac{0.002\,5^2}{4}\right)$, $\overline{Y} = \frac{1}{5}\sum_{i=1}^{5} X_i \sim N\left(\mu_2, \frac{0.002\,5^2}{5}\right)$

$$\overline{X} - \overline{Y} \sim N\left(\mu_1 - \mu_2, \frac{0.002\,5^2}{4} + \frac{0.002\,5^2}{5}\right),\quad U = \frac{\overline{X} - \overline{Y} - (\mu_1 - \mu_2)}{3 \times 0.002\,5/\sqrt{20}} \sim N(0,1)$$

$$P(|U| \leqslant 1.96) = 0.95,\quad \overline{x} = 0.141\,25,\quad \overline{y} = 0.139\,2$$

则 $\mu_1 - \mu_2$ 的置信度为 0.95 的置信区间为

$$\left(\overline{x} - \overline{y} - 1.96 \times \frac{3 \times 0.002\,5}{\sqrt{20}}, \overline{x} - \overline{y} + 1.96 \times \frac{3 \times 0.002\,5}{\sqrt{20}}\right) = (-0.01, 0.005)$$

实例 2.8 为了比较甲、乙两组生产的灯泡的使用寿命,现从甲组生产的灯泡中任取 5 只,测得平均寿命 $\overline{x} = 1\,000$(h),标准差 $s_1 = 28$(h),从乙组生产的灯泡中任取 7 只,测得平均寿命 $\overline{x} = 980$(h),标准差 $s_2 = 32$(h). 设两总体都近似服从正态分布且方差相等,求两个总体均值差 $\mu_1 - \mu_2$ 的置信度为 0.95 的置信区间.

分析 这是 $\sigma_1^2 - \sigma_2^2$ 未知,求两正态总体均值差 $\mu_1 - \mu_2$ 的置信度为 0.95 的置信区间.

解 由题设 $1 - \alpha = 0.95, \frac{\alpha}{2} = 0.025, n_1 = 5, n_2 = 7$,知

$$t_{\alpha/2}(n_1 + n_2 - 2) = t_{0.025}(10) = 2.228\,1$$

$$s^2 = \frac{(n_1 - 1)s_x^2 + (n_2 - 1)s_y^2}{n_1 + n_2 - 2} = \frac{4 \times 28^2 + 6 \times 32^2}{10} = 928,\quad S = 30.46$$

于是 $\mu_1 - \mu_2$ 的置信度为 0.95 的置信区间为

$$\left(\overline{x} - \overline{x}_2 - t_{\alpha/2} S\sqrt{\frac{1}{n_1} + \frac{1}{n_2}}, \overline{x}_1 - \overline{x}_2 + t_{\alpha/2} S\sqrt{\frac{1}{n_1} + \frac{1}{n_2}}\right) = (-19.74, 59.74)$$

2.4 分布函数的参数估计和拟合应用

研究中国股市收益率分布,不仅有助于我们认识中国证券市场的内在运行规律,从而采取正确的证券市场监督措施,而且可以帮助市场参与者进行资产定价与资产组合,正确进行风险度量,更好地使用现代风险管理技术,因此具有重要的现实意义.

究竟中国股市的收益率分布特征如何?只有运用科学的统计分析方法进行实证性的检验和分析,才能对中国股市的收益率分布特征做出客观的评价.

本章结合实际数据以上证综指和深证成指为研究对象,利用统计软件 Eviews 完成相应的计算,并给出分析结果.

2.4.1 数据来源

为了比较客观和全面地反映两地股市收益率的分布特征,本节选用的原始数据分别来源于上证综指和深证成指. 由于在之前的一段时间内股市波动比较大,不能较准确地反映股市收益率的分布特征,所以,本节选取的数据样本取自 2008 年 10 月 6 日至 2010 年 3 月 5 日的上证综指的收盘价共计 347 个数据和 2008 年 11 月 3 日至 2010 年 4 月 2 日的深证成指的收盘

价共计 347 个数据. 在计算过程中，股票市场每日收益率以相邻营业日股指收盘价对数的一阶差分表示，即 $r_t = \ln(P_t) - \ln(P_{t-1})$，其中 P_t 为 t 时的股票价格；r_t 为 t 时股票的对数收益率.

2.4.2　样本的描述性统计量

首先来观察一下和沪、深股指对数收益率的分布曲线，如图 2.2 和图 2.3 所示.

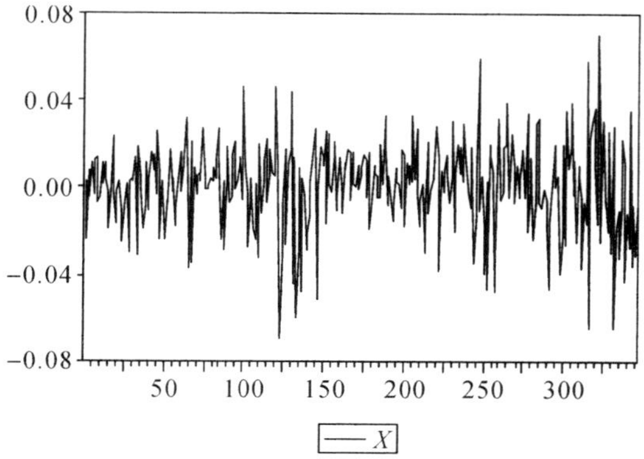

图 2.2　上证综指对数收益率曲线

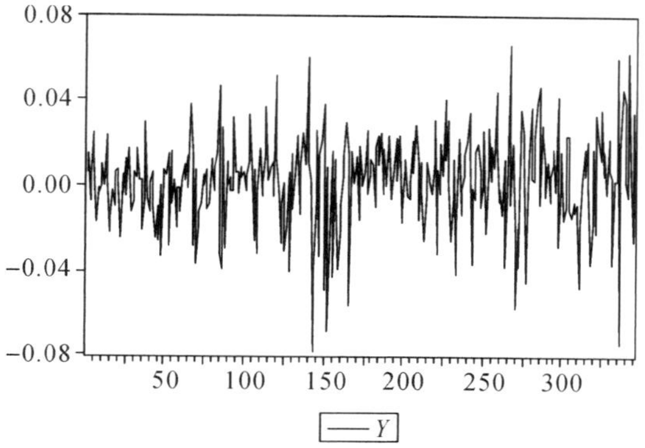

图 2.3　深证成指对数收益率曲线

沪、深股指收益率的基本统计详如图 2.4 以及图 2.5 所示.

Series: HUSHIGUXHI	
Sample 1 346	
Observations 346	
Mean	0.000961
Median	0.002679
Maximum	0.070196
Minimum	−0.069827
Std. Dev.	0.020272
Skewness	−0.391774
Kurtosis	4.126106
Jarque-Bera	27.13309
Probability	0.000001

图 2.4　上证综指收益率基本统计量图

Series: SHENSHIGUZHI	
Sample 1 346	
Observations 346	
Mean	0.002268
Median	0.003557
Maximum	0.066854
Minimum	−0.078550
Std. Dev.	0.021369
Skewness	−414233
Kurtosis	4.363779
Jarque-Bera	36.70843
Probability	0.000000

图 2.5　深证成指收益率基本统计量图

以上两个图分别将沪、深股指收益率的均值、标准差、偏度、峰度等基本统计量清楚地呈现出来，同时也将 Jarque－Bera(简称 J－B)统计量以及概率也一同给出，方便下面对沪、深股指收益率做正态性检验.

2.4.3　正态性检验

现利用正态分布去拟合沪、深股指收益率分布，即对收益率序列作正态性检验. 下面利用 Jarque－Bera 检验、频率直方图和 Q－Q 图 3 种方法对中国股市收益率作正态性检验.

1. Jarque - Bera 检验

从图 2.4 和图 2.5 沪、深股指收益率的基本统计量中可以得到上证指数与深证成指收益率的偏度值(沪:−0.391 744;深:−0.414 233)、峰度值(沪:4.126 106;深:4.363 779)都显著异于正态分布,因为在正态分布中,两者的值分别为 0 和 3;另外,从图 2.4 和图 2.5 中还可以得到沪、深股指收益率的 J - B 统计量分别为 27.133 09 和 36.708 43,且两者的 P 值都接近于 0,由于 J - B 统计量在 5% 和 1% 显著性水平下的临界值分别为 5.991 5 和 9.210 3,所以沪、深股指收益率的 J - B 统计量也远大于任意合理水平下的临界值,从而得出沪、深股指收益率不符合正态分布.

2. 频率直方图检验

接着采用频率直方图的方法来检验沪、深股指收益率是否符合正态分布. 利用 SPSS 软件得出沪、深股指收益率的频率直方图(见图 2.6 和图 2.7),并分析结果.

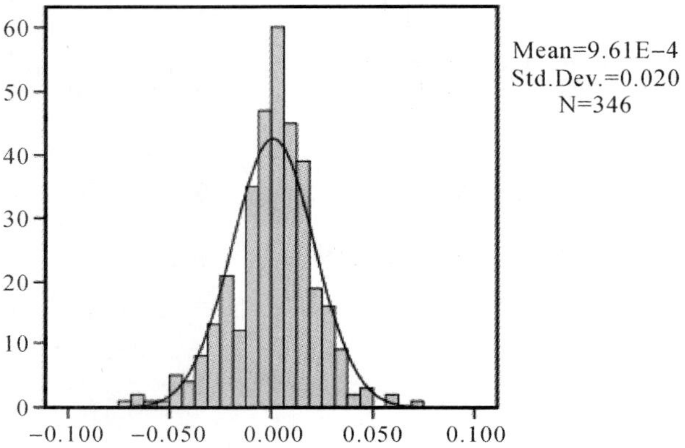

图 2.6　上证综指收益率频率直方图

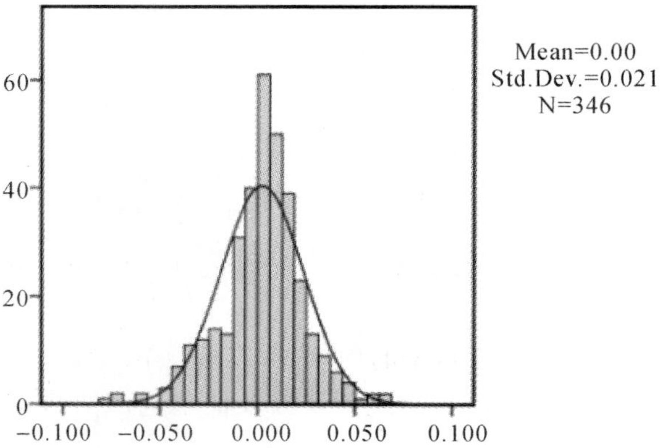

图 2.7　深证成指收益率频率直方图

从图 2.6 和图 2.7 中可以明显地发现沪、深股指收益率分布与正态分布有很大的区别,不是正态分布,而是一个具有尖峰厚尾的特征的分布.

3. Q－Q 图检验

若 Q－Q 散点图近似为一条直线，则收益率序列可能具有正态分布；若 Q－Q 散点图的中部为直线，但上端右偏离该直线（向下倾斜），则收益率序列分布的上尾可能具有厚尾性. 若 Q－Q散点图的中部为直线，但下端左偏离该直线（向上翘起），则收益率序列分布的下尾可能具有厚尾性.

现利用 Eviews 软件作沪、深股指收益率 Q－Q 散点图以验证其是否符合正态分布. 图 2.8 和图 2.9 分别是沪、深股指收益率的 Q－Q 散点图.

与正态分布相比，上证综指收益率的 Q－Q 散点图如图 2.8 所示，深成指收益率的 Q－Q 散点图如图 2.9 所示.

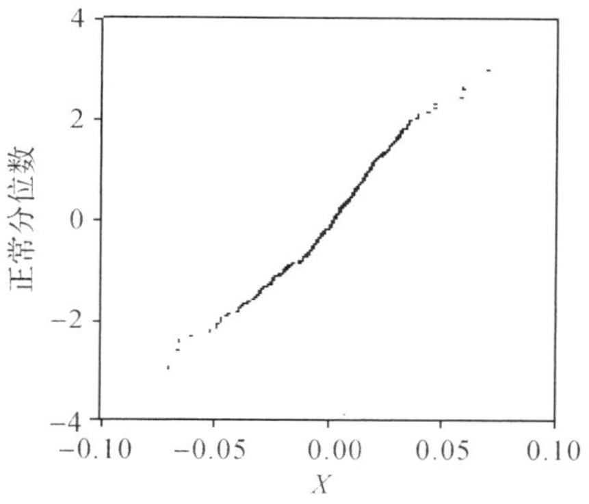

图 2.8　上证综指收益率 Q－Q 散点图

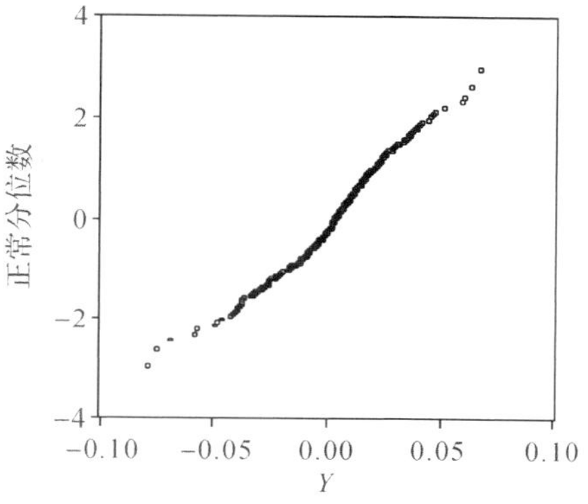

图 2.9　深证成指收益率 Q－Q 散点图

从图 2.8 和图 2.9 可知，无论是上证综指还是深证成指，其收益率序列的 Q－Q 散点图的上端向下倾斜，而下端向上翘起，表明收益率的分布是尖峰态的，其尾部比正态分布的尾部厚；上证综指收益率的右尾明显厚于左尾，深证成指收益率的左右尾差异不大. 由 Q－Q 散点图表明沪、深股指收益率分布不是正态分布.

通过上述 3 种方法的验证，可以得到一致的结论：沪、深股指收益率分布用正态分布拟合效果并不好，它不是正态分布，而是具有尖峰厚尾的特征，这一结论与国内的其他研究结果一致.

2.4.4　收益率分布函数参数估计

之前对非对称 Laplace 分布、Logistic 分布进行了详细的介绍，了解到这两个分布具有的尖峰厚尾特性. 而我们清楚地得知沪、深股指收益率分布不符合正态分布而具有尖峰厚尾的特征，所以现在采用非对称 Laplace 分布、Logistic 分布来拟合沪、深股指收益率分布，看是否可以用这两个分布来刻画中国现阶段股市收益率的分布状况.

由于 Logistic 分布族的密度函数形式复杂，参数估计非常困难，因此，在这里只考虑一种相对简单的 Logistic 分布的情况.

用正态分布、非对称 Laplace 分布和 Logistic 分布来拟合股指日收益率，数据结果如表 2.1 所示.

表 2.1　三种分布的参数估计

分　布	参　数	上证综指	深证成指
正态分布	μ	9.609E－4	0.002 268
	σ	0.020 27	0.021 37
非对称 Laplace 分布	μ	9.609E－4	0.002 268
	σ	0.014 33	0.015 11
	p	0.965 86	0.976 34
Logistic 分布	μ	9.609E－4	0.002 268
	σ	0.011 18	0.011 78

从表 2.1 可以得到如下结论：

(1)用非对称 Laplace 分布去拟合，尺度参数 σ 相对于正态分布而言较小，形状参数 p 控制着密度函数曲线，说明其具有尖峰厚尾性.

(2)用 Logistic 分布去拟合，μ 是位置参数，σ 为尺度参数即离散化参数，能帮助我们更好地刻画股市收益率.

2.4.5　收益率分布函数拟合分析

接着来分析正态分布、非对称 Laplace 分布、Logistic 分布对收益率分布的拟合程度.

由于所学知识有限，并不能深入进行拟合优度检验，所以只能利用 Q－Q 图进行粗略观察，并进行比较分析.

图 2.10 至图 2.12 为 3 种分布进行拟合的 Q－Q 图.

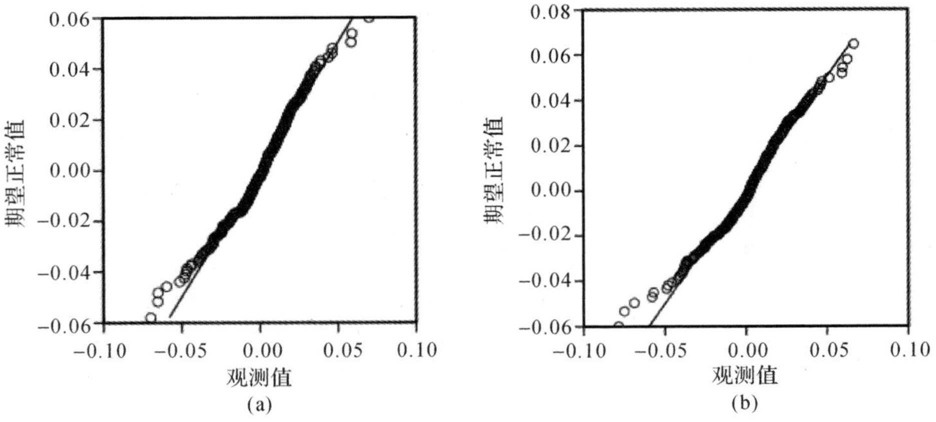

图 2.10　正态分布拟合沪、深股市收益率的 Q－Q 图

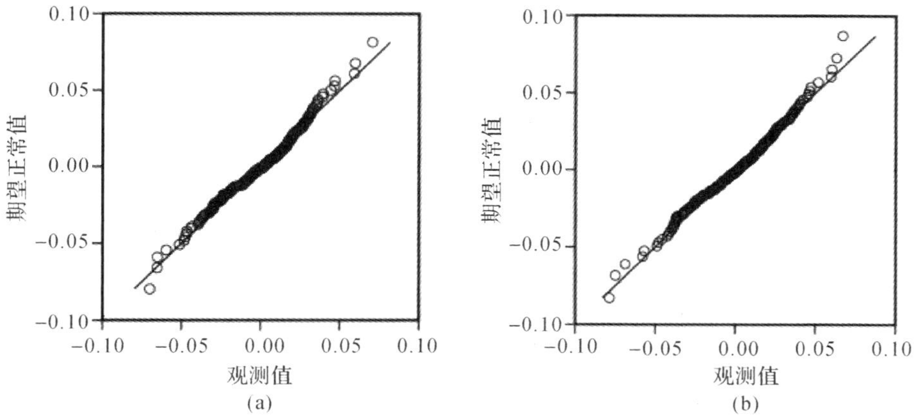

图 2.11　Laplace 分布拟合沪、深股市收益率的 Q－Q 图

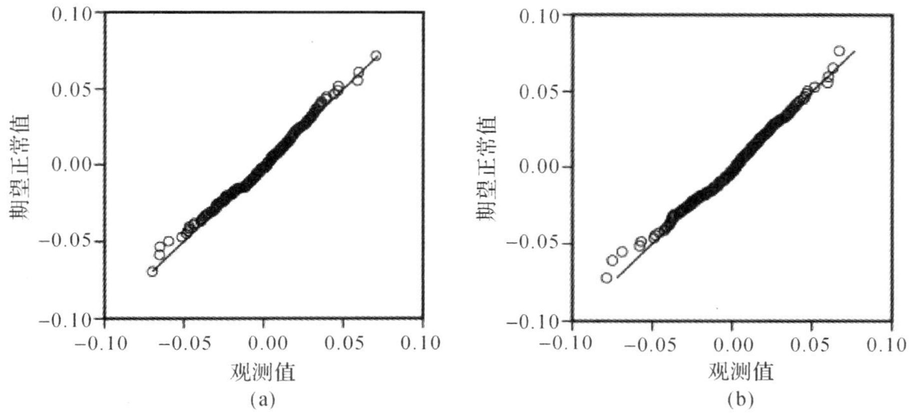

图 2.12　Logistic 分布拟合沪、深股市收益率的 Q－Q 图

从图 2.10～图 2.12 中，可以很清楚地得到结论：

(1)从上证综指的 3 个分布拟合的 Q－Q 图中比较得到，非对称 Laplace 分布的拟合效果优于 Logistic 分布，Logistic 分布的拟合效果优于正态分布.

(2)从深证成指的 3 个分布拟合的 Q－Q 图中比较得到，Logistic 分布的拟合效果优于非对称 Laplace 分布，非对称 Laplace 分布的拟合效果优于正态分布.

综上，通过实证分析知道非对称 Laplace 分布、Logistic 分布对股市收益率的拟合要优于正态分布，能更好地刻画股市收益率的尖峰厚尾的特征. 因此，利用非对称 Laplace 分布、Logistic 分布去分析中国股票市场，将给予广大风险投资者更好的意见.

参考文献

[1]　朱国庆，张维，张博. 关于上海股市收益厚尾性的实证研究[J]. 系统工程理论实践，2001，4：70－74.

[2] 英英，张勇，吴润衡. 上证指数收益率的特征及其波动性分析[J]，统计与信息论坛，2005，20(2)：63－67.

[3] 封建强，王福新. 中国股市收益分布函数研究[J]. 中国管理科学，2003，1：14－21.

[4] 蒋春福，梁四安，尤川川. 中国股市收益率偏尾特征的实证检验[J]. 现代管理科学，2006，1：113－115.

[5] 王新宇，宋学锋. 拟合中国股票市场收益的统计分布[J]. 系统工程理论与实践，2006，12：40－46.

[6] 张世英. 协整理论与波动模型：金融时间序列分析及应用[M]. 北京：清华大学出版社，2004.

[7] 王红军，田铮. 非线性时间序列建模的混合自回归滑动平均模型[J]. 控制理论与应用，2005，22(6)：875－881.

[8] 余平，史建红. 基于 Copula－EVT 模型的深沪股市尾部相关性分析[J]. 山西师范大学学报(自然科学版)，2011，25(3)：54－58.

[9] 顾岚，孙立娟，薛继锐. 中国股市的基本统计分析[J]. 数理统计与管理，2001(1)54－62.

[10] 徐天群，刘焕彬，徐天河，等. 股票收益率的组合分布研究[J]. 武汉理工大学学报(信息与管理工程版)，2009，31(1)：126－132.

[11] 徐天群，刘焕群，陈跃鹏. 沪、深股市收益率的统计分析和风险分析[J]. 黄冈师范学院学报，2007，27(6)：8－16.

[12] 陈启欢. 中国股票市场收益率分布曲线的实证[J]. 数理统计与管理，2002，21(5)：9－18.

第3章 非参数检验思想方法及其实践应用

3.1 非参数统计的综述和特点

3.1.1 非参数统计的综述

非参数统计(Nonparametric Statistics)是数理统计学重要内容,非参数问题是指统计总体分布形式未知或虽已知却不能用有限个参数刻画的统计问题.在多数场合下,与参数问题界线清楚,只在少数情况下会因为各人出发点不同而有不同看法.所谓统计推断就是由样本观测值去了解总体,它是统计学的基本任务之一.若根据经验或某种理论能在推断之前就对总体作一些假设,则这些假设无疑有助于提高统计推断的效率.这种情况下的统计方法称为"参数统计".如果所知很少,以致于在推断之前不能对总体作任何假设,或仅能作一些非常一般性(例如连续分布、对称分布等)的假设,这时如果仍然使用参数统计方法,其统计推断的结果显然是不可信的,甚至有可能是错的.在对总体的分布不作假设或仅作非常一般性假设条件下的统计方法称为"非参数统计".

非参数统计方法有拟合优度检验、次序统计量、U统计量、秩统计量与秩方法、置换检验、非参数回归与判别等.非参数方法并非绝对只能解决非参数问题,有些也可用于典型的参数统计问题.非参数统计方法无法依赖总体的具体分布形式,构造的统计量常与具体分布无关,故又称非参数方法为自由分布方法.这样,非参数方法的性能对分布的实际形式如何并不敏感,即非参数方法常具有较好的稳健性.非参数方法需要考虑在约束条件十分宽松的情况下使用,有可能导致效率的下降.非参数统计难以建立小样本理论,基本属于大样本理论的内容.非参数统计形成于20世纪40年代,已成为一个体系庞大、理论精深且富有实用价值的统计分支.

非参数统计是统计学的一个重要分支,由于非参数统计方法与总体究竟是什么分布几乎没有什么关系,所以它的应用范围很广,在社会学、医学、生物学、心理学、教育学等领域都有着广泛的应用.由于有关于总体的假设,所以参数统计的推断方法是针对这个假设的.相对而言,非参数统计的推断方法是很一般的,它仅应用样本观测值中一些非常直观(例如次序)的信息,所以非参数统计分析含有丰富的统计思想.

非参数统计方法可以理解为"处理非参数统计问题的方法".对于处理一般的两样本问题的CMHPHOB检验是一个地道的非参数检验法,这恐怕不会有异议,处理位置参数的两样本问题的WILCOXON秩和检验也是一个非参数检验方法,但在点估计问题中,情况就比较复杂,用样本均值$\overline{X}$去估计总体期望,只假定总体期望存在而无其他限制,用$\overline{X}$估计总体期望的这个方法,应视为一个非参数统计方法.可是我们知道,在许多应用上重要的参数统计模型(如正态、负指数、二项、Poisson 等). $\overline{X}$ 作为总体期望的估计有很多优良性,可说是唯一合理的估计.故有足够的理由把它说成是一个重要的参数统计方法,在"矩估计法"这个体系下的许多估计法也有这个特点.对这类统计方法,不可能也无必要对其参数和非参数属性作一个明确的界定.极大似然估计法的情况有些不同,虽然这个方法在某种情况下也可用于处理非参数的问题,但其应用终究主要在于参数领域,把它直接看成非参数方法的定义,有相当的理由,尤其是在检验问题及类似的问题中,但取之作为定义终究有些不妥,因为它并不能概括所有的重要情况,而且分布无关是统计量的性质,而非统计方法的性质.

也有学者从方法的应用面上去分划其参数或非参数的属性.例如:Conovor 在其著作 *Practical Nonparametic Statistic* 中认为,一个统计方法,如适合以下 3 个条件之一,就可称为非参数方法:

(1)可用于属性数据;

(2)可用于只分别样本大小的次序而不计其具体值的数据;

(3)可用于抽自其总体分布族不能用有限个实参数去表达的那种数据.

确实,Conovor 的这个定义指出了非参数方法的主要应用所在,从实用的观点看也有意义.但以之作为定义,则仍有不妥之处.还要指出,从界定一个分支学科的范围讲,给统计方法的属性作一个明确划分是有意义的,从应用的角度说,重要的是一定的统计方法是否适用于当前的问题,其参数性或非参数性对此并无多大影响.

3.1.2 非参数统计的基本特点

(1)适用性广泛而针对性较差.非参数统计方法的适用面广,如果某种特定的参数模型适合该问题,且针对该参数模型存在着一种优良的统计方法,则与后者相比,非参数统计方法一般效率较低.非参数方法有适用面广的特点,是从其模型的广泛性直接得出的,既然模型中所容许的分布族大,自然地,它也就能用于描述更多的问题,这正是建立非参数统计的推动力,如果统计学中只存在几种适用于若干特殊情况的方法,则在碰到一种不甚确定的情况时,将无能为力.虽然非参数统计方法在各方面有一定的优越性,但迄今未能真正推广应用,更谈不上在相当的程度上代替传统的参数统计方法,原因之一就在于非参数方法的大样本特点.

(2)具备大样本特点.在使用大样本方法时,人们假定样本大小 n 已经"足够大",以至有关统计量的确切分布与其极限分布的差距已经"足够小",因而使用极限分布带来的偏离,在应用上"可以忽略不计",可是,在目前的大样本理论中,对确切分布与其极限分布的差距,往往缺乏有实用意义的估计,有时可以得到差距的数量级的估计,但这对应用帮助不大.而在应用中,样本往往又不是很大,以致在一个特定的应用中,并无足够理由认为大样本方法已可以放心地用了.即或使用了,对由此而造成的误差(例如,名义上的检验水平为 0.05,实际可能偏高或偏低许多)如何,心里也没有数,这一点造成使用非参数方法的一种事实上和心理上的障碍.

(3)非参数统计法只使用样本中的"一般"信息.样本是进行统计推断的依据,统计方法的优劣,很大程度上就在于它是否"充分地"提取和使用了样本中的信息,以构造合适的推断方法,但这一过程不能离开问题的模型去谈,模型越确定就更易"充分地"使用样本所提供的信息.例如极大似然估计,它要求知道总体概率密度的形状,所以,参数统计方法往往对设定的模型有更大的针对性,一旦模型改变,方法也就随之改变,固然,某些常用的统计方法适合一些重要的参数模型.

例如:用样本均值去估计总体均值,这在正态、负指数、二项和 Poisson 这些重要模型中都适用且有优越性,但这应当更多地看成一种巧合而非常规,比如,以上模型中方差的最优估计就要分别考虑各模型的特点,而各不相同. 非参数方法则不然. 由于非参数模型中对总体分布的限定很少,以致人们只能用很一般的方式去使用样本中的信息,如位置次序关系等.

(4)非参数统计具有稳健性. 稳健性(Robustness)的概念溯源于 20 世纪初,在 R. A. Fisher 的早期著作中有反映,但他没有明确而系统地讨论这个问题,20 世纪 50 年代以来美国著名统计学家 Tukey 等在这方面做了工作,但促使其进一步发展并引起统计学界广泛注意的,还要算 1964 年 Huber 关于位置参数的稳健估计的研究论文,可以说,目前稳健统计已形成数理统计学中的一个分支. Robustness 这个词含有强壮、健康、坚韧等意思,用到统计上,它反映统计方法当真实模型与设定的理论模型偏离不大时,仍能维持良好的性质. 例如,t 检验是在模型为正态分布的前提下做出的,若模型分布与正态分布有些偏离,t 检验的性能如何?这显然是应用者十分关心的问题,因为任何设定的模型总是近似的,不存在与正态分布一丝不差的模型,如果模型微小的偏差就足以使统计方法变得完全失效,则该方法的可用性就差. 非参数统计方法由于对模型的限制小,故天然地就具有稳健性. 例如,在两样本问题的 CMHPHOB 检验中,由于对总体分布没有特定的要求,真实的模型分布与假定不会有偏离,因而这个检验符合稳健性的要求. 两样本 t 检验则不同,它的引进是以总体分布是正态为前提的,故虽然研究工作表明,此检验的稳健性尚属良好,但终究不如 CMHPHOB 检验,关于位置参数的两样本问题的 Wilcoxon 秩和检验介于两者之间,它的稳健性比 t 检验好,因为假设中的分布 F 没有什么限制,不会发生偏离假设的问题,但是,模型中明确假定了 X 与 Y 的分布只差一个位置参数,而实际情况可能与此有差,因此,这差别要大到何种程度才会使 Wilcoxon 检验结果变得很坏,就是一个需要研究的问题. 也可以说,在估计 Poisson 分布的方差时,X 稳健性不如 S^2.

非参数统计法具有良好的稳健性. 应当注意,稳健性是相对而言的,它也必须与方法的其他性能结合去考察,不是越稳健越好. 比如总用一个固定的常数去估计一个参数 θ,不管样本如何,这个方法稳健有余,但没有什么意义.

要注意不把非参数性与稳健性混同起来,关于稳健性的一些重要研究,是从模型有某种特定的参数形式出发的. 从所讨论的问题的特定性质看,我们的主要兴趣不在于在分布族之下,种种统计推断问题该如何解决,而是着重在考察某些特定的参数检验的表现如何. 出于这些原因,一般并不把关于稳健性的研究纳入非参数统计的范围.

非参数统计最常用于具备下述特征的情况:

(1)待分析数据不满足参数检验所要求的假定,因而无法应用参数检验. 例如,我们曾遇到过的非正态总体小样本,当 t 检验法也不适用时,作为替代方法,就可以采用非参数检验.

(2)仅由一些等级构成的数据,不能应用参数检验. 例如,消费者可能被问及对几种不同商标的饮料的喜欢程度,虽然他们不能对每种商标都指定一个数字来表示对该商标的喜欢程度,却能将几种商标按喜欢的顺序分成等级. 这种情形也宜采用非参数检验.

(3)所提的问题中并不包含参数,也不能用参数检验. 例如,想判断一个样本是否为随机样本,采用非参数检验法就是适当的.

(4)当需要迅速得出结果时,也可以不用参数统计方法而用非参数统计方法来达到目的.

一般说来,非参数统计方法所要求的计算与参数统计方法相比,完成起来既快且容易.有些非参数统计方法的计算,就算对统计学知识不熟练的人,也能在收集数据时及时予以完成.

3.1.3 非参数统计的优缺点

非参数统计与传统的参数统计相比,有以下优点:

(1)非参数统计方法要求的假定条件比较少,因而它的适用范围比较广泛.

(2)多数非参数统计方法要求的运算比较简单,可以迅速完成计算取得结果,因而比较节约时间.

(3)大多数非参数统计方法在直观上比较容易理解,不需要太多的数学基础知识和统计学知识.

(4)大多数非参数统计方法可用来分析如由等级构成的数据资料,而对计量水准较低的数据资料,参数统计方法却不适用.

(5)当推论多达3个以上时,非参数统计方法尤具优越性.

非参数统计方法也有以下缺点:

(1)由于方法简单,用的计量水准较低,因此,如果能与参数统计方法同时使用时,就不如参数统计方法敏感.若为追求简单而使用非参数统计方法,其检验功效就要差些.这就是说,在给定的显著性水平下进行检验时,非参数统计方法与参数统计方法相比,第Ⅱ类错误的概率β要大些.

(2)对于大样本,如不采用适当的近似,计算可能变得十分复杂.

非参数统计就是在对总体分布形式不了解时进行推断的统计方法.这里对于总体分布不作或只作一点诸如对称性之类的简单假设,虽然不知道分布的形式,总可以把数据按大小排队而使每个数据都有自己的"地位",称为秩(rank).大小为n的样本产生了n个秩,这样,问题就简化为对这些秩的研究了.幸运的是,这些秩及由其产生的一些统计量的性质和分布是可以得到的,并与原来的总体分布无关,除了与秩有关的方法之外,还有其他一些非参数方法,非参数方法有相当好的稳健性,计算简单,处理问题广泛,并且在多数分布未知的情况下比参数方法更有效.但也应指出:虽然参数方法有局限性,但在总体分布已知时,它比非参数方法利用更多的样本中的信息,因而就更有效.

3.2 假设检验的基本思想和步骤

3.2.1 假设检验的基本思想

假设检验是一种统计推断,它是根据样本提供的信息判断总体是否具有某种指定的特性.假设检验的基本思想是带概率性质的反证法:为了判断一个"结论"是否成立,先假设该"结论"成立,然后在这一结论成立的前提下进行推导和运算,如果出现一个不合理的结论与实际推断原理相矛盾,这就表明"结论"不成立,于是我们就认为"结论"不正确.通常称假设"结论"成立为原假设，记为 H_0（又称零假设），与之对应的“结论”称为备择假设，记为 H_1.

接受或拒绝假设 H_0 的理由是小概率原理，即小概率事件在一次试验中几乎不可能发生. 在认为假设 H_0 成立的条件下，构造一个小概率事件，然后抽样检验. 从样本观察出发，看看导出什么结果，若一次观察值即一次试验，小概率事件发生了，这是不合理的，我们有理由认为假设 H_0 不成立，从而拒绝 H_0，否则接受 H_0.

假设检验的基本思想是数学上的反证法，推断原理是小概率原理.

假设检验是一种统计推断，它是在参数的区间估计基础上进行的推断，推断的结论与信度（显著性水平 α）有关，而信度（即小概率）一般在检验前根据实际问题提出，常用的有 $\alpha=0.05$，0.01，0.1 等.

由于假设检验是由样本推断总体，因此推断的结论肯定还是否定是一定概率而言的. 正如“人无完人，金无足赤”，假设检验不论是接受假设 H_0，还是拒绝假设 H_0，都不可能百分之百的正确，这就避免不了会犯错误. 所以说，假设检验这种推断是带有一定可靠程度的推断.

3.2.2　假设检验的步骤

假设检验的步骤一般有以下四步：

（1）依照实际情况，提出假设 H_0；

（2）选取检验统计量，当 H_0 为真时，找出其分布或极限分布；

（3）在给定的显著性水平 α 下，确定 H_0 的拒绝域；

（4）由样本观察值 $x_1, x_2, \cdots, x_n$ 算出统计量的值，做出判断：若其落入拒绝域，否定假设 H_0；否则接受 H_0.

正态总体进行假设检验应注意以下几点：

（1）区分是一个正态总体，还是两个正态总体的假设检验问题. 一个正态总体方差的假设检验用 χ^2 法，两个正态总体的方差假设检验用 F 法.

（2）区分是双边检验，还是单边检验，它们查临界值和判断方法略有不同.

（3）区分是期望的假设检验，还是方差的假设检验.

（4）一个正态总体期望的假设检验，要区分方差是已知，还是未知，若方差已知，用 u 法检验；若方差未知，则用 t 法检验.

3.2.3　交换原假设与备择假设产生结果分析

在单边假设检验中，交换原假设 H_0 与备择假设，结果可能会发生变化. 请看下例.

实例 3.1　从某厂生产的一批灯泡中随机抽取 20 只进行寿命测试. 由测试结果算得 $X=1\ 960$ h，$S=200$ h. 假定灯泡寿命 $X\sim N(\mu,\sigma^2)$，其中 μ,σ 均未知. 在显著性水平 $\alpha=0.05$ 下能否认为这批灯泡的平均寿命达到国家标准 2 000 h?

解法 1　提出假设 $H_0:\mu\geqslant 2\ 000$，$H_1:\mu<2\ 000$，作检验统计量：

$$t=\frac{\overline{X}-2\ 000}{S/\sqrt{20}}\sim t(19)$$

结合假定确定拒绝域的形式 $\{T<-t_{0.05}(19)\}$，由 $\alpha=0.05$，差 t 分布表，定出临界值

$-t_{0.05}(19)=-1.729$,从而求出拒绝域$\{T<-1.729\}$.

由测试结果得到

$$T=\frac{\overline{X}-\mu_0}{S/\sqrt{20}}=\frac{1\ 960-2\ 000}{200/\sqrt{20}}=-0.894$$

由于 $T>-1.729=-t_{0.05}(19)$,做出接受假设 H_0 的判断,即认为这批灯泡的平均寿命达到国家标准 2 000 h.

解法 2 提出假设 $H_0:\mu\geqslant 2\ 000$,作检验统计量:

$$t=\frac{\overline{X}-2\ 000}{S/\sqrt{20}}\sim t(19)$$

结合假定确定拒绝域为$\{T>t_{0.05}(19)\}$.

由 $\alpha=0.05$ 查 t 分布表,得临界值 $t_{0.05}(19)=1.729$,从而求出拒绝域为$\{T>1.729\}$.

由测试结果得到 $T=\dfrac{\overline{X}-\mu_0}{S/\sqrt{n}}=\dfrac{1\ 960-2\ 000}{200/\sqrt{20}}=-0.894$,由于 $T<1.729=t_{0.05(19)}$,做出接受假设 $H_0:\mu<2\ 000$ 的判断,即认为这批灯泡的平均寿命未达到国家标准 2 000 h.

以上两种解法只是交换原假设 H_0 与备择假设 H_1,其他条件都不变而结果完全相反.原因是以上两种解法的着眼点不同.在解法 1 中,提出原假设 $H_0:\mu<2\ 000$,是根据该厂产品一直质量好、信誉高,达到国家标准,没有充分的理由难以改变我们对该厂的看法,所以一开始就对该厂产品持肯定态度.在解法 2 中,提出原假设 $H_0:\mu<2\ 000$,是根据该厂产品一直质量差、信誉低,未达到国家标准,一开始就对该厂产品持怀疑态度,只有很有利于该厂的结果,才能改变对该厂的看法.而抽样的平均值 $\overline{x}=1\ 960\text{h}$ 还略小于国家标准.从以上分析看到,着眼点不同,而决定了所得的结果不同.

下面进一步讨论,在解法 1 中,假设 $H_0:\mu\geqslant 2\ 000$,$H_1:\mu<2\ 000$,拒绝域为$\{T<-t_\alpha(n)\}$;在解法 2 中,假设 $H_0:\mu<2\ 000$,$H_1:\mu<2\ 000$ 拒绝域为$\{T>t_\alpha(n)\}$,由一组样本值求出统计量 T 的值.

(1)当$-t_\alpha(n)<T<t_\alpha(n)$时,按假设 $H_0:\mu\geqslant 2\ 000$,$H_1:\mu<2\ 000$,接受原假设 $H_0:\mu\geqslant 2\ 000$,按假设 $H_0:\mu<2\ 000$,$H_1:\mu\geqslant 2\ 000$ 接受原假设 $H_0:\mu<2\ 000$,产生两个截然相反的结果.

(2)当 $T\leqslant -t_\alpha(n)$时,按假设 $H_0:\mu\geqslant 2\ 000$,$H_1:\mu<2\ 000$,拒绝原假设 $H_0:\mu\geqslant 2\ 000$,接受备择假设 $H_1:\mu<2\ 000$,按假设 $H_0:\mu<2\ 000$,$H_1:\mu\geqslant 2\ 000$ 接受原假设 $H_0:\mu<2\ 000$,产生相同的结果.

(3)当 $T\geqslant t_\alpha(n)$时,按假设 $H_0:\mu\geqslant 2\ 000$,$H_1:\mu<2\ 000$,接受原假设 $H_0:\mu\geqslant 2\ 000$,按假设 $H_0:\mu<2\ 000$,$H_1:\mu\geqslant 2\ 000$,拒绝原假设 $H_0:\mu\geqslant 2\ 000$,接受备择假设 $H_1:\mu\geqslant 2\ 000$,产生相同的结果.

综上所述,交换原假设与备择假设,当计算的统计量 T 的值满足$-t_\alpha(n)<T<t_\alpha(n)$时,则会产生两个截然相反的结果;而其他情况结果相同.对于其他类型的单边检验有类似的结果.

3.2.4 假设检验中 p-值法与临界值法之比较

1.临界值法

设总体 $X:N(\mu_0,\sigma_0^2)$,其中 μ_0,σ_0 为已知常数,$X_1,X_2,\cdots,X_n$ 是取自总体 X 的简单随机样

本，则容易得到样本均值 $\overline{X}=\frac{1}{n}\sum_{i=1}^{n}X_i\sim N\left(\mu_0,\frac{\sigma_0^2}{n}\right)$，进而推出 $U=\frac{\overline{X}-\mu_0}{\sigma_0/\sqrt{n}}\sim N(0,1)$. 假设给定的显著性水平为 α，则根据建立的假设不同，假设检验有双侧检验和单侧检验两种类型，下面以双侧检验为例来说明.

设立原假设和备择假设如下：

$$H_0:\mu=\mu_0,\quad H_1:\mu\neq\mu_0$$

则根据检验统计量，得到 $P(|U|\geqslant z_{\alpha/2})=\alpha$. 式中，$z_{\alpha/2}$ 称为临界值，临界值是确定检验统计量的值是否小到拒绝原假设的基准（对于下侧检验而言），显著性水平 α 一般为较小的正数，如 0.1，0.01 或者 0.05. 当 H_0 成立时，检验统计量 $|U|\geqslant z_{\alpha/2}$ 是个小概率事件，对于某具体样本 $x_1,x_2,\cdots,x_n$，若该小概率事件发生了，则拒绝 H_0，否则没有充分理由拒绝 H_0，即拒绝域为 $(-\infty,-z_{\alpha/2})\cup(z_{\alpha/2},+\infty)$.

2. p-值方法

在实际应用中，p-值方法已经成为决定是否拒绝原假设的优选方法，尤其是在使用诸如 Minitab 和 Excel 等软件包的时候. p-值是一个概率值，通过检验统计量计算得到，测量样本对原假设的支持（缺乏支持）的程度，这是决定是否应该给定显著性水平下拒绝原假设的基础. 由于 p-值是一个概率值，它的取值范围是从 0 到 1. 通常小的 p-值说明对原假设的支持程度也较小. p-值小，表明通常根据样本结果不能得出假设 H_0 为真的结论. 对于较小的 p-值，拒绝 H_0；反之，对于较大的 p-值，不能拒绝原假设.

p-值的计算方法取决于检验是下侧检验还是上侧检验，或者双侧检验. 对于前面所讨论的双侧检验，p-值的计算如下：

$$P\left(|U|\geqslant\frac{\overline{X}-\mu_0}{\sigma_0/\sqrt{n}}\right)=p$$

在计算完 p-值以后，必须决定它是否小到足以拒绝原假设，这就需要将它与所取的显著性水平进行比较. p-值方法的拒绝规则：如果 p-值$\leqslant\alpha$，则拒绝 H_0.

3. p-值检验的优势

根据 p-值方法与根据临界值方法所得出的有关假设检验的结论总是相同的；即只要 p-值$\leqslant\alpha$，则检验统计量的值将小于等于临界值. p-值方法的优点在于 p-值能够告诉我们结果有多么显著（实测显著性水平）. 如果采用临界值方法，只能知道结果在规定的显著性水平是否显著. 根据数据产生的 p-值来减小 α 的值以展示结果的精确性总是没有害处的. 因此，p-值法的结论更加准确. 另外，p-值法使用很方便. 在统计推断中，只要涉及假设检验问题，不论是参数的假设检验还是非参数的假设检验，统计分析软件均会给出 p-值，从而可以很方便地得出是否可以拒绝 H_0 的结论.

3.3　参数假设检验的类型

参数假设检验的主要类型有：

1. 一个正态总体期望的假设检验（显著性水平 α）

设 $X_1,X_2,\cdots,X_n$ 为来自总体 $N(\mu,\sigma^2)$ 的样本，$\overline{X}$ 与 S^2 是样本均值与样本方差. 一个正态

总体期望的假设检验见表 3.1.

表 3.1　一个正态总体期望的假设检验

假设检验	条件	统计量及分布	查表	临界值	推断
$H_0:\mu=\mu_0$ $H_1:\mu\neq\mu_0$	σ^2 已知	$u=\dfrac{\overline{x}-\mu_0}{\sigma/\sqrt{n}}\sim N(0,1)$	正态分布表 $\Phi(u_{\alpha/2})$	$\lvert u\rvert>u_{\alpha/2}$	拒绝 H_0
	σ^2 未知	$t=\dfrac{\overline{x}-\mu_0}{s/\sqrt{n}}\sim t(n-1)$	t 分布表 $P(t>t_{\alpha/2})=\alpha/2$	$\lvert t\rvert>t_{\alpha/2}$	拒绝 H_0
$H_0:\mu\leqslant\mu_0$ $H_1:\mu>\mu_0$	σ^2 未知	$t=\dfrac{\overline{x}-\mu_0}{s/\sqrt{n}}$	t 分布表	$P(t>t_\alpha)=\alpha$	$t>t_\alpha$ 拒绝 H_0
$H_0:\mu\geqslant\mu_0$ $H_1:\mu>\mu_0$	σ^2 未知	$t=\dfrac{\overline{x}-\mu_0}{s/\sqrt{n}}$	t 分布表	$P(t>-t_\alpha)=1-\alpha$	$t<-t_\alpha$ 拒绝 H_0

2. 两个正态总体期望的假设检验

总体 $X\sim N(\mu_1,\sigma_1^2)$，抽取 $x_1,x_2,\cdots,x_{n_1}$ 容量为 n_1 的样本，样本均值为 $\overline{x}$，样本方差为 s_x^2；总体 $X\sim N(\mu_2,\sigma_2^2)$，抽取 $y_1,y_2,\cdots,y_{n_1}$ 容量为 n_2 的样本，样本均值为 $\overline{y}$，样本方差为 s_y^2.

$$s^2=\frac{(n_1-1)s_x^2+(n_2-1)s_y^2}{n_1+n_2-2}$$

检验 $H_0:\mu_1=\mu_2$，$H_1:\mu_1\neq\mu_2$. 或 $H_0:\mu_1\neq\mu_2$ 或 $H_0:\mu_1\leqslant\mu_2$，$H_0:\mu_1>\mu_2$ 或 $H_0:\mu_1\geqslant\mu_2$，$H_0:\mu_1<\mu_2$

(1)若 σ_1^2,σ_2^2 已知，$u=\dfrac{\overline{x}-\overline{y}}{\sqrt{\dfrac{\sigma_1^2}{n_1}+\dfrac{\sigma_2^2}{n_2}}}\sim N(0,1)$，按 u 法检验；

(2)若 $\sigma_1^2=\sigma_2^2$ 已知，$t=\dfrac{\overline{x}-\overline{y}}{\sqrt{\dfrac{s^2}{n_1}+\dfrac{s^2}{n_2}}}\sim t(n_1+n_2-2)$，按 t 法检验.

3. 一个正态总体方差的假设检验

设 $X_1,X_2,\cdots,X_n$ 为来自总体 $N(\mu,\sigma^2)$ 的容量为 n 的样本，$\overline{X}$ 与 S^2 是样本均值与样本方差.

(1)检验 $H_0:\sigma^2=\sigma_0^2$(σ_0^2 已知常数)，$H_1:\sigma^2\neq\sigma_0^2$ 用 χ^2 法，统计量 $\chi^2=\dfrac{(n-1)S^2}{\sigma_0^2}\sim\chi^2(n-1)$，查自由度为 $n-1$ 的 χ^2 分布表，求出临界值 $\chi_{1-\alpha/2}^2,\chi_{\alpha/2}^2$，$P(\chi_{1-\alpha/2}^2<\chi^2<x_{\alpha/2}^2)=1-\alpha$，$\chi^2\notin(\chi_{1-\alpha/2}^2,\chi_{\alpha/2}^2)$，则拒绝 H_0.

(2)检验 $H_0:\sigma^2\leqslant\sigma_0^2$($\sigma_0^2$ 已知常数)，$H_1:\sigma^2>\sigma_0^2$. 用 χ^2 法，统计量 $\chi^2=\dfrac{(n-1)S^2}{\sigma_0^2}$，查自由度为 $n-1$ 的 χ^2 分布表，求出临界值 χ_α^2 满足 $P(\chi^2>\chi_\alpha^2)=\alpha$. 若 $\chi^2>\chi_\alpha^2$，则拒绝 H_0；否则接受 H_0.

(3)检验 $H_0:\sigma^2\geqslant\sigma_0^2$($\sigma_0^2$ 已知常数)，$H_1:\sigma^2<\sigma_0^2$. 用 χ^2 法，统计量 $\chi^2=\dfrac{(n-1)S^2}{\sigma_0^2}$，查自由度

为 $n-1$ 的 χ^2 分布表，求出临界值 $\chi^2_{1-\alpha}$ 满足 $P(\chi^2>\chi^2_{1-\alpha})=1-\alpha$. 若 $\chi^2<\chi^2_{1-\alpha}$，则拒绝 H_0；否则接受 H_0.

4. 两个正态总体方差的假设检验

总体 $X\sim N(\mu_1,\sigma_1^2)$，抽取 $x_1,x_2,\cdots,x_{n_1}$ 容量为 n_1 的样本，样本均值为 $\overline{x}$，样本方差为 s_x^2；总体 $X\sim N(\mu_2,\sigma_2^2)$，抽取 $y_1,y_2,\cdots,y_{n_1}$ 容量为 n_1 的样本，样本均值为 $\overline{y}$，样本方差为 s_y^2.

(1)检验 $H_0:\sigma_1^2=\sigma_2^2$($\sigma_1^2,\sigma_2^2$ 未知常数)，$H_1:\sigma_1^2\neq\sigma_2^2$. 用 F 法，统计量 $F=\dfrac{\max\{s_x^2,s_y^2\}}{\min\{s_x^2,s_y^2\}}\sim F(n_1^*-1,n_2^*-1)$，$n_1^*$ 为分子样本数，n_2^* 为分母样本数，查第一自由度为 n_1^*、第二自由度为 n_2^* 的 F 分布表，求出临界值 $f_{\alpha/2}$ 满足 $P(F>F_{\alpha/2})=\dfrac{\alpha}{2}$. 若 $F>F_{\alpha/2}$，则拒绝 H_0；否则接受 H_0.

(2)检验 $H_0:\sigma_1^2\leqslant\sigma_2^2$($\sigma_1^2,\sigma_2^2$ 未知常数)，$H_1:\sigma_1^2>\sigma_2^2$. 用 F 法，统计量 $F=\dfrac{s_1^2}{s_2^2}$，查第一自由度为 n_1-1、第二自由度为 n_2-1 的 F 分布表，求出临界值 F_α 满足 $P(F>F_\alpha)=\alpha$. 若 $F>F_\alpha$，则拒绝 H_0；否则接受 H_0.

(3)检验 $H_0:\sigma_1^2\geqslant\sigma_2^2$($\sigma_1^2,\sigma_2^2$ 未知常数)，$H_1:\sigma_1^2<\sigma_2^2$. 用 F 法，统计量 $F=\dfrac{s_1^2}{s_2^2}$，查第一自由度为 n_1-1、第二自由度为 n_2-1 的 F 分布表，求出临界值 $F_{1-\alpha}$ 满足 $P(F>F_{1-\alpha})$. 若 $F<F_{1-\alpha}$，则拒绝 H_0；否则接受 H_0.

5. 成对数据的 t 检验

若两个样本 $x_1,x_2,\cdots,x_n;y_1,y_2,\cdots,y_n$ 是来自同一个总体的重复测量，它们是成对出现并且是相关的，则可将 $d_i=x_i-y_i,i=1,2,\cdots,n$ 看成来自正态总体 $N(\mu_d,\sigma^2)$ 的样本，对 $H_0:\mu_d=0,H_1:\mu_d\neq0$ 检验，按 t 法检验.

3.4　假设检验与区间估计的联系与区别

参数假设检验与区间估计是两种重要的统计推断. 它们的联系是一般利用参数的假设检验可以很容易得到参数的区间估计，反之亦然.

例如，设总体 $X\sim N(\mu,\sigma^2)$，$x_1,x_2,\cdots,x_n$ 是 x 的容量为 n 的一个样本，方差 σ^2 已知. 给定显著性水平 α，检验假设 $H_0:\mu=\mu_0,H_1:\mu\neq\mu_0$，构成统计量 $u=\dfrac{\overline{x}-\mu_0}{\sigma/\sqrt{n}}\sim N(0,1)$. $P(|u|>u_{\alpha/2})=\alpha$，得到接受域 $\overline{x}-u_{\alpha/2}\dfrac{\alpha}{\sqrt{n}}<\mu_0<\overline{x}+u_{\alpha/2}\dfrac{\alpha}{\sqrt{n}}$.

若将 μ_0 改成 $\overline{x}-u_{\alpha/2}\dfrac{\alpha}{\sqrt{n}}<\mu_0<\overline{x}+u_{\alpha/2}\dfrac{\alpha}{\sqrt{n}}$，这就是期望 μ 的置信度为 $1-\alpha$ 的置信区间.

反之，得到期望为 μ 的置信度为 $1-\alpha$ 的置信区间 $\overline{x}-\mu_{\alpha/2}\dfrac{\sigma}{\sqrt{n}}<\overline{x}+u_{\alpha/2}\dfrac{\sigma}{\sqrt{n}}$，将 μ 改为 $\mu0$，上式就是检验假设 $H_0:\mu=\mu_0,H_1:\mu\neq\mu_0$ 的一个显著性水平为 α 的一个接受域.

在其他条件下，假设检验与区间估计也存在这种联系，只要类似的公式存在一个区间的形式.

在假设检验与区间估计中推导上述结论使用方法也十分类似.

它们的区别是:首先,所使用量意义有一些不同.若用 u 法检验,在检验假设中,使用量 $u=\frac{\overline{x}-\mu_0}{\sigma/\sqrt{n}}\sim N(0,1)$,在假设 $H_0:\mu=\mu_0$ 成立的条件下,$u=\frac{\overline{x}-\mu_0}{\sigma/\sqrt{n}}$是一个统计量.将一组具体的样本值 $x_1,x_2,\cdots,x_n$ 代入,可以算出 u 的值,从而可以判断假设是否成立;而在类似的区间估计中,也是用量 $u=\frac{\overline{x}-\mu_0}{\sigma/\sqrt{n}}\sim N(0,1)$,由于期望 μ 未知,所以 u 不是统计量.其次,在结果解释也有一些不同.若用 u 法检验,接受原假设 $H_0:\mu=\mu_0$,当显著性水平 α 较小时,区间估计精度低,得到的置信区间 $\overline{x}-u_{\alpha/2}\frac{\sigma}{\sqrt{n}}<u<\overline{x}+u_{\alpha/2}\frac{\sigma}{\sqrt{n}}$长度较长,没有多大把握认为 $\mu=\mu_0$;当拒绝原假设 $H_0:\mu=\mu_0$,而显著性水平 α 较大,区间估计精度高,得到的置信区间 $\overline{x}-u_{\alpha/2}\frac{\sigma}{\sqrt{n}}<u<\overline{x}+u_{\alpha/1}\frac{\sigma}{\sqrt{n}}$长度较短.虽然置信区间不包括 μ_0,但置信区间有可能就在 μ_0 附近,仍然可以认为 $\mu=\mu_0$,这样区间估计的解释和假设检验的结果有一点不同.

3.5 单个总体非参数检验方法

非参数检验与参数检验都是统计分析方法的基本内容和重要部分,非参数检验在 20 世纪 40 年代产生.1945 年,两样本的秩和检验由 F. Wilcoxon 提出;1947 年, Whitney 和 Mann 将 F. Wilcoxon 的研究推广到了两组容量不等的样本方面;1948 年,非参数检验和参数检验两者相对效率方面的问题得到了 Pitman 的解释;20 世纪 50—60 年代,出现了多元位置参数的估计和检验理论,小样本检验和异常数据诊断得到进一步的发展,比较完整的非参数检验理论在渐渐成型.1970—1989 年,以 P. J. Huber 以及 F. Hampel 为代表的统计学家以计算机为工具在衡量估计量的稳定性方面提出了新的方法;1990 年,以 Silverman 和 J. Fan 为代表,主要在非参数回归和非参数密度估计等范畴进行研究.非参数统计已经是数理统计学中的一个体系博大且最富有实用价值的分支.

非参数统计检验方法不需要假定总体是何种类型分布,即可通过样本所获得的信息对问题做出判断.它可以用于定距、定比尺度的数据,进行定量资料的分析研究,而且还能用于对定性资料进行统计分析研究,这些都是参数统计方法所不能及的.

非参数检验在遇到下面的情况时可以使用:需要剖析的材料不能满足参数检验所需要的假定;一些等级形成的材料不能使用参数检验;问题并没有涉及总体参数;要快速得到需要的结果.非参数检验内容丰富,应用广泛.

非参数检验也有缺点,在使用原始数据时,会因为信息掌握不全,使检验效率降低.很多非参数分析法都采用一些近似估计得到界值,如果在样本较大的时候,符号检验中的 K 值、符号秩检验中的 T 值、Mann-Whitney 秩和检验中的 U 值等,都是按正态近似法处理的,而 Kruskal-Wallis 检验中的 H 值和 Friedman 检验的 x_r^2 值都是按近似 χ^2 分布处理的,因此,其结果有一定的近似性.

3.5.1　单个总体非参数检验：χ^2 检验

χ^2 检验是检验样本内每一类别的实际观察数与某种条件下的理论期望数是否有显著差异的，它是拟合优度的一种.

χ^2 检验的基本思想：

如果一件事只有两个可能的结果，如硬币投掷得正面或反面，对某意见赞成或反对，通常用参数检验的方法判定其观察频数是否显著地背离期望频数. 但如果一个事件可能有 $k(k>2)$ 个结果出现时，用 χ^2 检验是最合适的. 若把某样本分成实际观察频数 $f_1,f_2,\cdots,f_k$，它们的期望频数为 $e_1,e_2,\cdots,e_k$，定义统计量为 Q，统计量计算公式为

$$Q=\sum_{i=1}^{k}\frac{(f_i-e_i)^2}{e_i} \tag{3.1}$$

从式(3.1)可以看出，f_i 与 e_i 越接近，统计量 Q 的值就越小，当 $Q=0$ 时，只有每个数都是零才能满足条件，也就是说，这几类中观察频数＝期望频数，它们是完全拟合的.

如果 H_0 是观察频数，并充分接近于期望频数，即对于 $i=1,2,\cdots,k,f_i$，与 e_i 无显著差异，由于样本容量 n 尽量大时，统计量 Q 就可以看成是自由度为 $df=k-1$ 的 χ^2 分布，所以，可根据 α 在附表中查到其临界值 $\chi^2_\alpha(k-1)$，其中 α 是显著性水平. 假如 $Q\geqslant\chi^2_\alpha(k-1)$，则拒绝 H_0，否则接受 H_0.

若要检验一总体是否为某一分布，可在概率密度函数未知的某一个连续的分布中随机抽取数值为 $x_1,x_2,\cdots,x_n$ 的样本，并记 $F_0(x)$ 是总体的理论分布，$F(x)$ 是实际观察数据的分布. 此时，可建立假设组：

$$H_0:F(x)=F_0(x);\quad H_1:F(x)\neq F_0(x)$$

对一些 x 可以根据 χ^2 检验对其进行判定.

拟合优度检验中几种分布的参数如表 3.2 所示.

表 3.2　拟合优度检验中几种分布的参数

分　布	参　数	估计值	ω	df
二项分布 (n 次试验的)	一个试验成功的概率 θ	$\sum xf/\sum f$	1	$k-2$
泊松分布	λ	$\bar{x}$	1	$k-2$
$k-2$	μ,σ^2	$\bar{\mathrm{x}},\mathrm{s}^2$	2	$k-3$
指数分布 $F(x)=1-\mathrm{e}^{-\lambda x}$	$1/\lambda$	$1/\bar{x}$	1	$k-2$

实例 3.2　(1)(检验某个已知比例的假设)　某工厂要生产一大批螺丝，要求合格品率大于 95%，现从螺丝总体中抽取 100 个进行检查，不合格螺丝有 14 个，如果显著性水平为 $\alpha=0.05$，试检验该批螺丝的不合格率是否为 5%.

解 由于检验的是螺丝不合格品率是否为5%，可建立假设组：

$$H_0:P=0.05,\quad H_1:P\neq 0.05$$

在这批螺丝中不合格螺丝的期望数为100×0.05=5，合格螺丝的期望数为95，所以$f_1=14$，$f_2=86$，$e_1=5$，$e^2=95$. 由式(3.1)可计算得到Q统计量：

$$Q=(14-5)^2/5+(86-95)^2/95=17.053$$

由显著性水平$\alpha=0.05$，自由度$df=k-1=1$，查本章附表I，可得$\chi^{0.05}=3.841$，因为$Q=17.053>\chi^2_{0.05}=3.841$，所以拒绝$H_0$. 即在$\alpha=0.05$显著性水平下不能认为该批螺丝不合格率为5%.

(2)(检验总体是否为某一分布)某一品牌服装专卖店一天可以卖出某款服装10件，这款服装有5种颜色，销售情况的记录如表3.3所示.

表3.3　销售情况记录

服装编号	1	2	3	4	5	6	7	8	9	10
颜色编号	4	5	2	1	3	4	3	5	4	1

试分析消费者对该款服装不同颜色的喜好是否相同.

解 可以将问题看成是检验消费者对该款服装不同颜色的喜好是否是均匀分布. 建立假设组：

H_0：消费者对该款服装不同颜色的喜好是均匀分布；

H_1：消费者对该款服装不同颜色的喜好不是均匀分布.

计算过程如表3.4所示.

表3.4　计算过程

颜　色	观察值 f_1	期望值 np_i	差值 f_i-np_i	$(f_i-np_i)^2$	$\frac{(f_i-np_i)^2}{np}$
1	2	2	0	0	0
2	1	2	−1	1	0.5
3	2	2	0	0	0
4	3	2	1	1	0.5
5	2	2	0	0	0
总计	10				1

由表3.4可以算出$\chi^2=\sum_{i=1}^{5}\frac{(f_i-np)}{np_i}=0.5+0.5=1$，由于$\alpha=0.05$，$df=k-1=4$，查本章附表I，可得$\chi^2_{0.05}(2)=9.49$，因为$\chi^2=1<\chi^2_{0.05}(2)=9.49$，所以不能拒绝$H_0$，即消费者对该款服装不同颜色的喜好是均匀分布的.

3.5.2　单个总体非参数检验：符号检验

符号检验根据有相关关系的两个总体做差之后所得到的结果的符号进行检验，以下只介绍一种普通的符号检验.

符号检验的基本思想：

如果一个问题只有两种可能（“成功”或“失败”），并且这两种可能的出现可以假定为服从二项分布，随机抽取一些样本，令 P_+、P_- 分别是成功和失败的概率，如果不要求 P_+ 是否大于 P_-，则可构造双侧假设：

$$H_0: P_+ = P_-, \quad H_1: P_+ \neq P_-$$

如果要考虑 P_+ 和 P_- 的大小，则要构建单侧假设：

$$H_0: P_+ = P_-, \quad H_1: P_+ > P_-$$

$$H_0: P_+ = P_-, \quad H_1: P_+ < P_-$$

定义检验统计量为 S_+（表示为正符号的数目）和 S_-（表示为负符号的数目），$S_+ + S_- = n$，n 为符号的总数.

对 S_+、S_- 来说，抽样分布是一个带有 $\theta=0.05$（θ 是成功的概率）的二项式分布，若 H_0 为真，根据 S_+、S_-、n 可以在附表Ⅱ中查到 P 值，假如 P 值很小，那么 H_0 有很大的可能是假的，即拒绝 H_0.

普通的符号检验判定如表 3.5 所示.

表 3.5　普通的符号检验判定指导表

备择假设	P 值
$H_+: P_+ > P_-$	S_+ 的右尾概率　S_- 的左尾概率
$H_-: P_+ < P_-$	S_- 的右尾概率　S_+ 的左尾概率
$H_1: P_+ \neq P_-$	S_+ 和中较大者右尾概率的 2 倍　S_+ 和 S_- 中较小者左尾概率的 2 倍

实例 3.3　为了研究颜色教学对儿童是否有效果，研究人员将一些同岁儿童经配对形成实验组进行颜色试验教学，对照组不进行颜色教学. 后期测验得分如表 3.6 所示. 试检验颜色教学是否有显著效果（$\alpha=0.05$）.

表 3.6　测验分数

配　对		1	2	3	4	5	6	7	8	9	10	11	12
得分	实验组	18	20	26	14	25	25	21	12	14	17	20	19
	对照组	14	20	23	12	29	18	21	10	16	13	17	25

解　建立假设：

H_0：颜色教学无显著效果，　H_1：颜色教学有显著效果

实验组与对照组见表 3.7.

表 3.7 实验组与对照组对比

配对		1	2	3	4	5	6	7	8	9	10	11	12
得分	实验组	18	20	26	14	25	25	21	12	14	17	20	19
	对照组	14	20	23	12	29	18	21	10	16	13	17	25
差数符号		+	0	+	+	−	+	0	+	−	+	+	−

由表 3.7 可知，$S_+=7$，$S_-=3$，符号总数为 $n=S_++S_-=10$，查附表Ⅱ得 $P=0.1719$，因为$P=0.1719>\alpha$，所以支持 H_0，即颜色教学无显著效果.

3.5.3 单个总体非参数检验：Wilcoxon 符号秩检验

Wilcoxon 符号的等级检验，即 Wilcoxon 符号秩检验，1945 年由 Wilcoxon 提出，它弥补了符号检验的不足.

Wilcoxon 符号秩检验的基本思想：

与符号检验类似，Wilcoxon 符号秩检验必须是连续的总体，而且总体还要关于真实的中位数 M 对称.

现在假定一个中位数 M_0，要判断 M 和 M_0 是否有差异，可以建立双侧备择假设：
或单侧备择假设：

$$H_0: M=M_0,\quad H_1: M\neq M_0$$
$$H_0: M=M_0,\quad H_+: M>M_0$$
$$H_0: M=M_0,\quad H_-: M<M_0$$

若要对假设做出判断，则要从总体中取得一个样本，而且这个样本是随机的，得到 n 个数据并且保证它们至少是定距尺度测量的，分别记为 $x_1,x_2,\cdots,x_n$，记 $D_i=x_i-M_0(i=1,2,\cdots,n)$. 然后，对$|D_i|$分等级，这是要按照大小顺序进行的，其中等级 1 是最小的$|D_i|$，等级 n 是最大的$|D_i|$，按照 D_i 本身的正负把它们的等级（秩次）各相加得到正等级（秩次）的总和 T_+ 和负等级（秩次）的总和 T_-. 如果 H_0 为真，则 $T_+=T_-$. 如果 T_+ 远远大于 T_-，则数据支持 $H_+: M>M_0$；如果 T_+ 远远小于 T_-，则数据支持 $H_-: M<M_0$.

检验统计量：T_+：正等级的总和即正秩次的总和

T_-：负等级的总和即负秩次的总和

P 值：根据 T_+、T_- 和 n 可以在附表Ⅳ中找到 P 值.

下面给出了两个判定指导表（见表 3.8、表 3.9）.

表 3.8 Wilcoxon 符号秩检验判定指导表（$n\leqslant 15$）

备择假设	P 值
$H_+: M>M_0$	T_+ 的右尾概率
$H_-: M<M_0$	T_- 的右尾概率
$H_-: M\neq M_0$	T_+ 和 T_- 较大者右尾概率的 2 倍

当 $n>15$ 时，按照 $Z_{+,R}$、$Z_{-,R}$ 可以在正态分布表中得到 P 值. 其中

$$Z_{+,R}=\frac{T_{+}-0.5-n(n+1)/4}{\sqrt{n(n+1)(2n+1)/24}}$$

$$Z_{-,R}=\frac{T_{-}-0.5-n(n+1)/4}{\sqrt{n(n+1)(2n+1)/24}}$$

表 3.9　Wilcoxon 符号秩检验判定指导表($n>15$)

备择假设	P 值
$H_{+}:M>M_0$	$Z_{+,R}$ 的右尾概率
$H_{-}:M<M_0$	$Z_{-,R}$ 的右尾概率
$H_1:M\neq M_0$	$Z_{+,R}$ 和 $Z_{-,R}$ 较大者右尾概率的 2 倍

实例 3.4　下面给出了 X 国 10 个小镇一个人每年平均购买的果汁(单位:L)的量. 数据已经排好顺序如下:

4.13　5.19　7.62　9.73　10.38

11.93　12.33　12.87　13.56　14.42

人们普遍认为 X 国小镇人均年购买果汁的中位数是 8L. 试检验此观点是否正确.

解　由题意可以建立假设组:

$$H_0:M=8,\quad H_1:M>8$$

建立表 3.10 计算秩次和.

表 3.10　秩次和计算表

编　号	果汁(x)	$D=x-8$	$\vert D\vert$	$\vert D\vert$ 的秩	D 的符号
1	4.13	−3.87	3.87	5	−
2	5.19	−2.81	2.81	4	−
3	7.62	−0.38	0.38	1	−
4	9.73	1.73	1.73	2	+
5	10.38	2.38	2.38	3	+
6	11.93	3.93	3.93	6	+
7	12.33	4.33	4.33	7	+
8	12.87	4.87	4.87	8	+
9	13.56	5.56	5.56	9	+
10	14.42	6.42	6.42	10	+

$T_{-}=5+4+1=10$，$T_{+}=2+3+6+7+8+9+10=45$，其中 $n=10$，查附表Ⅳ可得 $P=0.042$，由于 $P=0.042<\alpha<0.05$，所以拒绝 H_0，即 X 国各小镇人均年购买果汁的中位数不是 8L.

3.5.4 单个总体非参数检验：Kolmogorov - Smirnov 检验

Kolmogorov - Smirnov 检验，简写为 K - S 检验. 它也是拟合优度的一种，当一个数据的观测经验分布和已知的理论分布差距很小时，可以推断该样本是取自已知理论分布的.

Kolmogorov - Smirnov 检验的基本思想：

有一组随机样本，用 $S_n(x)=i/n$(其中 i 是等于或小于 x 的所有观察结果的数目)代表它的累计频率函数，用 $F_0(x)$ 代表理论分布的分布函数. $S_n(x)$ 与 $F_0(x)$ 的差值记为 D，$D=|S_n(x)-F_0(x)|$

存在一个 x 值，假定 $S_n(x)$ 与 $F_0(x)$ 存在很小的差别，并且相关的经验分布函数与特定分布函数的拟合程度也非常高，那就可以这样认为：样本的数据均是从拥有这个理论分布的总体来的. K - S 检验是利用 D 的最大偏差 $D=\max|S_n(x)-F_0(x)|$ 来进行判断的.

Kolmogorov - Smirnov 检验可以依照下面四步进行：

(1)建立假设组：

$$H_0: S_n(x)=F_0(x)，\quad 对所有\ x；\quad H_1: S_n(x)\neq F_0(x)，\quad 对一些\ x$$

(2)计算 D 统计量：

$$D=\max|S_n(x)-F_0(x)|$$

(3)查临界值：根据给定的显著性水平 α 和样本数据个数 n 查附表Ⅲ找到临界值 d_α(双尾检验).

(4)做出判断：假如 $D<d_\alpha$，则不能拒绝 H_0；如果 $D>d_\alpha$，那么拒绝 H_0.

实例 3.5 为了研究某公司的电话咨询处一周中每天接到客户投诉的数量是否相同，从中随机抽取了一周并记录，如表 3.11 所示.

表 3.11 一周中每天投诉次数

日期	1	2	3	4	5	6	7
次数	2	4	3	0	3	2	1

试分析每天的投诉数量是否相同.

解 建立假设组：

H_0：每天的投诉数量相同，H_1：每天的投诉数量不相同

D 的计算表见表 3.12.

表 3.12 D 的计算表

每天投诉数	实际频数	$S_n(x)$	$F_0(x)$	$\|S_n(x)-F_0(x)\|$
0	1	0.143	0.2	0.057
1	1	0.286	0.4	0.114
2	2	0.571	0.6	0.029
3	2	0.857	0.8	0.057
4	1	1	1	0

根据表 3.12 可知，$D=\max|S_n(x)-F_0(x)|=0.114$. 根据 $\alpha=0.05$，$n=7$，查附表Ⅲ可

得 $d_\alpha=0.483$，因为 $D=0.114<d_\alpha=0.483$，所以不能拒绝 H_0，即每天的投诉数量相同.

3.5.5　单个总体非参数检验：游程检验

一个总体中只有两种类型的符号，把它们分别定义为类型Ⅰ和类型Ⅱ，在经过一定顺序排列后，每种类型的符号凑在一起的部分（一个或者一个以上都可以）称为游程.

例如，有一个序列 AABABBAA，其中 AA、B、A、BB、AA 都可以看成是一个游程；因此在此序列中总共有 5 个游程，其中 A 的游程是 AA、A、AA，B 的游程是 B、BB.

游程检验的基本思想方法：

按照一定的顺序把抽取的样本观察值排列起来，假如要研究被排列的这两种类型符号是否是随机排列的，要建立双侧假设：

H_0：序列是随机的，　H_1：序列非随机

如果要研究序列具有的倾向，要建立单侧假设：

H_0：序列是随机的，　H_1：序列具有混合的倾向

或　H_0：序列是随机的，　H_1：序列具有成群的倾向

游程检验判定指导表见表 3.13.

表 3.13　游程检验判定指导表（附表Ⅴ）

备择假设	P 值
H：序列具有混合的倾向	U 的右尾检验
H：序列具有成群的倾向	U 的左尾检验
H：序列是非随机	U 的较小尾巴概率的 2 倍

实例 3.6　为了研究人体体温的偏差是不是随机的，连续 12 天把某人在一定点的体温记录下来，并且把每天的体温与上一年同时期内体温的平均值作比较，记 A 是高于均值的体温，B 是低于均值的体温，最后记下的是 AAABBAAAABBA. 试分析体温的偏差是否是随机的（$\alpha=0.025$）.

解　建立假设组

H_0：记录的序列是随机的，　H_1：记录的序列不是随机的

在记录中，有 8 个 A，4 个 B，所以有 $m=4$，$n=8$. 序列中 A 和 B 的游程数分别为 3 和 2，所以游程总数 $U=5$. 根据 $m=4$，$n=8$，$U=5$，查本章附表Ⅴ可得 $P=0.279$. 因为 $P=0.279>\alpha=0.025$，所以不能拒绝 H_0，即体温的偏差是随机的.

3.6　两个总体非参数检验方法

3.6.1　两个相关总体的符号检验

对于两个存在相关关系的总体的符号检验通常是将样本的成对数据进行比较来判断是正号还是负号，之后就可以从比较正号或负号的个数来判定这两个相关的总体有没有显著的

差异.

符号检验的基本思想方法：

两个连续总体 X、Y 的累积分布函数分别为 $F(x)$、$F(y)$，从两个总体中各抽取 n 个样本数据并配对 $(x_1,y_1),(x_2,y_2),\cdots,(x_n,y_n)$，这些数据都是随机的. 若要判断 X,Y 的分布是否相同，只要判断它们的中位数是否相同.

建立假设组：

$$H_0: P(x_i>y_i)=P(x_i<y_i) \quad 对所有\ i, \quad H_1: P(x_i>y_i)\neq P(x_i<y_i)$$

对某一 i，假如要判断两总体中位数的大小，则要建立单侧备择假设：

$$H_0: P(x_i>y_i)=P(x_i<y_i), \quad H_+: P(x_i>y_i)>P(x_i<y_i)$$

或 $$H_0: P(x_i>y_i)=P(x_i<y_i), \quad H_-: P(x_i>y_i)>P(x_i<y_i)$$

与单样本的符号检验相似，定义 S_+、S_- 为统计量，其中 S_+ 为 x_i、y_i，差值符号是正的数目，S_- 为差值符号是负的数目，$S_++S_-=n$，根据 S_+，S_- 和 n 可以确定 P 值.

实例 3.7 一部门为了加快员工每天加工零件的速度，采用加分奖励制度，随机选了 17 个员工，取得奖励制度前后的加工零件数的样本数据，如表 3.14 所示($\alpha=0.05$).

表 3.14 样本数据

员工	奖励前	奖励后	员工	奖励前	奖励后	员工	奖励前	奖励后
1	42	40	7	49	47	13	48	50
2	58	60	8	63	65	14	39	41
3	38	38	9	36	39	15	44	43
4	47	49	10	44	42	16	47	49
5	50	51	11	53	53	17	53	50
6	57	57	12	56	58			

试用符号检验分析加分奖励制度是否有效.

解 根据题意建立假设组：

H_0：奖励前后加工零件数无显著差异， H_1：奖励前后加工零件数有显著差异

根据表 3.14，可得到表 3.15.

表 3.15 样本对观察值的符号

员工	奖励前	奖励后	符号	员工	奖励前	奖励后	符号	员工	奖励前	奖励后	符号
1	42	40	+	7	49	47	+	13	48	50	−
2	58	60	−	8	63	65	−	14	39	41	−
3	38	38	0	9	36	39	−	15	44	43	+
4	47	49	−	10	44	42	+	16	47	49	−
5	50	51	−	11	53	53	0	17	53	50	+
6	57	57	0	12	56	58	−				

由表 3.15 可知，$S_+=5$，$S_-=9$，$n=S_++S_-=14$，查本章附表Ⅱ可得 $P=0.212$，显然 $P=0.212>\alpha>0.05$，所以不能拒绝 H_0，即奖励前后加工零件数无显著差异.

3.6.2　两个相关总体的 Wilcoxon 符号秩检验

两个相关总体的 Wilcoxon 符号秩检验是用来检验配对总体是否有差异的方法，它借助于两个总体差值的符号，而且还利用差值的大小，它是比符号检验更精准的判断.

Wilcoxon 符号秩检验的基本思想方法：

设 X、Y 是两个均具有对称分布的连续总体，分别从两个总体中随机抽取 n 个观察值，并组成 n 个数对 (x_1,y_1)，(x_2,y_2)，…，(x_n,y_n)，并令 $D_i=x_i-y_i$. 如果 X、Y 的分布相同，则满足 $P(D_i>0)=P(D_i<0)$，由此可知，D_i 的中位数 $=0$.

因此，假如要研究的是两个总体的分布是否相同，建立双侧备择假设：

$$H_0:P(D_i>0)=P(D_i<0),\quad H_+:P(D_i>0\neq P(D:0)$$

或

$$H_0:D_i\text{ 的中位数}=0,\quad H_+:D_i\text{ 的中位数}\neq 0$$

如果研究两总体的关系存在某种趋势，建立单侧备择假设：

$$H_0:P(D_i>0)=P(D_i<0),\quad H_+:P(D_i>0>P(D:0)$$

或

$$H_0:D_i\text{ 的中位数}=0,\quad H_+:D_i\text{ 中位数}>0$$

$$H_0:P(D_i>0)=P(D_i<0),\quad H_+:P(D_i>0<P(D:0)$$

或

$$H_0:D_i\text{ 的中位数}=0,\quad H_+:D_i\text{ 中位数}<0$$

实例 3.8　为了研究一些基金的收益状况，现抽取 10 种基金，A 年和 B 年每份基金收益如表 3.16 所示.

表 3.16　基金收益表　　单位：元

基金代码	A 年每份收益	B 年每份收益
1	0.13	0.26
2	0.99	0.87
3	0.20	0.24
4	0.02	0.13
5	0.05	0.15
6	0.56	0.51
7	0.30	0.35
8	0.25	0.42
9	0.16	0.37
10	0.06	0.05

试分析这两年基金的每份收益是否有显著差异.

解 建立假设组：

$$H_0:M_D = 0,\quad H_1:M_D \neq 0$$

根据表 3.16 数据计算 $|D|$，T_+，T_-，计算过程如表 3.17 所示.

表 3.17 检验统计量计算表

基金代码	x	y	$D-x-y$	$\|D\|$	$\|D\|$的秩	D的符号
1	0.13	0.26	−0.13	0.13	8	−
2	0.99	0.87	0.12	0.12	7	+
3	0.20	0.24	−0.04	0.04	2	−
4	0.02	0.13	−0.11	0.11	6	−
5	0.05	0.15	−0.10	0.10	5	−
6	0.56	0.51	0.05	0.05	3.5	+
7	0.30	0.35	−0.05	0.05	3.5	−
8	0.25	0.42	−0.17	0.17	9	−
9	0.16	0.37	−0.21	0.21	10	−
10	0.06	0.05	0.01	0.01	1	+

由表 3.17 可知

$$T_+ = 7 + 3.5 + 1 = 11.5,\ T_- = 8 + 2 + 6 + 5 + 3.5 + 9 + 10 = 43.5$$

查本章附表Ⅳ可得 T_- 的右尾概率 P 在 0.053 和 0.065 之间，因此双尾概率 P 在 0.106 和 0.13 之间，大于 $\alpha=0.05$，不能拒绝 H_0，即这两年基金的每份收益无显著差异.

3.6.3 两个独立总体的 Mann - Whitney - Wilcoxon 检验

曼-惠特尼-威尔科克森检验(Mann - Whitney - Wilcoxon 检验)简写为 M - W - W 检验，也可称为 Mann - Whitney U 检验.

Mann - Whitney - Wilcoxon 检验的基本思想方法：

若要考察两个总体 F_x，F_y(F_x，F_y)分别为两个变量 X，Y 的累积分布函数)是否有差异，则可建立零假设：

$$H_0:F_x(u) = F_y(u),\quad \text{对所有 } u$$

在解决实际问题时，可以用 U 检验来判定两个总体的中心是否相同. 如果 X 的中位数是 M_x，Y 的中位数是 M_y，可建立双侧备择假设：

$$H_0:M_x = M_y,\quad H_1:M_x \neq M_y$$

要研究两个总体的中位数是否有差异时，可建立单侧备择假设：

$$H_0:M_x = M_y,\quad H_+:M_x > M_y$$

$$H_0:M_x = M_y,\quad H_-:M_x < M_y$$

为了对假设做出判断，选取的两个样本应是相互独立且随机的.

若 H_0 为真，则将选取的数据（m 个 X 和 n 个 Y）按照数值的大小按升序排列. 如果 X 的秩大部分大于 Y，则支持 H_-，反之则支持 H_+.

根据以上所述，U 检验定义的检验统计量为

$$T_x = X \text{ 的秩的和}$$

$$T_y = Y \text{ 的秩的和}$$

$$1+2+\cdots+\cdots+N = N(N+1)/2 = T_x + T_y$$

所以有

$$T_x = N(N+1)/2 - T_y$$

U 统计量被定义为

$$U = T_x - m(m+1)/2$$

在得到 m, n, T_x, T_y 时，可以根据表 3.18，经过查附表Ⅵ确定 P 值.

表 3.18　U 检验判定指导表

备择假设	P 值
$H_+: M_x > M_y$	T_x 的右尾概率
$H_-: M_x < M_y$	T_x 的左尾概率
$H_1: M_x \neq M_y$	T_x 较小概率的 2 倍

实例 3.9　为了研究 A，B 两种不同的培养方式对新引进的某鲜花的成活率是否有差异，取得表 3.19 一些数据.

表 3.19　鲜花成活率　　单位：%

A 组	B 组
42.91	39.33
44.69	44.10
44.54	35.89
45.31	43.35
37.73	47.61
48.75	43.71
46.71	
41.85	

试检验这两种方式的鲜花成活率是否有显著性差异.

解　根据题意设定假设组：

$$H_0: M_x = M_y, \quad H_1: M_x = M_y$$

把 A 组设定为组别 Y，B 组设定为组别 X，$m=6$，$n=8$，

表 3.20 检验统计量计算过程表

鲜花成活率	秩	组别	鲜花成活率	秩	组别
35.89	1	X	44.55	9	Y
37.73	2	Y	44.69	10	Y
39.33	3	X	45.31	11	Y
41.85	4	Y	46.71	12	Y
42.91	5	Y	47.61	13	X
43.35	6	X	48.75	14	Y
43.71	7	X			
44.10	8	X			

由表 3.20 可知，$T_x=1+3+6+7+8+13$，$T_y=2+4+5+9+10+11+12+14=67$.

根据 $m=6$，$n=8$，$T_x=38$，查本章附表Ⅵ可得 $P=0.207$. 因为 $P=0.207>\alpha$，所以不能拒绝 H_0，即两种方式无显著性差异.

3.6.4 两个独立总体的 Wald－Wolfowitz 游程检验

沃尔德-沃尔福威茨游程检验（Wald－Wolfowitz 游程检验），简写为 W－W 检验，可以研究两个总体的任何一种差异.

Wald－Wolfowitz 游程检验的基本思想方法：

设 X,Y 都是连续分布的总体，它们的累积分布函数分别为 F_x,F_y，假如要检验 X,Y 是否存在差异，建立假设组：

$$H_0:F_y(u)=F_x(u),\forall u;\quad H_1:F_y(u)=F_x(u),\exists u$$

$x_1,x_2,\cdots,x_m$ 是总体 X 中 m 个数据，$y_1,y_2,\cdots,y_n$ 是总体 Y 中 n 个数据，然后将 $m+n=N$ 个数据进行混合排序，确定游程.

定义统计量 U＝游程的总数目

确定 P 值，当 m 和 n 的和不超过 20 时，判定方法跟单样本的游程检验相同；当 m 和 n 的和大于 20 或 m,n 都大于 12 时，要求 P 值，根据 F 分布表可以查找相关 P 值.

实例 3.10 检验两种食物对成年兔子的体重影响有无显著性差异.

为了比较 A，B 两种食物对成年兔子体重的增加是否有显著性差异，用 A 食物和 B 食物两种食物分别喂养 10 只成年兔子，其中增重情况见表 3.21（$\alpha=0.05$）.

表 3.21 增重情况

A 食物（X）	64	42	71	52	72	61	75	65	82	69
B 食物（Y）	83	75	84	78	90	78	91	78	96	81

解　建立假设组：

H_0：两种食物对成年兔子的体重影响无显著性差异；

H_0：两种食物对成年兔子的体重影响有显著性差异.

把 X、Y 的数据混合在一起按照升序排列，可以得到 $YYYXYYXXXYYYYXXXXXX$. 可得游程总数 $U=6$，查附表Ⅴ可得 $P=0.019$，因为是双侧检验，$P=0.019\times2=0.038$，$0.038<\alpha=0.05$，所以拒绝 H_0，即两种食物对成年兔子的影响有显著性差异.

3.6.5　两个总体的 χ^2 检验

χ^2 检验的基本思想方法：

从两个分布函数为 $F_1(x)$，$F_2(x)$ 的总体中分别随机抽取 n_1，n_2 个样本数据，要研究两个总体是否具有某种差异，可建立假设组：

$$H_0:F_1(x)=F_2(x)\text{，对所有 }x\text{；}\quad H_1:F_1(x)=F_2(x)\text{，对某个 }x$$

如果要对假设做出判定，需要两个样本数据，将两个样本数据的观测频数记为 f_{ij}，期望频数记为 e_{ij}，其中 $i=1,2,\cdots,r$；$j=1,2$（见表 3.22）. 两样本观测值数目分别记为 n_1，n_2，$N=n_1+n_2$ 为两样本观测值总数目. 检验统计量为

$$Q=\sum_{i=1}^{r}\sum_{j=1}^{2}\frac{(f_{ij}-e_{ij})^2}{e_{ij}}$$

确定 P 值. 假如 $Q\geqslant\chi^2_\alpha(r-1)$，则拒绝 H_0；反之，则不能拒绝 H_0.

表 3.22　χ^2 检验频数表

组	观察频数		合计	期望频数	
	f_1	f_2		e_1	e_2
1	f_{11}	f_{12}	f_1	$n_1f_1./N$	$f_1.e_{11}$
2	f_{21}	f_{22}	$f_2.$	$n_1f_2./N$	$f_2.e_{21}$
…	…	…	…	…	…
R	f_{r1}	f_{r2}	$f_r.$	$n_1f_r./N$	$f_r.e_{r1}$
合计	n_1	n_2	…	n_1	n_1

实例 3.11　用化学疗法和化疗结合放射治疗白血病的有效率（见表 3.23）是否相同（$\alpha=0.05$）.

表 3.23　化学疗法和化疗结合放射治疗白血病的有效率

治疗类型	有效人数/人	无效人数/人	调查人数/人	有效率/(%)
化学疗法	70(76.67)	130(123.33)	200	35
化疗结合放射	45(38.33)	55(61.67)	100	45
合计	115	185	300	38.33

其中括号内是期望频数.

解 根据题意建立假设组：

H_0：化学疗法和化疗结合放射治疗白血病的有效率相同；

H_1：化学疗法和化疗结合放射治疗白血病的有效率不同.

根据表 3.23 得

$$Q=\frac{(70-76.67)^2}{76.67}+\frac{(130-123.33)^2}{123.33}+\frac{(45-38.33)^2}{38.33}+\frac{(55-61.67)^2}{61.67}=2.82$$

因为 $df=1,\alpha=0.05$，查附表 I 得 $\chi^2_{0.05}(1)=3.84$，$Q<3.84$，所以不能拒绝 H_0，即化学疗法和化疗结合放射治疗白血病的有效率相同.

3.6.6 两个总体的 Kolmogorov－Smirnov 检验

Kolmogorov－Smirnov 检验的基本思想方法：

两个总体 X_1,X_2 都是连续的，定义它们的累计概率分布分别为 $F_1(x),F_2(x)$，假如要检验 X_1、X_2 的分布是否是一样的，可建立双侧备择假设：

$$H_0:F_1(x)=F_2(x)，对所有\ x；\quad H_1:F_1(x)\neq F_2(x)，对某个\ x$$

要检验两总体的大小，则要建立单侧备择假设：

$$H_0:F_1(x)=F_2(x)，对所有\ x；\quad H_1:F_1(x)>F_2(x)，对某个\ x$$

$$H_0:F_1(x)=F_2(x)，对所有\ x；\quad H_1:F_1(x)<F_2(x)，对某个\ x$$

从两总体中随机抽取两个独立的样本，数据大小分别记为 m,n，记经验分布函数为

$$S_1(x)=第一个样本观察值小于等于\ x\ 的数目\ /m$$

$$S_2(x)=第二个样本观察值小于等于\ x\ 的数目\ /n$$

检验统计量：

$$双侧检验是\ D=\max[S_1(x)-S_2(x)]$$

$$单侧检验是 D_+=\max[S_1(x)-S_2(x)]$$

$$D_-=\max[S_2(x)-S_1(x)]$$

P 值的确定：已知 m,n,D 通过查附表Ⅶ得到 P.

实例 3.12 表 3.24 是 13 个 A 国城市和 13 个 B 国城市的人均味精年消费量，试分析这两个国家的味精年消费量的分布是否相同.

表 3.24 人均味精年消费量

A	5.38	4.38	9.33	3.66	3.72	1.66	0.23	0.08	2.36	1.71	2.01	0.9	1.54
B	6.67	16.21	11.93	9.85	10.43	13.54	2.4	12.89	9.3	11.92	5.74	14.45	1.99

解 建立假设组：

$$H_0:F_1(x)=F_2(x),\quad H_1:F_1(x)=F_2(x)$$

检验统计量 D 的计算表如表 3.25 所示.

表 3.25　检验统计量 D 的计算表

x	f_1	f_2	$\sum f_1$	$\sum f_2$	$S_1(x)$	$S_2(x)$	$\|D\|$
0.08	1	0	1	0	1/13	0	1/13
0.23	1	0	2	0	2/13	0	2/13
0.9	1	0	3	0	3/13	0	3/13
1.54	1	0	4	0	4/13	0	4/13
1.66	1	0	5	0	5/13	0	5/13
1.71	1	0	6	0	6/13	0	6/13
1.99	0	1	6	1	6/13	1/13	5/13
2.01	1	0	7	1	7/13	1/13	6/13
2.36	1	0	8	1	8/13	1/13	7/13
2.4	0	1	8	2	8/13	2/13	6/13
3.66	1	0	9	2	9/13	2/13	7/13
3.72	1	0	10	2	10/13	2/13	8/13
4.38	1	0	11	2	11/13	2/13	9/13
5.38	1	0	12	2	12/13	2/13	10/13
5.74	0	1	12	3	12/13	3/13	9/13
6.67	0	1	12	4	12/13	4/13	8/13
9.3	0	1	12	5	12/13	5/13	7/13
9.33	1	0	13	5	1	5/13	8/13
9.85	0	1	13	6	1	6/13	7/13
10.43	0	1	13	7	1	7/13	6/13
11.92	0	1	13	8	1	8/13	5/13
11.93	0	1	13	9	1	9/13	4/13
12.89	0	1	13	10	1	10/13	3/13
13.54	0	1	13	11	1	11/13	2/13
14.45	0	1	13	12	1	12/13	1/13
16.21	0	1	13	13	1	1	0

由表 3.25 可得 $D=\max|D|=10/13$，$mnD=13\times13\times10/13=130$，查附表Ⅶ可知 $P<0.01$，因此 $P<\alpha$，拒绝 H_0，即这两个国家的味精人均年消费量的分布有差异.

3.7 k 个相关总体的非参数检验

3.7.1 k 个相关总体的 Cochran Q 检验

科库兰检验(Cochran Q 检验)是用来检验匹配的三组或三组以上的频数或比例之间有无显著差异的.

Cochran Q 检验的基本思想方法:

设有 k 个相关样本,而且每个样本有 n 个观测结果,把数据列成一个表格,n 作为表格的行,k 作为表格的列.如果要检验这些总体间是否有显著差异,可建立双侧备择假设(因为三个及以上总体间的差异方向不便于判定,所以通常只建立双侧备择假设).

H_0:k 个总体间无差异, H_1:k 个总体间有差异

检验统计量为

$$Q=\frac{(k-1)\left[k\sum_{j=1}^{k}x_j^2-\left(\sum_{j=1}^{k}x_j\right)^2\right]}{k\sum_{i=1}^{n}y_i-\sum_{i=1}^{n}y_i^2}$$(第 j 列的总数定义为 x_j,第 i 行的总数定义为 y_i)

Q 统计量抽样分布近似为自由度为 $df=k-1$ 的 χ^2 分布,查附表Ⅰ,如果 $Q\geqslant\chi_\alpha^2(k-1)$,则拒绝 H_0;反之则不能.

实例 3.13 顾客对 3 种不同品牌的空调的满意程度是否相同($\alpha=0.05$)?

随机调查了 10 名顾客对 3 种品牌空调的满意程度,顾客的满意程度如表 3.26 所示.

表 3.26 顾客的满意程度

	品牌 1	品牌 2	品牌 3
顾客 1	满意	不满意	不满意
顾客 2	满意	满意	满意
顾客 3	不满意	不满意	不满意
顾客 4	满意	满意	满意
顾客 5	满意	满意	不满意
顾客 6	满意	满意	不满意
顾客 7	满意	不满意	满意
顾客 8	满意	满意	满意
顾客 9	满意	满意	不满意
顾客 10	满意	不满意	满意

解　根据题意建立假设组:

H_0:顾客对 3 种不同品牌的空调的满意程度无差异;

H_1:顾客对 3 种不同品牌的空调的满意程度有差异.

顾客对空调的满意程度统计如表 3.27 所示.

表 3.27　顾客对空调的满意程度

	品牌 1	品牌 2	品牌 3	合计
顾客 1	满意	不满意	不满意	1
顾客 2	满意	满意	满意	3
顾客 3	不满意	不满意	不满意	0
顾客 4	满意	满意	满意	3
顾客 5	满意	满意	不满意	2
顾客 6	满意	满意	不满意	2
顾客 7	满意	不满意	满意	2
顾客 8	满意	满意	满意	3
顾客 9	满意	满意	不满意	2
顾客 10	满意	不满意	满意	2
合计	9	6	5	20

$$Q=\frac{(3-1)[3(81+36+14)-20^2]}{3(20)-[5(2^2)+3(3^2)+1^2]}=\frac{3(426-400)}{60-48}=6.5$$

由于 $\alpha=0.05$,$df=3-1=2$,根据附表 I 得到临界值 $\chi_\alpha^2=5.99$,因为 $Q=6.5>\chi_\alpha^2=5.99$,所以拒绝 H_0,即顾客对 3 种不同品牌的空调的满意程度有差异.

3.7.2　k 个相关总体的 Friedman 检验

Friedman 检验的基本思想方法:

Friedman 检验是检验各个样本所得的结果在整体上是否存在显著性差异,所以要建立双侧备择假设:

H_0:k 个样本间无显著性差异,H_1:k 个样本间有显著性差异

把数据列成 n 为行 k 为列的表格,并对每一行的观测结果分别评秩.

检验统计量:$\chi_r^2=\dfrac{12}{nk(k+1)}\sum\limits_{j=1}^{k}R_j^2-3n(k+1)$,其中 R_j 是第 j 列的秩和.

χ_r^2 的抽样分布在 n,k 不太小时,近似于自由度 $df=k-1$ 的 χ^2 分布.查附表 I,假如 $\chi_r^2\geqslant\chi_\alpha^2$,则拒绝 H_0,反之,则不能拒绝 H_0.

实例 3.14　3 组数量都为 8 只的兔子,分别用饲料 A、饲料 B、饲料 C 喂养,喂养一个月之后,测量出兔子肝脏中的铁含量,情况如表 3.28 所示.

表 3.28　不同饲料组兔子肝脏中的铁含量

组别	1	2	3	4	5	6	7	8
饲料 A	1.0	1.01	1.13	1.14	1.70	2.01	2.23	2.63
饲料 B	0.96	1.23	1.54	1.96	2.94	3.68	5.59	6.96
饲料 C	2.07	3.72	4.50	4.90	6.00	6.84	8.23	10.33

试分析 3 种不同饲料组的兔子肝脏中的铁含量是否有显著差异($\alpha=0.05$).

解　根据题意建立假设组：

H_0:3 种不同饲料组的兔子肝脏中的铁含量无显著差异

H_1:3 种不同饲料组的兔子肝脏中的铁含量有显著差异

不同饲料组的兔子肝脏中的铁含量等级如表 3.29 所示.

表 3.29　不同饲料组的兔子肝脏中的铁含量等级

组别	饲料 A	饲料 B	饲料 C
1	2	1	3
2	1	2	3
3	1	2	3
4	1	2	3
5	1	2	3
6	1	2	3
7	1	2	3
8	1	2	3
合计	9	15	24

检验统计量为

$$\chi_r^2 = \frac{12}{nk(k+1)}\sum_{j=1}^{k} R_j^2 - 3n(k+1)$$

$$= \frac{2}{8(3)(3+1)}(9^2+15^2+24^2) - 3(8)(3+1) = 14.25$$

根据 $\alpha=0.05$,$df=k-1=2$,查附表 Ⅰ 可得到 H_0 成立时相应的临界值 $\chi_\alpha^2=5.99$,因为 $\chi_r^2=14.25>\chi_\alpha^2=5.99$,所以拒绝 H_0,即 3 种不同饲料组的兔子肝脏中的铁含量有显著差异.

3.7.3　k 个独立总体的 χ^2 检验

χ^2 检验的基本思想方法：

k 个独立总体样本的 χ^2 检验与两个独立总体的方法基本相似. 将 k 个总体的每一个都分成 r 组,并将这些数据排成一个 $k\times r$ 的表格.

检验统计量：$Q=\sum_{i=1}^{r}\sum_{j=1}^{k}\frac{(f_{ij}-e_{ij})^2}{e_{ij}}$，其中 f_{ij} 是第 i 行第 j 列的实际频数，e_{ij} 是与其相应的理论频数.

假如 H_0 为真时，统计量 Q 的抽样分布近似于自由度 $df=(k-1)(r-1)$ 的 χ^2 分布. 查附表Ⅰ可得 H_0 成立时的临界值 χ_α^2，假如 $Q\geqslant\chi_\alpha^2$，则拒绝 H_0，反之，则不能拒绝 H_0.

实例 3.15　一大学生小组为了了解现在性别与消费多少是否有关，在一街道选取了 500 人进行调查，得到数据如表 3.30 所示（$\alpha=0.05$）.

表 3.30　抽样数据

分　组	有　关	无　关	不知道	合　计
男	120	60	50	230
女	100	110	60	270
合　计	220	170	110	500

解　建立假设组：

H_0：性别与收入无关，　H_1：性别与收入有关

Q 统计量计算表如表 3.31 所示.

表 3.31　Q 统计量计算表

分组	f_1	f_2	f_3	f_i	e_1	e_2	e_3	$(f_1-e_1)^2/e_1$	$(f_2-e_2)^2/e_2$	$(f_3-e_3)^2/e_3$
男	120	60	50	230	101.2	78.250.6	3.492 5	4.235 8	0.007 1	
女	100	110	60	270	118.8	91.8	59.4	2.975 1	3.608 3	0.006 1
合计	220	170	110	500	220	170	110	6.467 6	7.844 1	0.013 2

$$Q=\sum_{i=1}^{r}\sum_{j=1}^{k}\frac{(f_{ij}-e_{ij})^2}{e_{ij}}=6.467\ 6+7.844\ 1+0.013\ 2=14.324\ 9,\alpha=0.05$$

$$df=(k-1)(r-1)=(3-1)(2-1)=2$$

查附表Ⅰ可得临界值 $\chi_\alpha^2=5.99$. 因为 $Q=14.324\ 9>\chi_\alpha^2=5.99$，所以拒绝 H_0，即性别与收入有关.

3.8　利用软件进行非参数检验的数据分析

非参数检验是统计分析的重要组成部分. 下面结合具体的问题和数据，在统计软件 SAS 中作相应的非参数检验的其他应用.

股市的周末效应是指周一的收益率比其他交易日收益率低，且风险较大；周五的收益率比其他交易日高，且相对风险较小. 下面分别对 2002 年的前三季度的上证综合指数进行周末效应的分析.

实例 3.16

本实证分析中,样本为 2002 年 1 月 4 日到 2002 年 9 月 27 日上海股市综合指数,

指数收益率的计算公式为:pt 为第 t 天的指数,rt 为第 t 天的指数收益率.

(数据源于 http://stock.sina.com.cn/stock/company/sh000001/20031012.html).

首先计算收益率序列的方差、均值、偏度和峰度,初步判断该序列是否服从正态分布.然后利用 Kolmogorov-Smirnov 等检验方法对收益率进行正态性检验.

[SAS 程序]创建数据集:将 Excel 数据导入 SAS 中,然后利用数据计算得到:

```
  r0=p/lag1(p)和 r=log(r0);
  data sasuser.chx1 sasuser.chx2 sasuser.chx3 sasuser.chx4 sasuser.chx5;
  set sasuser.ch01;
  select (w);
 when(1) output sasuser.chx1;
 when(2) output sasuser.chx2;
 when(3) output sasuser.chx3;
 when(4) output sasuser.chx4;
 when(5) output sasuser.chx5;
end;
run;
proc univariate data=sasuser.ch01;
var r;
run;
```

[SAS 结果输出]见表 3.32.

表 3.32　上证指数收益率描述性统计分析

星期	周一	周二	周三	周四	周五	全体数据
均值	−3.882 E−3	4.875 E−3	0.422 E−3	1.363 E−3	−3.423 E−3	−0.110 E−3
t 统计量	−1.268 (0.214)	1.399 (0.171)	0.180 (0.858)	0.423 (0.675)	−1.776 (0.085)	−0.084 (0.933)
自由度	34	34	34	34	33	169
方差	0.319 E−3	0.413 E−3	0.186 E−3	0.352 E−3	0.123 E−3	0.283 E−3
偏度	−1.069	2.292	2.696	0.992	−0.630	1.144
峰度	3.666	7.850	12.433	3.646	0.389	7.084

由表 3.32 可知,上证指数收益率序列的偏度和峰度分别为 1.144 和 7.084,而正态分布的偏度和峰度分别为 0 和 3,所以可以初步断定指数收益率序列为非正态分布.为了进一步证实这一论断,对收益率序列进行 Kolmogorov-Smirnov 检验.SAS 自动输出包括 Kolmogorov-Smirnov 检验统计量在内的四种检验正态分布的检验统计量.

[SAS 程序]

```
proc univariate data=sasuser.chx1 normal;
var r;
histogram r;
probplot r;
run;
```

[SAS 结果输出]如表 3.33、图 3.1 和图 3.2 所示.

表 3.33 上证指数收益率的正态性检验

	Kolmogorov - Smirnov 检验对应的 P 值	Shapino - Wilk 检验对应 P 值	Cramer - von Mises 检验对应的 P 值	Anderson - Darling 检验对应的 P 值	自由度
周一	0.046 4	0.010 6	0.027 2	0.021 1	34
周二	<0.010 0	<0.000 1	<0.005 0	<0.005 0	34
周三	<0.010 0	<0.000 1	<0.005 0	<0.005 0	34
周四	0.091 0	0.012 6	0.016 4	0.017 2	34
周五	0.150 0	0.101 0	0.152 8	0.096 2	33
全体数据	<0.010 0	<0.000 1	<0.005 0	<0.005 0	169

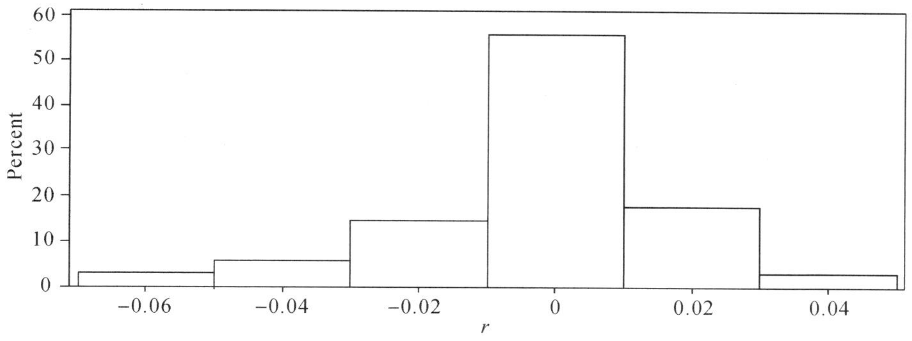

图 3.1 上证综合指数收益率分布的直方图

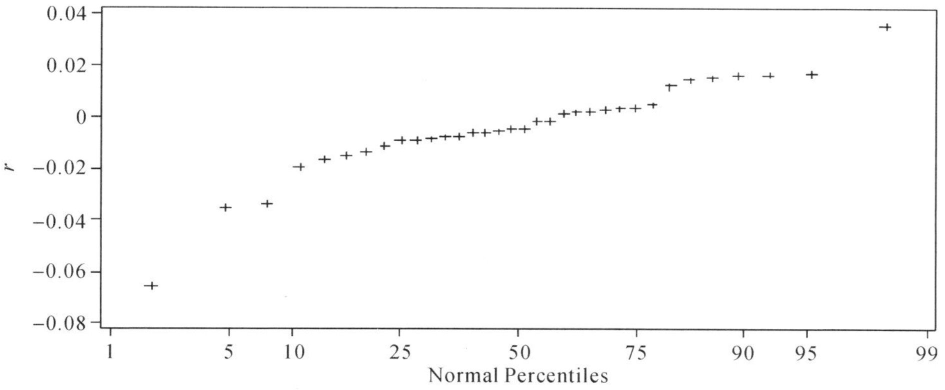

图 3.2 上证综合指数收益率分布的概率图

包括 Kolmogorov-Smirnov 检验统计量在内的 4 种检验正态分布的检验统计量均表明上海综合指数收益率序列不服从正态分布，图 3.1 和图 3.2 也说明了这一点，所以要采用非参数方法进行以后的周末效应检验.

周末效应存在性的 Kruskal - Wallis 检验

利用 Kruskal - Wallis 检验 2002 年前三季度上证综合指数收益率的周末效应的存在性.

[SAS 程序]

```
proc npar1way wilcoxon data=sasuser.ch01;
class w;
var r;
run;
```

[SAS 结果输出]

The NPAR1WAY Procedure

Wilcoxon Scores (Rank Sums) for Variable r

Classified by Variable w

w	N	Sum of Scores	Expected Under H0	Std Dev Under H0	Mean Score
5	33	2576.0	2805.0	252.150749	78.060606
1	34	2610.0	2890.0	255.000000	76.764706
2	34	3206.0	2890.0	255.000000	94.294118
3	34	2996.0	2890.0	255.000000	88.117647
4	34	2977.0	2890.0	255.000000	87.558824

Kruskal-Wallis Test

Chi-Square	3.0846
DF	4
Pr>Chi-Square	0.5438

K - W 检验得 $\chi^2=3.086$，$df=4$，$p=0.534\ 8>0.05$，所以不能拒绝 H_0，即周一到周五的上证综合指数收益率的分布 $F_1(x)=F_2(x)=\cdots=F_5(x)$，所以认为在 2002 年的前三季度中，上海市股市综合指数收益率不存在周末效应.

非参数检验不会受到分布形式的限制，而且减少了应用当中对假设条件的依赖. 非参数检验突破了参数检验中样本资料必须来自正态总体的严格限制，有着非常广泛的应用范围. 非参数检验很稳定，而且非参数检验没有对数据的测量尺度的约束和对数据的严格要求，它对促进我国统计事业的进步有重要意义.

上面主要介绍了几种常见的非参数检验方法，以及各个方法在实践中的实际应用，使用非参数检验方法解决实践问题，在应用中，要结合实际状况选择最合适的检验办法，使各个检验方法都能够被充分地利用. 非参数检验会随着社会的进步和发展应用到更多的领域.

附　　录

附表 I　χ^2 分布表

右尾概率

df	0.99	0.98	0.95	0.90	0.80	0.70	0.50	0.30	0.20	0.10	0.05	0.02
1	0.001 6	0.000 63	0.003 9	0.016	0.064	0.15	0.46	1.07	1.64	2.71	3.84	5.41
2	0.02		0.041 0	0.21	0.45	0.71	1.39	2.41	3.22	4.60	5.99	7.82
3	0.12		0.183 5	0.58	1.00	1.42	2.373	3.66	4.46	6.25	7.82	9.84
4	0.30		0.437 1	1.06	1.65	2.20	36	4.88	5.99	7.78	9.49	11.67
5	0.55		0.751 4	1.61	2.34	3.00	4.35	6.06	7.29	9.24	11.07	13.39

附表 II　带有 $Q=0.05$ 的累积二项分布表(用于符号检验)

n	左 S	P	右 S
10	0	0.001 0	10
	1	0.010 7	9
	2	0.054 7	8
	3	0.171 9	7
	4	0.377 0	6
	5	0.623 0	5
14	0	0.000 0	14
	1	0.000 9	13
	2	0.006 5	12
	3	0.028 7	11
	4	0.089 8	10
	5	0.212 0	9

附表Ⅲ　单样本 K-S 检验统计量

双侧检验的右尾概率

N	0.200	0.100	0.050	0.020	0.010
1	0.900	0.950	0.975	0.990	0.995
2	0.684	0.776	0.842	0.900	0.929
3	0.565	0.636	0.708	0.785	0.829
4	0.493	0.565	0.624	0.689	0.734
5	0.477	0.509	0.563	0.627	0.669
6	0.410	0.468	0.519	0.577	0.617
7	0.381	0.436	0.483	0.538	0.576
8	0.358	0.410	0.454	0.507	0.542

单侧检验的右尾概率

如果 $N>40$，则按下面的计算得到近似的概率				
双侧检验的右尾概率				
0.2	0.1	0.05	0.02	0.01
$1.07/\sqrt{N}$	$1.22/\sqrt{N}$	$1.36/\sqrt{N}$	$1.52/\sqrt{N}$	$1.63/\sqrt{N}$
0.1	0.05	0.025	0.01	0.005
单侧检验的右尾概率				

附表Ⅳ　Wilcoxon 符号秩检验统计量

n	左 T	P	右 T
10	8	0.024	47
	9	0.032	46
	10	0.042	45
	11	0.053	44
	12	0.065	43
	13	0.080	42

附表Ⅴ　游程颁布的数目

m	N	U	P
		2	0.004
		3	0.024
		4	0.109
4	8	5	0.279
		2	0.003
		3	0.018
		4	0.085
4	9	5	0.236
		3	0.000
		4	0.001
		5	0.004
10	10	6	0.019

附表Ⅵ　Mann－Whitney－Wilcoxon 分布表

n	左 T_x	P	右 T_x
	$m=6$		
8	32	0.054	58
	33	0.071	57
	34	0.091	56
	35	0.114	55
	36	0.141	54
	37	0.172	53
	38	0.207	52
	39	0.245	51
	40	0.286	50

附表Ⅶ　两样本 K－S 检验统计量

$m=n$	mnD 的右尾概率				
	0.2	0.1	0.05	0.02	0.01
9	45	54	54	63	63
10	50	60	70	70	80
11	66	66	77	88	88
12	72	72	84	96	96
13	78	91	91	104	117
14	84	98	112	112	126
15	90	105	120	135	135
16	112	112	128	144	160

参 考 文 献

[1]　易丹辉，董寒青. 非参数统计：方法与应用 [M]. 北京：中国统计出版社，2009.

[2]　吴喜之. 非参数统计[M]. 2 版. 北京：中国统计出版社，2006.

[3]　陈希孺，柴根象. 非参数统计教程[M]. 上海：华东师范大学出版社，1993.

[4]　李裕奇，刘海燕，赵联文. 非参数统计方法[M]. 成都：西南交通大学出版社，1998.

[5]　沃赛曼. 现代非参数统计[M]. 吴喜之，译. 北京：科学出版社，2008.

[6]　祝国强，杭国明，滕海英，等. 谈谈两总体比较的非参数检验方法[J]. 数理医药学杂志，2011. 524－525.

[7]　王星. 非参数统计[M]. 北京：中国人民大学出版社，2005.

[8]　李隆章. 实用非参数统计方法[M]. 北京：中国财政经济出版社，1989.

[9]　西格尔. 非参数统计[M]. 北京：科学出版社，1986.

[10]　DAMODAR N. Gujarati. Basic Econometrics[M]. 北京：中国人民大学出版社，2005.

[11]　张卓. SAS 软件的应用[J]. 统计与信息论坛，2005，20(4)：104－106.

[12]　岳朝龙，黄永兴，严钟. SAS 系统与经济统计分析[M]. 合肥：中国科学技术大学出版社，2004.

[13]　李彦萍. 发达与非发达地区收入与消费非参数统计分析[J]. 山西农业大学学报，2005，4(4)：334－339.

[14]　刘彤. 利用非参数方法对上海股市周末效应的研究[J]. 数理统计与管理 2003，22(1)：69－71.

第4章 方差分析思想方法及其实践应用

4.1 研究背景

在复杂的问题中，影响一个结果的因素有很多，方差分析就是在众多因素中，挑出对结果影响最显著的几个变量，从方差入手，将多于两种的实验处理的数据分析借助方差分析这一工具. 方差分析通过对它们的均值进行判断来实现数据分析的，是由英国统计学家费希尔(R. A. Fisher)最早提出，后来也被大众所接受，应用到其他众多的科学领域，在需要比较多个总体均值的情况下，方差分析是十分适合的方法.

在科学试验中经常要探讨不同实验的条件或处理方式对实验结果的影响. 常常是比较不同实验条件下的样本均值之间的差异. 方差分析是检验多组样本均值之间的差异是否具备统计意义的一种方法. 例如：医学界研究几种治疗方案对某种疾病的疗效；农业研究土地、日照长度等原因对某个农作物产量的影响；不同专业学生的毕业起步薪资的评价[3]等都可以利用方差分析方法来解决.

4.2 方差分析法的理论基础

4.2.1 方差分析法的定义

方差分析从表面上看是研究不同总体均值之间的差异，但本质上是分析分类型变量对数值型变量的影响.

4.2.2 方差分析的基本思想

为了分析分类型自变量对数值型因变量的影响，必须从数据误差来源的分析入手. 将观察值之间的总误差二次方和分解为由所研究的因素引起的总离差二次方和，由随机误差项引起的总离差二次方和，从而把这两种离差二次方和进行比较，选择接受或拒接原假设. 按照研究所包含因素数量的多少，方差分析可分为单因素和多因素方差分析(包括双因素方差分析). 单因素方差分析可以诊断出单个变量对因变量的影响是否显著，多因素方差分析能够检测出这几个因素以及这几个因素之间的相互作用对因变量的影响是否显著.

4.2.3　方差分析中的基本概念

(1)方差分析一般用来分析一个定量变量与一个或多个定性变量的关系,例如,企业产品生产数量与生产方式的关系,高速公路流量与天气、节假日的关系,某产品销售量与广告投放程度的关系等.在方差分析中,因变量(Dependent Variable)是作为结果的变量,例如企业产品生产数量、高速公路流量、某产品销售量等;自变量(Independent Variable)是作为原因的变量,例如生产方式、天气、广告投放程度等.

(2)统计工作中的数据主要分为两种:观察和实验.方差分析所面对的一般是实验数据,为了保证数据符合方差分析的要求,一般通过科学的设计,这样数据的利用率就会显著提高,也可以根据较少的条件得出相应的结论.因此方差分析与"实验设计"领域相辅相成.当然,方差分析也能够用于观察数据,只是必须要满足它的众多假设条件.

(3)方差分析中有一些与实验设计有关的名词,这是因为它与实验设计有着不可分割的关系.在方差分析中,自变量称为因素(Factor);因素的水平(Level)体现在每个自变量的不同取值中.单因素方差分析(One - factor ANOVA)是只含有一个自变量的方差分析;多因素方差分析(Multi - factor ANOVA)则是探讨多个因素对因变量的影响,双因素方差分析(Two - factor ANOVA)是其中最基本的情况.

(4)误差分析:如果大学的专业对起步薪资的影响不显著,那么只会有随机误差存在在组间误差中,而不会有系统误差.这时,组间与组内误差平均后的值称为均方,它们的比值就会接近1;相反,假设大学不相同的专业对毕业起步薪资影响很显著,随机误差以及系统误差都会包含在组件误差中,这时组间、组内误差通过平均后的比值就会大于1.当这个比值达到所设定的临界值时,就有理由认为因素的不同水平是明显不相同的,也就是因变量被自变量影响的很显著.因此,探讨大学的各个专业对毕业起步薪资是否有影响这一问题,也就是研究起薪的差异主要是由什么原因所引起的.

4.3　方差分析中的基本假设与检验

4.3.1　方差分析中的基本假设

方差分析中的基本假设:①在各个总体中因变量都服从正态分布;②在各个总体中因变量的方差都相等;③各个观测值之间相互独立.

4.3.2　方差分析中假设条件的检验方法

1.正态性检验

观察各组数据的直方图、Q - Q 图不乏是检验正态性的好方法,也有其他统计检验方法,例如 K - S 检验等.在这里要强调的是,对按因素的不同水平分组之后各组数据的检验,而不是对整体数据的检验. 另外，通常在问题中数据非常少，就很难检测出数据的正态性.

2. 方差齐性检验

所谓方差齐性检验，就是看各总体方差是否相等. 在漫长的统计学发展中，有一个经验之谈，就是计算各组数据的标准差，如果最大值与最小值的比例小于 2∶1，则可以接受各组数据是等方差的. 当然，既然标准差可以检验，则方差同样也可以，把比例二次方，即要求最大值与最小值的比例小于 4∶1. Levene 检验同样适用于齐性检验.

3. 非参数的检验方法

一般来说，正态性检验可以有一定的偏离空间，但在大样本下的非正态分布也是可以进行方差分析的，有时候也会出现数据不满足前两种假设条件的情况，那么非参数的方法（例如 K－W检验）来比较各组的均值，也是较好的解决方案.

4.4　单因素方差分析及其应用

4.4.1　单因素方差分析的数据结构和模型

使用单因素方差分析，面临的问题是：根据分别来自 r 个等方差正态总体的数据，总体的均值是否一样是要被检验的. 为了表述得更清楚，假设在所研究的问题中含有因素 A，共有 r 个水平，现在每个水平的样本容量为 m，共计 $n = rm$ 个观测值.

在单个因素进行方差分析的问题中，任何一个样本数据都会包含三个部分因素的影响：总体平均水平的影响、因素水平的影响以及随机因素的影响. 单个因素方差分析的问题中模型可以写成：

$$X_{ij} = \mu_i + \varepsilon_{ij} = \mu + \alpha_i + \varepsilon_{ij}$$

式中　i—— 每个因素的每个水平，$i = 1,2,\cdots,r$；

j—— 在相同的因素水平下并不相等的观测值，$j = 1,2,\cdots,m$；

μ—— 经过计算得出的全部数据的总均值；

μ_i—— 第 i 组的均值；

α_i—— 第 i 组的均值与总均值的差；

ε_{ij}—— 随机误差项，$\varepsilon_{ij} \sim N(0,\sigma^2)$。

4.4.2　单因素方差分析的基本原理

尽管从表 4.2 中看到各个不同的毕业生起步薪资大不相同，但这并不能证明不同专业对毕业生起步薪资有显著的影响，也有可能是因为数据量不够大，样本范围取得不够广，随机误差是可能引起这种差异的. 所以这时就体现了方差分析的优点，它是一种更加精良的统计方法. 方差分析会让大家误以为这是个检验方差的统计方法，其实不然，方差分析是检验均值的方法，只不过是借助了方差这个工具而已. 方差分析中最重要的思想就是借助误差分解，通过误差分解,分析分解后每一部分产生的原因,从而判断并不相同的总体的均值是否相等,再进一步分析因变量是否跟着自变量的变化而变化.

第一,在同一个总体中,也就是本例的同一个专业内,每一个样本中,它的各个观测值都是互不相同的.由于采用了分层抽样或者是系统抽样,抽取的6名相同专业的学生的毕业起步薪资也依然互不相同,这是由抽样的随机误差造成的,这个误差可以被称为组内误差,注意:它只含有随机误差.例如,同一个规模广告投放量下,销量的差异就是组内误差.

第二,在不同的总体中,也就是本例的不用专业中,各组的观测数据也是各不相同的,这就是所谓的组间误差,造成这种差异的原因主要有两个:①抽取学生时采用的抽样方法会有随机误差的存在;②四个不同专业之间本身就存在系统误差.那么,组间误差就是由随机和系统两种误差组成的,不同组数据之间的离散程度就是由它表示的.

在方差分析中,数据误差是以二次方和的方式呈现的.

总平方和能够表示所有数据误差大小,记为SST(Sum of Squares for Total).例如,治疗方案下所有治疗效果的误差二次方和,它的含义为全部观测值离散情况.SST也称为总变异(Total Variation),用$\overline{\overline{x}}$表示所有数据的总均值,有

$$SST=\sum_{i=1}^{r}\sum_{j=1}^{m}(x_{ij}-\overline{\overline{x}})^2$$

组间二次方和能够表示组间误差大小,也称为因素二次方和,记为SSA(Sum of Squares for Factor A).例如,3种治疗方案下治疗效果的误差二次方和,它的含义为样本均值之间的差异程度,用$\overline{x_i}$表示各组的组均值,有

$$SSA=\sum_{i=1}^{r}m(\overline{x_i}-\overline{\overline{x}})^2$$

组内二次方和能够表示组内误差大小的二次方和,记为SSE(Sum of Squares for Error),是一种变异形式,与自变量无关,与不可控因素有关.例如,大学生毕业起步薪资数据的内部二次方和,它表示每个样本内各观测值的总离散情况,

$$SSE=\sum_{i=1}^{r}\sum_{j=1}^{m}(x_{ij}-\overline{x_i})^2$$

可以证明,SST,SSA,SSE之间有以下关系:

$$SST=SSA+SSE$$

SST,SSA以及SSE具有不同的自由度.对于SST来说,因为它只有一个约束条件,即$\sum\sum(x_{ij}-\overline{\overline{x}})=0$,在$n$个$x_{ij}$中有$n-1$个可以自由取值,因此它的自由度为$n-1$;对于SSA来说,其约束条件为$\sum m(\overline{x_i}-\overline{\overline{x}})=0$,因而在$\overline{x_1},\overline{x_2},\cdots,\overline{x_r}$这$r$个变量中只有$r-1$个是可以自由取值的,SSA的自由度为$r-1$;对SSE来说,由于对每一个水平$i$都要求$\sum_{j=1}^{m}(x_{ij}-\overline{x_i})=0$,因此它共有$r$个约束条件,SSE的自由度为$n-r$.

SST,SSA,SSE的自由度有以下关系:$n-1=(r-1)+(n-r)$.

SSA,SSE可以转换为组间和组内均方(Mean Square),是通过除以它们各自的自由度而实现的.

$$MSA=\frac{SSA}{r-1},\quad MSE=\frac{SSE}{n-r}$$

如果认为自变量对因变量影响显著，那么 MSA 和 MSE 该相差多大呢？在零假设成立时，MSA 和 MES 的比值服从自由度 $r-1$ 和 $n-r$ 的 F 分布. 因此设定一个显著性水平 α 能够帮助我们解决问题，通过这个检验统计量，帮助我们做出决策. 上述计算过程一般用方差分析来表示(见表 4.1)

$$F=\frac{\text{MSA}}{\text{MSE}}$$

表 4.1　单因素方差分析表

变异来源	离差二次方和 SS	自由度 df	均方 MS	F 值
组间	SSA	$r-1$	MSA	MSA/MSE
组内	SSE	$n-r$	MSE	
总变异	SST	$n-1$		

4.4.3　单因素方差分析的步骤

方差分析的过程包括以下基本步骤：

(1) 检验数据与方差分析的假设条件是否吻合.

(2) 提出零假设和备择假设. 每一个单因素方差分析面临的原假设都是相同的：各总体的均值近似相等，没有显著差异，即 $H_0:\mu_1=\mu_2=\cdots=\mu_r$；备择假设也是一样的：至少有两个均值不相等，即 $H_1:\mu_1,\mu_2,\cdots,\mu_r$ 不全相等.

(3)根据样本计算 F 统计量的值和 P 值.

(4)得出结论. 有两种决策方式：①根据显著性水平 α 和自由度计算 F 检验的临界值，当实际值大于临界值时拒绝零假设. ②根据样本统计量计算 P 值，当 $P<\alpha$ 值时，拒绝零假设.

4.4.4　实例应用

使用 SPSS 的“单因素方差分析”部分做方差分析，结果如表 4.2～表 4.5 所示.

表 4.2　大学毕业生的专业和起薪

序　号	专　业	起薪/元	序　号	专　业	起薪/元
1	1	3 000	13	3	2 000
2	1	3 100	14	3	2 600
3	1	3 300	15	3	2 500
4	1	4 000	16	3	3 500
5	1	3 700	17	3	3 000
6	1	3 500	18	3	2 800

续 表

序号	专业	起薪/元	序号	专业	起薪/元
7	2	4 000	19	4	2 200
8	2	3 000	20	4	2 400
9	2	2 500	21	4	2 000
10	2	3 500	22	4	3 000
11	2	4 000	23	4	2 000
12	2	3 700	24	4	2 800

表 4.3　描述统计指标

序　号	N	均值	标准差
1	6	3 433	378
2	6	3 450	596
3	6	2 733	505
4	6	2 400	420

表 4.4　方差齐性检验

Levene 统计量	df_1	df_2	显著性
0.470 8	3	20	0.706 0

表 4.5　方差分析表

	二次方和	df	均　方	F	P 值
组间	4 927 916.667	3	1 642 638.889	7.078	
组内	4 641 666.667	20	232 083.333		
总数	9 569 583.333	23			

(1)关于方差分析基本假设检验.因为每一组中只含有 6 个观察值,很难分析数据的分布正态性.为了使用方差分析方法,假设各组数据来自正态分布总体.在表 4.3 中,标准差的最大、最小值的比值为 1.58,小于 2,因此判断为是等方差的;根据表 4.4 的 Levene 检验的结果,因为表中的 P 值等于 0.706 0,是个较大的值,因此也不能拒绝等方差的原假设.

(2)表 4.5 的零假设和备择假设为

$$H_0: \mu_1 = \mu_2 = \mu_3 = \mu_4, \qquad H_1: \mu_1, \mu_2, \mu_3, \mu_4 \text{ 不全相等}$$

表 4.4 给出的 P 值等于 0.002,小于要求的 α 值,因此应拒绝零假设,从而得到大学不同专业对毕业生起步薪资有影响的结论,也就是不能认为 4 个专业的起薪都相等.

4.5　方差分析中的多重比较

在方差分析中,当原假设被拒接时,可以初步确认大于等于两个的总体均值是有显著差异的,可是并不知道哪几个均值的差异是显著的,于是就需要使用多重比较这一工具判断,这个方法在方差分析中称为事后检验(Post Hoc Test).当然,如果 F 检验接受了原假设,那就不需要做事后检验了.

多重比较这一方法是通过比较两两总体的均值来实现的,其中的方法有很多,比如 Fisher 最小显著差异(Least Significant Difference)方法、Turkey 的诚实显著差异(Honestly Significant Difference , HSD)方法等,这里只学习 Fisher 的最小显著差异方法.

LSD 方法与 t 检验非常类似,它的检验步骤如下:

(1)明确原假设与备择假设:$H_0:\mu_i=\mu_j, H_1:\mu_i\neq\mu_j$.

(2)检验统计量 $t=\dfrac{\overline{x_i}-\overline{x_j}}{\sqrt{\mathrm{MSE}\left(\dfrac{1}{n_i}+\dfrac{1}{n_j}\right)}}$ 的计算.

此公式与 t 检验公式形式大致相同,只是把原来的 S_P^2 换成了 MSE.

(3)做出最终决策.如果 $t<-t_{\alpha/2}$ 或 $t>t_{\alpha/2}$,则拒绝 H_0;也可以根据 P 值和显著性水平 α 的大小关系得出相应的结论,P 值 $<\alpha$ 时拒绝 H_0;其中 $\overline{x_i}-\overline{x_j}$ 的置信区间 $(\overline{x_i}-\overline{x_j})\pm t_{\alpha/2}\sqrt{\mathrm{MSE}\left(\dfrac{1}{n_i}+\dfrac{1}{n_j}\right)}$,如果发现这个置信区间中包含 0,则是没有理由拒绝 H_0 的.

其中 t 检验的临界值 $t_{\alpha/2}$ 是根据自由度 $n-r$ 和显著性水平 α 确定的.n 是全部样本单位数,r 是因素 A 的水平数.

4.6　双因素方差分析及其应用

4.6.1　双因素方差分析的背景

在实际的工作中遇到的问题大部分都很复杂,不会仅仅只含有一个影响因变量的因素,会涉及许多自变量.通过一个变量就可以完全解释一种现象的情况是很少见的.例如,在大学生的毕业起步薪资的问题中,要试着分析专业对起薪的影响,还需要想到所有影响大学生毕业起薪的其他因素,比如毕业生的性别、毕业院校等.方差分析是可以分析多个因素的影响的.

4.6.2　无交互作用的双因素方差分析模型

设在双因素方差分析中,有两个因素 A、B,A 因素有 r 个不同水平 $A_1,A_2,\cdots,A_r$;B 因素有 s 个不同水平 $B_1,B_2,\cdots,B_s$,并保证每组都进行了 m 次试验,总数据量为 $n=rsm$ 数据结构见表 4.6.

表 4.6 双因素方差分析的数据结构

		因素 B			
		B_1	B_2	…	B_s
因素 A	A_1	$X_{111},\cdots,X_{11m}$			
	A_2	$X_{211},\cdots,X_{21m}$	$X_{221},\cdots,X_{22m}$		$X_{2s1},\cdots,X_{2sm}$
	⋮	⋮	⋮		⋮
	A_r	$X_{r11},\cdots,X_{r1m}$	$X_{r21},\cdots,X_{r2m}$		$X_{rs1},\cdots,X_{rsm}$

A 因素的 r 个水平和 B 因素的 s 个水平的组合可以形成 $r\times s$ 个总体.双因素方差分析的最基本的假设是:①在 $r\times s$ 总体中的,每一个都服从正态分布;②每一个都有一样的方差;③各个观察值之间相互独立.

双因素方差分析,在无交互作用的模型中,分别有 4 个因素影响到了因变量的取值:总体的平均值、因素 A 引起的差异、因素 B 引起的差异、误差项.模型形式为

$$X_{ij}=\mu+\alpha_i+\beta_j+\varepsilon_{ijk}$$

式中 i—— 因素 A 的不同水平,$i=1,2,\cdots,r$;

j—— 因素 B 的不同水平 $j=1,2,\cdots,s$;

k ——一样的试验假定条件下而表现的不一样观测值;

μ ——总均值,由所有数据计算得到;

α_i ——因变量由因素 A 的第 i 个水平引起的效应;

β_j ——因变量由因素 B 的第 j 个水平引起的效应;

ε_{ijk}—— 随机误差项,$\varepsilon_{ijk}\sim N(0,\sigma^2)$.

总变异由三个成分构成:因素 A 、因素 B 和误差因素.由表 4.6 得

$$\overline{\overline{X}}=\frac{1}{rsm}\sum\sum\sum X_{ijk}$$

$$\overline{X_{ij}}=\frac{1}{m}\sum_{k=1}^{m}X_{ijk},\quad i=1,2,\cdots,r,j=1,2,\cdots,s$$

$$\overline{X_i}=\frac{1}{r}\sum_{j=1}^{r}\overline{X_{ij}},\quad i=1,2,\cdots,r$$

$$\overline{X_j}=\frac{1}{s}\sum_{i=1}^{s}X_{ij},\quad j=1,2,\cdots,s$$

离差平方和则可以进行如下分解:

$$\begin{aligned}\mathrm{SST}&=\sum_{i=1}^{r}\sum_{j=1}^{s}\sum_{k=1}^{m}(X_{ijk}-\overline{\overline{X}})^2\\&=sm\sum_{i=1}^{r}(\overline{X_i}-\overline{\overline{X}})^2+rm\sum_{j=1}^{s}(\overline{X_j}-\overline{\overline{X}})^2+\sum_{i=1}^{r}\sum_{j=1}^{s}\sum_{k=1}^{m}(X_{ijk}-\overline{X_i}-\overline{X_j}+\overline{\overline{X}})^2\\&=\mathrm{SSA}+\mathrm{SSB}+\mathrm{SSE}\end{aligned}$$

其中,SSA,SSB 是离差二次方和,产生在因素 A 和因素 B 每个不同水平之间;SSE 也是离差二次方和,由随机因素引起.特别强调,允许 $m=1$.

SSA,SSB,SSE 的自由度分别为 $r-1$,$s-1$,$n-r-s+1$,SST 的自由度 $n-1$.

均方 MSA,MSB 和 MSE 是离差方法和与各自由度的比,从而可以进一步利用 F 分布进行假设检验了.以上运算过程可以用表 4.7 呈现.

表 4.7 无交互作用双因素方差分析表

变异来源	离差二次方和 SS	自由度 df	均方 MS	F 值
A 因素	SSA	$r-1$	MSA=SSA/$(r-1)$	F_A =MSA/MSE
B 因素	SSB	$s-1$	MSB=SSB/$(s-1)$	F_B =MSB/MSE
误差	SSE	$n-r-s+1$	MSE=SSE/$(n-r-s+1)$	
合计	SST	$n-1$		

4.6.3 有交互作用的双因素方差分析模型

因素 A 和因素 B 如果有交互作用,则分布会有 5 个因素影响因变量的取值:总体的平均值、因素 A 引起的差异、因素 B 引起的差异、误差项,另外就是由因素 A 和因素 B 的交互作用引起的差异差异.模型为

$$X_{ij}=\mu+\alpha_i+\beta_i+(\alpha\beta)_{ij}+\varepsilon_{ijk}$$

其中,$(\alpha\beta)_{ij}$ 是因变量由因素 A 的第 i 个水平和因素 B 的第 j 个水平引起的交互效应,其他的与无交互作用的情况一样.

总变异分解后,由 4 个来源组成:

$$\begin{aligned}\text{SST}&=\sum_{i=1}^{r}\sum_{j=1}^{s}\sum_{k=1}^{m}(X_{ijk}-\overline{\overline{X}})^2\\&=sm\sum_{i=1}^{r}(\overline{X_i}-\overline{\overline{X}})^2+rm\sum_{j=1}^{s}(\overline{X_j}-\overline{\overline{X}})^2+m\sum_{i=1}^{r}\sum_{j=1}^{s}(\overline{X_{ij}}-\overline{X_i}-\overline{X_j}+\overline{\overline{X}})^2\\&\quad+\sum_{i=1}^{r}\sum_{j=1}^{s}\sum_{k=1}^{m}(X_{ijk}-\overline{X_{ij}})^2\\&=\text{SSA}+\text{SSB}+\text{SSAB}+\text{SSE}\end{aligned}$$

SSA,SSA,SSAB,SSE 的自由度分别为 $r-1$,$s-1$,$(r-1)(s-1)$ 和 $rs(m-1)$.它们 4 个之和为 SST 的自由度 $n-1$,从而根据自由度、离差二次方和算出均方,分别为 MSA,MSB,MSAB 和 MSE,从而计算出 F 的检验值.值得强调的是,两个因素有交互效应,所以 m 的取值范围为 $m\geqslant 2$,见表 4.8.

4.6.4 双因素方差分析的步骤

(1)主要分成三大部分:

1)检验数据是否与假设条件相符合,如果没有通过,需要进行数学变换.

2)写出三组零假设与备择假设:

表 4.8　有交互作用双因素方差分析表

变异来源	离差二次方和 SS	自由度 df	均方 MS	F 值
A 因素	SSA	$r-1$	$MSA=SSA/(r-1)$	$F_A=MSA/MSE$
B 因素	SSB	$s-1$	$MSB=SSB/(s-1)$	
AB 交互作用	SSAB	$(r-1)(s-1)$	$MSAB=SSAB/(r-1)(s-1)$	$F_B=MSB/MSE$
误差	SSE	$rs(m-1)$	$MSE=SSE/rs(m-1)$	
合计	SST	$n-1$		$F_{AB}=MSAB/MSE$

①检测因素 A 的影响是否显著.

$H_0:\alpha_1=\alpha_2=\cdots=\alpha_r=0$

$H_1:\alpha_1,\alpha_2,\cdots,\alpha_r$ 不全为 0

②检测因素 B 的影响是否显著.

$H_0:\beta_1=\beta_2=\cdots=\beta_s=0$

$H_1:\beta_1,\beta_2,\cdots,\beta_s$ 不全为 0

3)若 A,B 之间存在交互作用,则需检验:

$H_0:(\alpha\beta)_{11}=(\alpha\beta)_{22}=\cdots=(\alpha\beta)_{ss}=0$

$H_1:(\alpha\beta)_{11}=(\alpha\beta)_{12},\cdots,(\alpha\beta)_{rs}$ 不全为 0

4)当 P 值 $<\alpha$ 时,拒绝原假设:计算得出 F_A,F_B,F_{AB} 的值,当 F 计算值 $>$ 临界值 F_α 时,则拒绝原假设.

(2)在单因素方差分析的例子中,只判断了不同专业对大学生毕业后的起步薪资的影响,现在判断专业和性别两个因素对因变量的影响.

4.6.5　实例应用

下面利用方差分析方法的实例应用研究不同专业学生的毕业起步薪资的评价(见表 4.9).

表 4.9　大学毕业生的专业、性别和起薪

序号	专业	性别	起薪/元	序号	专业	性别	起薪/元
1	1	0	3 000	13	3	0	2 000
2	1	0	3 100	14	3	0	2 600
3	1	0	3 300	15	3	0	2 500
4	1	1	4 000	16	3	1	3 500
5	1	1	3 700	17	3	1	3 000
6	1	1	3 500	18	3	1	2 800
7	2	0	3 500	19	4	0	2 200
8	2	0	3 000	20	4	0	2 400
9	2	0	2 500	21	4	0	2 000
10	2	1	4 000	22	4	1	3 000
11	2	1	4 000	23	4	1	2 000
12	2	1	3 700	24	4	1	2 800

由经验可知,大学生毕业后的起步薪资是服从正态分布的;每组实验都有三个样本,也可认为是等方差的.

在 SPSS 中,采用无交互作用的双因素方差分析模型进行分析,得到表 4.10.

表 4.10　SPSS 无交互作用的双因素方差分析表

源	Ⅲ型二次方和	*df*	均方	*F*	Sig.
校正模型	7 528 333	4	1 882 083.33	17.52	0.000 0
截距	216 600 417	1	216 600 416.67	2016.12	0.000 0
专业	4 927 917	3	1 642 638.89	15.29	0.000 0
性别	2 600 417	1	2 600 416.67	24.2	0.000 1
误差	2 041 250	19	107 434.21		
总计	226 170 000	24			
校正的总计	9 569 583	23			

由表 4.10,根据专业变量对应的 P 值(Sig. 一栏)为 0.000 0 可以得出 P 值$<\alpha$,得出性别的影响下,专业对起薪的影响依然显著.

从性别对起薪的影响看,该变量对应的 P 值为 0.000 1,小于通常使用的 α 值,说明性别对起薪的影响十分显著.

参考文献

[1]　李丛.方差分析的理论与应用[D].武汉:武汉理工大学,2011.

[2]　赵选民.数理统计[M].西安:西北工业大学出版社,1999.

[3]　王松桂,张忠占,程维虎,等. 概率论与数理统计[M].2 版. 北京:科学出版社,2006.

[4]　茆诗松,程依明,濮晓龙. 概率论与数理统计[M].2 版. 北京:高等教育出版社,2011.

[5]　盛骤,谢式千,潘承毅. 概率论与数理统计[M].4 版. 北京:高等教育出版社,2008.

[6]　贾玉心. 概率论与数理统计[M]. 北京:北京邮电大学出版社,2004.

[7]　施雨. 概率论与数理统计应用[M]. 西安:西安交通大学出版社,1998.

第5章 回归分析思想方法及其实践应用

5.1 引 言

5.1.1 研究背景

当下是一个数据大爆炸的时代，单单是一个上网购物就产生了大量的数据，如用户的姓名、联系地址和购买数量等，而背后的网站却可以收集大量的类似数据来判断消费者的购买偏好. 由此可见，在这时代，数据对我们是如此的重要. 然而作为利用数据的工具——统计学，它的地位就日益凸显出来了.

统计学是一门应用型很强的学科，它广泛应用于医学、宏观经济学、地震的检测等方面，只要存在数据的地方，它就会派上用场. 回归分析是统计学的一个重要分支，它在这门学科中的价值是举足轻重的，回归分析是研究变量与变量之间相关关系的统计方法，是数据分析工作中最常用的统计工具. 它从众多数据中建立模型，对统计学来说具有很高的预测和决策价值. 一般来说，只要把数据输入计算机中，进行简单的鼠标操作就可以输出大量的计算结果. 但是，很多人都没有意识到这些大量的结果背后可能隐藏的错误，这就涉及回归诊断问题.

在回归分析中的一个重要的假设，即使用的模型对所有的数据是适当的. 在实际应用中通常会有个别案例观测值似乎与模型不相符，但模型拟合于大多数数据. 其中不适合的个别案例就是通常所说的离群值(或异常值).

应用统计学家在分析实际数据的时候都可能会遇见离群值. 关于离群值的讨论，最早的要算1777年的伯努利了. 到了1852年，Peirce第一次提出关于离群值的判别问题. 过去的几十年，产生了许多离群值的诊断方法在应用方面，也有长足发展.

离群值(或异常值)的出现通常有主观和客观两个原因. 主观原因是人们在收集和记录数据的时候出现错误. 这种离群值被诊断出后很容易处理. 客观原因是由两类机制所造成的，即重尾分布和混合分布. 弄清这类离群值产生的原因很重要，这将直接影响后面数据的分析，因此，对于离群值点不应该机械删除或自动降低权重，因为它们不一定是坏的观测值. 相反，如果是准确的，就可能是数据中含信息最多的值.

离群值是统计学应用于实际时的一个棘手问题. 在回归分析中离群值的检验是统计学者多年来关注与研究的问题. 离群值在回归诊断历史上受到的重视也较多，研究成果也颇丰. 本章主要介绍离群值的诊断和处理方法，采用残差诊断作为探索性分析，主要包括多种残差图诊断法，离群值的学生化剔除残差诊断，以及向前逐步诊断方法；主要讨论均值漂移法对离群值的诊断，在对数据进行诊断分析后对数据进行简单的逐步剔除法. 离群值问题中的单个离群值诊断已经是比较成熟的方法，本章主要借助 SPSS 统计软件的强大功能，计算得出回归系数、各种残差、高杠杆值、COOK 距离，进行统计分析并最终找到离群值，并且在此基础上运用其他的诊断和处理方法对数据进行简单的处理.

回归诊断有如下主要内容：

(1)识别、判定和检验离群值(或异常值).

(2)区分出对统计推断影响特别大的点(影响分析).

(3)残差分析和残差图能用于研究既定模型与实际数据是否能很好拟合.其中包括模型线性诊断、模型误差方差齐性诊断、模型误差独立性诊断和模型误差正态性诊断等.

(4)研究在回归诊断方面，有关异方差性、自相关性、线性和正态性方面的诊断.

5.1.2　线性回归的基本假设

线性回归分析在日常生活中应用性较强，它是基于一定基本假设的统计方法.在建立模型之前首先需要知道的是线性回归模型的基本假定，这是建立模型的基础，不符合基本假设的模型是无效的.这个前提是大多数人没有察觉的，从而导致回归模型预测和决策功能失效.

线性回归模型的基本假设为

(1)解释变量是非随机变量，样本值是常数.

(2)正态分布的假设，即误差项 $\varepsilon_i \sim N(0,\sigma^2)$，$i=1,2,\cdots,n$，且误差项 ε_i 之间是独立同分布的.

(3)样本的个数要多于解释变量的个数.

要注意的是：在多元线性回归模型中，基本假设还要求解释变量之间是不相关的.

5.1.3　违背基本假设的情况

如果不遵循基本假设会对模型带来很多不利的影响，如解释变量和被解释因变量之间的线性关系消失，从而不能建立回归模型等.当误差项的方差不同时，就违背了基本假设对误差项是同方差的要求，会导致异方差现象.关于异方差的诊断，统计学家进行了大量研究.目前，已有好几种方法问世，但没有一种最权威的方法，常见的诊断方法有异方差诊断图法.然而，从图上主观判断有其随机性，鉴于这一点，许多文献中则采用了其他有用的方法，如斯皮尔曼等级相关系数法等.当误差项之间产生序列相关性时，就违背了基本假设对误差项是相互独立的要求，会导致自相关性:关于自相关的诊断，残差图方法直观，但不能够准确判断.常用的方法是 DW 检验法.除此之外，样本中还存在一些远离样本群的点，称为异常值和强影响点，它同样会对模型造成很大影响，常用标准残差、学生化残差、删除化学生残差、库克距离和中心化杠杆值来判断是否为异常值.这些在一元回归分析及多元回归分析中都会出现的，但是还有一种情况只存在于多元线性回归.当自变量之间有很强的线性关系时，就违背了基本假设对自变量之间不相关的要求，这时就会产生严重的多重共线性，也会对模型产生很大的影响，通常采用方差扩大因子法和特征根判断法进行诊断.以上种种都对回归模型极其不利，所以就需要一些补救措施来消除它们对模型的影响，接下来将一一说明.

5.1.4 补救措施

对于异方差常采用的方法是加权最小二乘法，它是给离差二次方和的各项添加一个系数，使各项在二次方和的地位相同，从而消除异方差. 对于自相关，常采用的方法是迭代法和差分法，其中差分法是迭代法的特殊形式. 对于异常值，往往是剔除异常值来消除它的，如果剔除后仍不能消除，应该使用加权最小二乘法. 对于多重共线性，采用的一般是剔除具有严重多重共线性的自变量，或者采用非线性回归的方法，如主成分法、岭回归法等，在本章后将仔细的讨论.

5.2 线性回归的理论基础

5.2.1 一元线性回归模型及最小二乘估计

1. 一元线性回归模型

$$y = \beta_0 + \beta_1 x + \varepsilon \tag{5.1}$$

此式是一元线性回归的数字形式. 此式表明影响 y 的因素由两部分构成，一部分是 $\beta_0 + \beta_1 x$，另一部分是随机扰动项 ε. 其中 β_0 称为回归常数，β_1 为回归系数. 若 β_1 为 0，β_0 表示 y 的均值，若 β_1 不为 0，β_0 没有具体意义. β_1 表示 x 每增加一个单位，y 平均增加 β_1 个单位. 对式(2.1)两端求条件期望得

$$E(y \mid x) = \beta_0 + \beta_1 x \tag{5.2}$$

以下将简记为 $E(y)$.

在某个实际问题中，如果得到 n 组样本点符合模型式(2.1)，则有

$$y_i = \beta_0 + \beta_1 x_i + \varepsilon_i, \quad i = 1,2,\cdots,n \tag{5.3}$$

式(5.1)的理论回归模型与式(5.3)的样本回归模型是等价的，所以不加区分二者，统一叫作一元线性回归模型. 此说法仍然使用于多元线性回归. 由此，对式(5.3)两端求期望和方差，可以看出 y 是独立的随机变量而不是同分布的，但 ε 是独立同分布的.

回归分析的主要任务是通过 n 组样本点来估计 β_0,β_1，记 β_0,β_1 的估计值为 $\hat{\beta}_0,\hat{\beta}_1$，则称

$$\hat{y} = \hat{\beta}_0 + \hat{\beta}_1 x \tag{5.4}$$

为一元线性经验回归方程.

2. 最小二乘估计

为了能通过样本数据得到回归模型的参数，采用普通最小二乘估计. 最小二乘估计考虑 n 个样本值与其所对应的回归值的离差越小越好，由此定义离差二次方和为

$$\begin{aligned} Q(\beta_0,\beta_1) &= \sum_{i=1}^{n}(y_i - E(y_i))^2 \\ &= \sum_{i=1}^{n}(y_i - \beta_0 - \beta_1 x_i)^2 \end{aligned} \tag{5.5}$$

最小二乘法实际上就是寻找 β_0,β_1 的估计值 $\hat{\beta}_0,\hat{\beta}_1$ 使式(2.5)达到极小，即

$$
\begin{aligned}
Q(\hat{\beta}_0,\hat{\beta}_1) &= \sum_{i=1}^{n}(y_i-\hat{\beta}_0-\hat{\beta}_1x_i)^2 \\
&= \min_{\beta_0,\beta_1}\sum_{i=1}^{n}(y_i-\beta_0-\beta_1x_i)^2
\end{aligned}
\tag{5.6}
$$

此时求得的 $\hat{\beta}_0,\hat{\beta}_1$ 就称为回归参数 β_0、β_1 的最小二乘估计. 从式中求 $\hat{\beta}_0,\hat{\beta}_1$ 是一个求极值的问题，由于 Q 是关于 $\hat{\beta}_0,\hat{\beta}_1$ 的二次函数，所以总存在最小值. 现利用微积分：

$$
\left.
\begin{aligned}
\left.\frac{\partial Q}{\partial\beta_0}\right|_{\beta_0=\hat{\beta}_0} &= -2\sum_{i=1}^{n}(y_i-\hat{\beta}_0-\hat{\beta}_1x_i)=0 \\
\left.\frac{\partial Q}{\partial\beta_1}\right|_{\beta_1=\hat{\beta}_1} &= -2\sum_{i=1}^{n}(y_i-\hat{\beta}_0-\hat{\beta}_1x_i)=0
\end{aligned}
\right\}
\tag{5.7}
$$

经整理后，得

$$
\left.
\begin{aligned}
n\hat{\beta}_0+(\sum_{i=1}^{n}x_i)\hat{\beta}_1 &= \sum_{i=1}^{n}y_i \\
(\sum_{i=1}^{n})\hat{\beta}_0+(\sum_{i=1}^{n}x_i^2)\hat{\beta}_1 &= \sum_{i=1}^{n}x_iy_i
\end{aligned}
\right\}
\tag{5.8}
$$

求解以上方程组得

$$
\left.
\begin{aligned}
\hat{\beta}_0 &= \overline{y}-\hat{\beta}_1\overline{x} \\
\hat{\beta}_1 &= \frac{\sum_{i=1}^{n}(x_1-\overline{x})(y_i-\overline{y})}{\sum_{i=1}^{n}(x_i-\overline{x})^2}
\end{aligned}
\right\}
\tag{5.9}
$$

其中

$$
\overline{x}=\frac{1}{n}\sum_{i=1}^{n}x_i,\quad \overline{y}=\frac{1}{n}\sum_{i=1}^{n}y_i
\tag{5.10}
$$

式(5.9)经过变形可以看出 $\hat{\beta}_0,\hat{\beta}_1$ 是具有线性的，即它们是随机变量 y_i 的线性函数. 除此之外，还可以算出 $\hat{\beta}_0,\hat{\beta}_1$ 的期望和方差为

$$
\left.
\begin{aligned}
&E(\hat{\beta}_0)=\beta_0,\quad E(\hat{\beta}_1)=\beta_1 \\
&\mathrm{Var}=\left[\frac{1}{n}+\frac{(\overline{x})^2}{\sum(x_i-\overline{x})^2}\right]\sigma^2 \\
&\mathrm{Var}(\hat{\beta}_1)=\frac{\sigma^2}{\sum_{i=1}^{n}(x_i-\overline{x})^2}
\end{aligned}
\right\}
\tag{5.11}
$$

通过式(5.11)可以看出 $\hat{\beta}_0,\hat{\beta}_1$ 是无偏的. $\hat{\beta}_1$ 的方差不仅与随机误差的方差 σ^2 有关，还与自变量取值的离散程度有关. $\hat{\beta}_0$ 的方差不仅与随机误差的方差 σ^2 有关，还与自变量取值的离散程度有关，而且同样本容量 n 有关. 于是要想得到稳定的估计值 $\hat{\beta}_0,\hat{\beta}_1$，$x$ 的取值应该尽量分散，并且样本量应该足够大.

在式(5.6)中称

$$
\hat{y}_i=\hat{\beta}_0+\hat{\beta}_1x_i
\tag{5.12}
$$

为样本的回归拟合值，通过样本数据代入式(5.4)算得.

5.2.2 多元线性回归模型及最小二乘估计

1. 多元线性回归模型

考虑如下线性回归模型：

$$\left.\begin{array}{l} \boldsymbol{Y} = X'_i\beta + e_i, i = 1,2,\cdots,n \\ Ee_i = 0, Ee_ie_i = \sigma^2, i = 1,2,\cdots,n \\ Ee_ie_j = 0, i,j = 1,2,\cdots,n, i \neq j \end{array}\right\} \tag{5.13}$$

其中，$\beta, X_i \in R^{p'}$，y, e_i 为一维 $\boldsymbol{r}, \boldsymbol{v}, i = 1,2,\cdots,n$

可以使用矩阵来表示回归模型，基本模型为

$$\boldsymbol{Y} = \boldsymbol{X\beta} + \boldsymbol{e}, \quad \mathrm{Var}(\boldsymbol{e}) = \sigma^2\boldsymbol{I} \tag{5.14}$$

这是一个正态线性回归模型. 其中 $\boldsymbol{X}$ 是已知的列满秩矩阵，有 n 行 p' 列，如果模型包含所有分量为 1 的向量，则 p' = 自变量个数 +1= $p+1$；如果所有分量为 1 的向量不包含在模型中，则 $p' = p$. 类似地，$\boldsymbol{\beta}$ 是一个 $p' \times 1$ 的未知向量. 向量 $\boldsymbol{e}$ 由未知误差组成. 假设误差零均值同分布、互不相关、等方差.

2. 最小二乘估计

估计 $\boldsymbol{\beta}$（$\hat{\boldsymbol{\beta}}$ 表示 $\boldsymbol{\beta}$ 的估计值）是用使残差二次方和

$$\mathrm{RSS} = (\boldsymbol{\beta}) = (\boldsymbol{Y} - \boldsymbol{X\beta})'(\boldsymbol{Y} - \boldsymbol{X\beta}) \tag{5.15}$$

达到最小值 $\boldsymbol{\beta}$，作为参数真值的估计. 希望用一个能简单求解的问题代替这一最小化问题. 因 $\boldsymbol{X}$ 为列满秩，由矩阵的知识知，存在一个 $n \times p'$ 矩阵 $\boldsymbol{Q}$，使 $\boldsymbol{Q'Q} = \boldsymbol{I}$，以及一个 $p' \times p'$ 上三角矩阵 $\boldsymbol{R}$（所有主对角线以下的元素为零）使

$$\boldsymbol{X} = \boldsymbol{QR} \tag{5.16}$$

将式(5.15)展开，并用式(5.16)代替 $\boldsymbol{X}$，得

$$\mathrm{RSS}(\boldsymbol{\beta}) = \boldsymbol{Y'Y} - 2\boldsymbol{Y'X\beta} + \boldsymbol{\beta'X'X\beta} = \boldsymbol{Y'Y} - 2\boldsymbol{Y'QR\beta} + \boldsymbol{\beta'R'Q'QR\beta}$$

在这个方程的右边加上和减去 $\boldsymbol{Y'QQ'Y}$，将 $\mathrm{RSS}(\boldsymbol{\beta})$ 写成两项之和，其中只有一项包含 $\boldsymbol{\beta}$：

$$\begin{aligned} \mathrm{RSS}(\boldsymbol{\beta}) &= \boldsymbol{Y'Y} - 2\boldsymbol{Y'QR\beta} + \boldsymbol{\beta'R'Q'QR\beta} \\ &= \boldsymbol{Y'Y} - \boldsymbol{Y'QQ'Y} + (\boldsymbol{Y'QQ'Y} - 2\boldsymbol{Y'QR\beta} + \boldsymbol{\beta'R'Q'QR\beta}) \\ &= \boldsymbol{Y'}(\boldsymbol{I} - \boldsymbol{QQ'})\boldsymbol{Y} + (\boldsymbol{Q'Y} - \boldsymbol{R\beta})'(\boldsymbol{Q'Y} - \boldsymbol{R\beta}) \end{aligned}$$

使第二项为零，将使 $\mathrm{RSS}(\boldsymbol{\beta})$ 取得最小值. 即

$$\boldsymbol{Q'Y} - \boldsymbol{R\beta} = \boldsymbol{0} \tag{5.17}$$

或 $\boldsymbol{R\beta} = \boldsymbol{Q'Y}$ 达到，并且只要 $\boldsymbol{R}$ 有逆，

$$\hat{\boldsymbol{\beta}} = \boldsymbol{R}^{-1}\boldsymbol{Q'Y} \tag{5.18}$$

因为

$$\boldsymbol{X} = \boldsymbol{QR} \Rightarrow \boldsymbol{X}^{-1} = (\boldsymbol{QR})^{-1} = \boldsymbol{R}^{-1}\boldsymbol{Q}^{-1} \Rightarrow \boldsymbol{R}^{-1} = \boldsymbol{X}^{-1}\boldsymbol{Q}$$

所以 $\hat{\boldsymbol{\beta}} = \boldsymbol{R}^{-1}\boldsymbol{Q'Y} = \boldsymbol{X}^{-1}\boldsymbol{QQ'Y} = \boldsymbol{X}^{-1}\boldsymbol{Y} = \boldsymbol{X}^{-1}(\boldsymbol{X'})^{-1}\boldsymbol{X'Y} = (\boldsymbol{X'X})^{-1}\boldsymbol{X'Y}$

也就是 $\hat{\boldsymbol{\beta}} = (\boldsymbol{X'X})^{-1}\boldsymbol{X'Y}$ 是 $\boldsymbol{\beta}$ 的最小二乘估计.

5.2.3　残差的计算

对回归模型式(5.13)或式(5.14)，用 $\hat{\boldsymbol{\beta}}=(\boldsymbol{X}'\boldsymbol{X})^{-1}\boldsymbol{X}'\boldsymbol{Y}$ 估计 $\hat{\boldsymbol{\beta}}$，对应于观测值 $\boldsymbol{Y}$ 的拟合值 $\hat{\boldsymbol{Y}}$ 为

$$\hat{\boldsymbol{Y}}=\boldsymbol{X}\hat{\boldsymbol{\beta}}=\boldsymbol{X}[(\boldsymbol{X}'\boldsymbol{X})^{-1}\boldsymbol{X}\boldsymbol{Y}]=\boldsymbol{X}(\boldsymbol{X}'\boldsymbol{X})^{-1}\boldsymbol{X}'\boldsymbol{Y}=\boldsymbol{H}\boldsymbol{Y} \tag{5.19}$$

其中，$\boldsymbol{H}$ 是 $n\times n$ 矩阵，定义为

$$\boldsymbol{H}=\boldsymbol{X}(\boldsymbol{X}'\boldsymbol{X})^{-1}\boldsymbol{X}' \tag{5.20}$$

式中，$\boldsymbol{H}$ 称为帽子矩阵，因为它将响应变量的观测值向量 $\boldsymbol{Y}$ 变换成响应变量的拟合值向量 $\hat{\boldsymbol{Y}}$，$\boldsymbol{H}$ 也称为 $\boldsymbol{X}$ 空间上的正交投影算子，它一般是不可逆的，且有和 $\boldsymbol{X}$ 相同的秩，通常为 p'．残差向量 $\boldsymbol{\varepsilon}$ 被定义为

$$\boldsymbol{\varepsilon}=\boldsymbol{Y}-\hat{\boldsymbol{Y}}=\boldsymbol{Y}-\boldsymbol{X}(\boldsymbol{X}'\boldsymbol{X})^{-1}\boldsymbol{X}'\boldsymbol{Y}=[\boldsymbol{I}-\boldsymbol{X}(\boldsymbol{X}'\boldsymbol{X})^{-1}\boldsymbol{X}']\boldsymbol{Y}=[\boldsymbol{I}-\boldsymbol{H}]\boldsymbol{Y} \tag{5.21}$$

$\boldsymbol{G}=\boldsymbol{I}-\boldsymbol{H}$ 是对称、幂等矩阵，且有 $\mathrm{rank}(\boldsymbol{G})=n-p'$．可用残差类似估计误差 $\boldsymbol{e}$，且它们之间有如下关系 $\boldsymbol{\varepsilon}=\boldsymbol{Y}--=\boldsymbol{Y}-\boldsymbol{X}\hat{\boldsymbol{\beta}}=(\boldsymbol{I}-\boldsymbol{H})\boldsymbol{Y}=(\boldsymbol{I}-\boldsymbol{H})e$．

5.2.4　误差 e 和残差 ε 的区别

误差 e 是不可观测的随机变量，假设其均值为零，且互不相关，每个具有相同的方差 σ^2．残差 ε 是可以用图表示，或用其他方式研究的可计算的量.它们的均值与方差为

$$E(\varepsilon)=0,\quad \mathrm{Var}(\varepsilon)=\sigma^2(\boldsymbol{I}-\boldsymbol{H}) \tag{5.22}$$

类似于误差，残差的均值都为零，但残差可以有不同的方差，且它们未必是不相关的，由式(5.21)可知，残差是误差的线性组合，故若误差是正态分布，则残差亦是正态分布.另外，如果模型包含截距，则残差和为零，即 $\boldsymbol{\varepsilon}^{\mathrm{T}}\boldsymbol{1}=\boldsymbol{0}$．用标量形式表示，第 i 个残差的方差为

$$\mathrm{Var}(\varepsilon_i)=\sigma^2(1-h_{ii})$$

其中，h_{ii} 是 $\boldsymbol{H}$ 的第 i 个对角元素.诊断过程是基于计算所得的残差，它被假设与不可观测的误差有着相同的行为.这个假设的效用依赖于帽子矩阵，这是因为 $\boldsymbol{H}$ 联系了 e 和 ε，并给出了 ε 的方差和协方差.

5.2.5　残差的性质

残差有下列性质：

(1) $E(\varepsilon)=0$；

(2) $\mathrm{Var}(\varepsilon)=\mathrm{Var}(\boldsymbol{G}\boldsymbol{Y})=\sigma^2(\boldsymbol{I}_n-\boldsymbol{H})$；

(3) $\mathrm{Cov}(\hat{\boldsymbol{y}}-\varepsilon)=0$；

(4) $\mathrm{Var}(\hat{\varepsilon})=\sigma^2(1-h_{ii}),i=1,2,\cdots,n$； (5.23)

(5) $\mathrm{Var}(\hat{\varepsilon},\hat{\varepsilon}_j)=-\sigma^2h_{ij},i\neq j$. (5.24)

由式(5.24)可见，尽管 ε_i 与 ε_j 相互独立，但其估计 $\hat{\varepsilon}_i$ 与 $\hat{\varepsilon}_j$ 却未必独立．特别由式(5.23)可见，对应于 h_{ii} 大的状态必有 $\mathrm{Var}(\hat{\varepsilon}_i)$ 很小，特别地，当 $h_{ii}\approx1$ 时，应有 $\mathrm{Var}(\hat{\varepsilon}_i)\approx0$．就平均而

言，接近 $\overline{X}$ 的状态 x_i 反而比远离 $\overline{X}$ 的状态有更大的残差，所以用残差作回归诊断统计量是很不合理的，因为越远离 $\overline{X}$ 的状态其残差越小. 为了消除 h_{ii} 大小的影响以及变量 Y 的度量单位的影响，需要将残差变换一下，以改善其诊断的效果.

5.2.6 几种常用的残差

(1)学生化残差(SRESID).

$$r_i = \frac{\varepsilon}{S \times \sqrt{1 - h_{ii}}}, \quad i = 1,2,\cdots,n \tag{5.25}$$

其中，$S^2 = \frac{\varepsilon'\varepsilon}{n-k}$，就因为 S^2 是利用了包括第 i 个状态在内的全部数值计算来的，所以也称式(5.25)的残差为“内学生化残差”，而且有 $E(r_i) = 0, i = 1,2,\cdots,n$.

$$\mathrm{Var}(r_i, r_j) = \frac{-h_{ij}}{[(1-h_{ii})(1-h_{jj})]^{1/2}} \tag{5.26}$$

假定 $e_i \sim N(0,\sigma^2)$，$\frac{r_i^2}{n-k} \sim B\left(\frac{1}{2}, \frac{n-k-1}{2}\right)$，$r_i \in (-\sqrt{n-k}, \sqrt{n-k})$，$i = 1,2,\cdots,n$.

较大的学生化残差表示此案例在加大观测值与模型预测值之差上的作用较大.

(2)标准化残差(ZRESID). 通过除以残差的标准误差来调整残差，使其标准化. 标准化残差定义为

$$\varepsilon_i^* = \frac{\varepsilon_i}{\hat{\sigma}} \tag{5.27}$$

由于每一个残差都被其标准误差的近似估计所除，因此当样本规模很大且模型正确时，标准化残差应该近似服从平均值为 0、标准差为 1 的标准正态分布. 所以，约有 95%的案例的标准化残差应该在[−2,2]之间，有 99%案例的标准化残差应该在[−2.5,2.5]之间.

因为学生化删除残差相较于这两种残差来说更有说服力，所以后面将讨论学生化删除残差.

5.2.7 回归分析里易出现的问题

(1)高杠杆点的存在. 普通残差 ε_i 和杠杆值 h_{ii} 有下列关系：

$$h_{ii} + \frac{\varepsilon_i^2}{\mathrm{SSE}}$$

其中 SSE 是残差二次方和. 该不等式表明，高杠杆点残差较小. 因此需要用杠杆值来鉴别那些异常的点.

(2) 离群点的掩盖与淹没的问题. 掩盖是指数据中有异常点，但我们没能发现它们，只是因为某些异常点可能被数据中的其他异常点掩藏起来了. 淹没指错误地将某些非异常点判断为异常点. 这是因为异常点倾向于将回归方程往它们身边拉近，所以使得其他点远离拟合的方程. 这样，掩盖是错误的否定判断，而淹没则是错误的肯定.

(3) 高杠杆点但非强影响点不会带来什么问题，应对高杠杆点且强影响点作调查，因为这

些点就预测变量而言是异常的，而且它们也影响拟合.

(4)异常点和强影响观测值不应该机械地被删除或自动降低权重，因为它们不一定是坏的观测值. 相反，如果它们是准确的，它们就可能是数据中含信息最多的点. 比如，它们可能指出数据并非来自正态总体，或者模型不是线性的.

5.2.8　强影响点、杠杆点的诊断方法

1. 高杠杆点的内容和性质

$$\hat{y}_i = \sum_{j=1}^{n} h_{ii} y_j = h_{ii} y_j + \sum_{y_j}^{h_{ii}} \tag{5.28}$$

$$h_{ii} = \frac{1}{n} + \frac{(x_i - \overline{X})^2}{\sum (x_i - \overline{X})^2} \tag{5.29}$$

由 $\sum_{i=1}^{n} h_{ij} = \sum_{j=1}^{n} h_{ij} = 1$ 可知 h_{ii} 以 1 为上界，又由式(5.28)及式(5.29)可知，对于固定的 n，若有 $h_{ii} \approx 1$，必有 $h_{ii} \approx 0 (j \neq i)$，从而有 $\hat{y}_i \approx y_i$，即 x_i 当远离试验中心 $\overline{X}$ 时，在 R^{p+1} 空间中，第 i 状态 (x'_i, y_i) 反把回归拉回到自己，这个状态对回归估计的作用是很大的. 若将式(5.29)中的 $\frac{1}{n}$ 从等式中删除，余下的右端项乘以 $(n-1)$，便是从 x_i 到中心 $\overline{X}$ 的马氏(Mahalanolis)距离. h_{ii} 称为第 i 个观测的杠杆值，是 y_i 对于第 i 个拟合值的权重，总共有 n 个杠杆值. 杠杆值有几个有趣的性质. 譬如，它们介于 0～1 之间，平均值为 $(p+1)/n$. h_{ii} 值大于 $2(p+1)/n$（均值的两倍）的点通常被认为是高杠杆点. p 是变量的个数.

2. 高杠杆点的诊断

设 $x_i (i = 1, 2, \cdots, n)$ 为来自同一正态总体 $N_p(0, \sigma^2 I)$ 的简单随机样本，则可以证明：

(1) $x'_i (X'(i) X(i))^{-1} x_i = \frac{h_{ii}}{1 - h_{ii}}$；

(2) $\frac{n-p}{p} \frac{h_{ii}}{1 - h_{ii}} = \frac{n-p}{(n-1)p} T^2(p, n-1) \sim F_\alpha(p, n-p)$.

注意到，$\frac{h_{ii}}{1 - h_{ii}}$ 为 h_{ii} 的单调增函数，便可得以下结论：对给定水平 α，取 F_α 使得 $P(F_{p,n-p} > F_\alpha) = \alpha$，则当 $\frac{n-p}{p} \frac{h_{ii}}{1 - h_{ii}} > F_\alpha$，即 $h_{ii} > \frac{pF_\alpha}{n - p + pF_\alpha}$ 时，判断第 i 个试验点为高杠杆点.

3. 强影响点的诊断

若记 $\hat{\beta}(i)$ 为剔除第 i 状态后用余下数据所得到的 β 的最小二乘估计，则称

$$IF_i = \hat{\beta}(i) - \hat{\beta} \tag{5.30}$$

为经验影响函数，它表示剔除点 (x'_i, y_i) 之后，回归系数的最小二乘估计变化的大小，即第 i 状态对估计影响大小的一种度量. 为使用方便，引出如下的数量函数

$$D_i(\boldsymbol{M}, C) = \frac{(\hat{\beta}(i) - \hat{\beta})'(\hat{\beta}(i) - \hat{\beta})}{C} \tag{5.31}$$

称为“Cook 距离”，其中 $\boldsymbol{M}$ 为给定的正定阵；C 为给定的正数．显然 $D_i(\boldsymbol{M},C)$ 越大，表示第 i 状态剔除后，$\hat{\beta}$ 的移动距离越大．

若记 $X_{(i)}$ 表示剔除 x_i 之后余下的矩阵，则有

$$(\boldsymbol{X}'_{(i)}\boldsymbol{X}_{(i)})^{-1} = (\boldsymbol{X}'\boldsymbol{X})^{-1} + \frac{(\boldsymbol{X}'\boldsymbol{X})^{-1}x_j x'_j(\boldsymbol{X}'\boldsymbol{X})^{-1}}{1-x'_j(\boldsymbol{X}'\boldsymbol{X})^{-1}x_j}$$

$$= (\boldsymbol{X}'\boldsymbol{X})^{-1} + \frac{(\boldsymbol{X}'\boldsymbol{X})^{-1}x_j x'_j(\boldsymbol{X}'\boldsymbol{X})^{-1}}{1-h_{ii}} \tag{5.32}$$

于是由 $\hat{\beta}_{(i)} = (\boldsymbol{X}'_{(i)}\boldsymbol{X}_{(i)})^{-1}\boldsymbol{X}'_{(i)}\boldsymbol{Y}_{(i)}$ 可得预测残差：

$$\varepsilon_{(i)} = y_i - x'_i(\boldsymbol{X}'_{(i)}\boldsymbol{X}_{(i)})^{-1}\boldsymbol{X}'_{(i)}\boldsymbol{Y}_{(i)}$$

$$= y_i - x'_i\left[(\boldsymbol{X}'\boldsymbol{X})^{-1} + \frac{(\boldsymbol{X}'\boldsymbol{X})^{-1}x_j x'_j(\boldsymbol{X}'\boldsymbol{X})^{-1}}{1-h_{ii}}\right]\cdot(\boldsymbol{X}'\boldsymbol{Y} - x_i y_i)$$

$$= y_i - \hat{y}_i + h_{ii}y_i - \frac{h_{ii}\hat{y}_i}{1-h_{ii}} + \frac{h_{ii}^2 y_i}{1-h_{ii}} = \frac{y_i\hat{y}_i}{1-h_{ii}} = \frac{\varepsilon_j}{1-h_{ii}} \tag{5.33}$$

从而又可得

$$IF_i = \frac{(\boldsymbol{X}'\boldsymbol{X})^{-1}x_i\varepsilon_i}{1-h_{ii}} \tag{5.34}$$

再由式(5.22)可得

$$D_i(\boldsymbol{M},C) = r_i^2\frac{\hat{\sigma}^2}{C}H_i(\boldsymbol{M}) \tag{5.35}$$

其中，$r_i^2 = \varepsilon_i^2/S^2(1-h_{ii})$ 度量了模型在点 (x'_i, y_i) 处拟合的好坏，而

$$H_i(\boldsymbol{M}) = \frac{x'_i(\boldsymbol{X}'\boldsymbol{X})^{-1}\boldsymbol{M}(\boldsymbol{X}'\boldsymbol{X})^{-1}x_i}{1-h_{ii}}$$

在本质上刻画了点 x_i 在自变量空间 $R^{p'}$ 中的位置，所以称 $D_i(\boldsymbol{M},C)$“很大”时所对应的状态 (x'_i, y_i) 为“强影响点”(Influential case)．而 $D_i(\boldsymbol{M},C)$ 到底多大才算“很大”，这依赖于 $\boldsymbol{M}$ 和 C 的选择和具体的问题．一般地，取 $\boldsymbol{M}=\boldsymbol{X}'\boldsymbol{X}, C=(p+1)\hat{\sigma}^2 = S^2 = \varepsilon'\varepsilon/(n-p-1)$，此时式(5.34)相应地变成

$$D_i = \frac{(\hat{\beta}_{(i)}-\hat{\beta})'\boldsymbol{X}'\boldsymbol{X}(\hat{\beta}_{(i)}-\hat{\beta})}{(p+1)\hat{\sigma}^2} = \frac{(\boldsymbol{Y}'_{(i)}-\boldsymbol{Y}')'(\boldsymbol{Y}'_{(i)}-\boldsymbol{Y}')}{(p+1)\hat{\sigma}^2} \tag{5.36}$$

$$= \frac{r_i^2 h_{ii}}{(p+1)(1-h_{ii})} \tag{5.37}$$

从式(5.36)看出，除了一个常倍数外，D_i 描述了 $\boldsymbol{Y}$ 与 $\boldsymbol{Y}'$ 之间的欧氏距离，即对于 D_i 大值所对应的状态对于 $\hat{\beta}$ 和 $\boldsymbol{Y}'$ 都有着重大的影响；从式(5.28)可以得知 $H_i(\boldsymbol{M}) = h_{ii}/(1-h_{ii})$ 是 h_{ii} 的单增函数，可以利用统计量

$$F = \frac{(\beta-\hat{\beta})'\boldsymbol{X}'\boldsymbol{X}(\beta-\hat{\beta})}{(p+1)\hat{\sigma}^2} \sim F(p+1, n-p+1)$$

来判断 D_i 的大小．有观点认为，当 $D_i > 1$ 时，便可认为 (x'_i, y_i) 为强影响点．

一般称残差 ε_i“很大”时所对应的观测点 (x'_i, y_i) 为“异常点”．由式(5.37)可见，D_i 大的原因是 ε_i 大或 h_{ii} 大，或二者都大．所以，异常点和高杠杆点都可能是强影响点，但又不一定都是强影响点．

5.3　离群值的探索性分析

5.3.1　残差图的分析

残差图分析是统计回归诊断中基本的、重要的探索技术. 在回归诊断阶段，必须检查所拟合的模型是否满足其建模的假设条件及估计值与实际值的拟合程度，以此来判断拟合模型的类型是否合适，方法是否有效；同时残差分析的结果，也为我们提供了变换数据、修正模型的重要信息. 残差分析的常用分析为残差图.

残差图是一种以标准残差（$\hat{\varepsilon}$）或学生化残差（$\hat{r}$）为纵坐标，某一合适变量为横坐标（常用的合适变量有自变量、因变量等）的散点图. 残差图分析的基本思想是：在建模时，假设误差项是独立的正态分布的随机变量，其均值为零且方差相等. 即若回归模型对原始数据拟合较好，则残差的绝对数值应较小，散点应在 $e_i=0$ 的一条直线上下随机散布；若残差数据点不在 $e_i=0$ 的直线上下随机散布，而是出现了渐增或渐减的系统变动趋势，则说明建模前有关残差方差相等的假设出现了问题，拟合的回归模型和实际数据有一定的差距. 若拟合的模型与实际数据相符，则应出现类似图 5.1(a)残差图的形式：即散点密集、对称分布在一条零点水平线上下. 若拟合的模型与实际数据不符，如方差不等，则会出现类似图 5.1(b)(c)形式的残差图，图 5.1(b)表示方差有增大趋势；图 5.1(c)表示方差有先增大后减小的趋势，这时可以考虑数据变换. 若残差图呈现图 5.1(e)形状，一般表明模型有非线性趋势或忽略了某些重要变量；若残差图呈现图 5.1(d)形状，则表明选错了模型或计算有误.

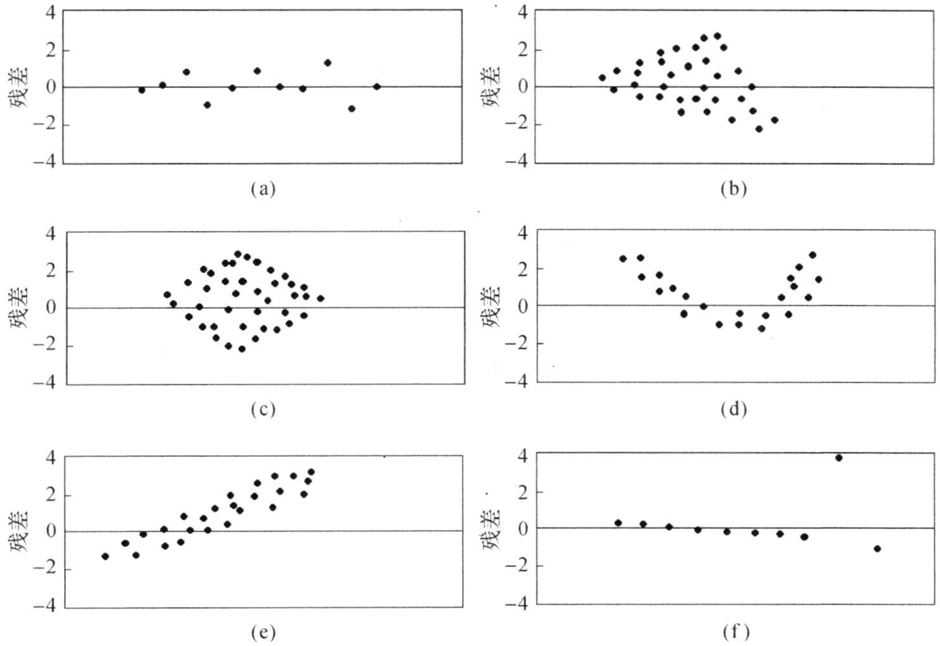

图 5.1　残差图的分析

5.3.2 离群值的残差图分析

离群点直观上说就是和拟合模型相比较不相容的点;从线性回归来说,离群点的残差通常较大.对于图 5.1(f)残差分析,很明显最高的那个点远离所有的其他点,很可能是一个异常点.对于最下方的那个点,还需要分析说明,但其在残差的判断范围内,可以认为是一个正常点.

5.4 离群值的检验与诊断

5.4.1 单变量检验准则

在实验过程中,读错、记错或者其他异常情况引起的异常值,随时发现随时就删除,直到重新进行实验,这就是所谓的物理判别法.但是,有时实验做完后不能确知哪一个测得值是异常值,这时就应采用统计学方法进行判别.统计法的基本思想在于:给定一个置信概率,并确定一个相应的置信限,凡超过这个界限的误差,就认为它不属于随机误差范畴,而是粗大误差,并予以删除.下面介绍两条基本准则及三个检验方法.

1. 拉依达准则

设某测得值为 $x_1, x_2, \cdots, x_n$,算出算术平均值 $\overline{X} = (\sum_{i=1}^{n} x_i)/n$,及绝对误差 $\Delta x_i = x_i - \overline{X}$,$i = 1, 2, \cdots, n$,按贝塞尔公式,测得值的标准误差为

$$\hat{\sigma}[\sum \Delta x_i^2/(n-1)]^{1/2} = \{[\sum x_i^2 - (\sum x_i)^2/n]/(n-1)\}^{1/2} \tag{5.38}$$

如果某个测量值 x_d 的绝对误差 $\Delta x_d (1 \leqslant d \leqslant n)$ 满足下式 $|\Delta x_i| > 3\hat{\sigma}$,则认为 x_d 是含有粗大误差的异常值,剔除不要.该准则当测量次数 n 较大时,是比较好的方法,该方法简单,使用方便,是实验中常采用的方法.但是,当 n 不太大时,即使存在粗大误差,也很难剔除,例如 $n = 10$ 时,则 $(n-1)^{1/2} = 3$,由贝塞尔公式有 $3\hat{\sigma} = (\Delta x_1^2 + \Delta x_2^2 + \cdots + \Delta x_{10}^2)^{1/2} \geqslant \Delta x_i$,这就意味着 $\Delta x_i \leqslant 3\hat{\sigma}$,即使有较大误差也无法剔除,如果将 $3\hat{\sigma}$ 改为 $2\hat{\sigma}$,同理可以证明,5 次以内的测量,也无法剔除粗大误差,而采用下面的方法却能改善这种情况.

2. 肖维勒准则

该准则建立的原理如下:在 n 次测量中,取不可能发生的个数为$\frac{1}{2}$,这可以和舍入误差中的 0.5 相联系,那么对正态分布而言,误差不可能出现的概率为

$$1 - \frac{1}{\sqrt{2\pi}}\int_{-w_n}^{w_n} \exp\left(-\frac{x^2}{2}\right)\mathrm{d}x = \frac{1}{2n} \tag{5.39}$$

由标准正态函数表,根据上式右端的已知值可求出 w_n,若满足 $|\Delta x_i| > w_n\hat{\sigma}$,则应该剔除异常值 x_d.肖维勒准则改善了拉依达准则,$w_{50} = 2.58$;恰好是对应 0.99 置信概率时的置信因素,

并且当 n 小时，w_n 也变小，总保持着可剔除的概率，而不会像拉依达准则那样，出现在 $n=10$ 以内剔除不了的问题.

3. Grubbs 检验法

应用的前提条件：首先认为随机样本来自正态总体，并服从正态分布. 先将测定值 x_i $(i=1,2,\cdots,n)$ 从小到大排列 $x_1,x_2,\cdots,x_n$（x_1 为最小值，x_n 为最大值）. 如果怀疑 x_1 或者 x_n 为异常数据，那么可以这样来判定，先求出它们的算术平均值 $\overline{X}$ 和样本标准差 S，然后计算出统计量 g_n 与临界值 $g(\alpha,n)$ 比较并进行判断，相关的公式如下：

$$\overline{X}=\frac{\sum_{i=1}^{n}x_i}{n} \tag{5.40}$$

$$S=\sqrt{\frac{\sum_{i=1}^{n}(x_i-\overline{X})^2}{n-1}} \tag{5.41}$$

$$g_n=\frac{|x'-\overline{X}|}{S} \tag{5.42}$$

式(5.31)～式(5.33)中：当 $|x_1-\overline{X}|>|x_n-\overline{X}|$ 时，$x'=x_1$；当 $|x_1-\overline{X}|<|x_n-\overline{X}|$ 时，$x'=x_n$.

临界值 $g(\alpha,n)$ 中，α 为显著性水平，通常取 $\alpha=0.05$，即取置信度为 95%，n 为数据数目. Grubbs 检验法的临界值 $g(0.05,n)$ 如表 5.1 所示.

表 5.1　Grubbs 检验法的临界值

n	g	n	g	n	g	n	g	n	g	n	g
3	1.15	7	1.94	11	2.23	15	2.41	19	2.53	40	2.87
4	1.46	8	2.03	12	2.29	16	2.44	20	2.56	50	2.96
5	1.67	9	2.11	13	2.33	17	2.47	25	2.66		
6	1.82	10	2.18	14	2.37	18	2.5	30	2.75		

判定规则：如果 $g_n<g(0.05,n)$，就可以认为不存在异常数据；如果 $g_n>g(0.05,n)$，就可以认为 x' 为异常数据. 将异常数据从试验数据中剔除，再将剩余的 $(n-1)$ 个数据重复以上步骤，再次进行判断，直到经过 m 次判断后，得到无异常数据.

4. Dixon 检验法

先将测定值 $x_i(i=1,2,\cdots,n)$ 从小到大排列 $x_1,x_2,\cdots,x_n$（x_1 为最小值，x_n 为最大值）. 采用这一方法，不必计算算术平均值 $\overline{X}$ 和样本标准差 S. 而是根据数目 n 的不同，计算出相应的 r 值. Dixon 检验法的临界值 $r(0.05,n)$ 如表 5.2 所示.

表 5.2　Dixon 检验法的临界值

n	r	n	r
3	0.941	9	0.512
4	0.765	10	0.477
5	0.642	11	0.576

续表

n	r	n	r
6	0.56	12	0.546
7	0.507	13	0.521
8	0.554	14	0

当 $3 \leqslant n \leqslant 7$ 时：$r_{大} = \dfrac{x_n - x_{n-1}}{x_n - x_1}$ 或 $r_{小} = \dfrac{x_2 - x_1}{x_n - x_1}$；

当 $8 \leqslant n \leqslant 12$ 时：$r_{大} = \dfrac{x_n - x_{n-1}}{x_n - x_2}$ 或 $r_{小} = \dfrac{x_2 - x_1}{x_{n-1} - x_1}$；

当 $n \geqslant 13$ 时：$r_{大} = \dfrac{x_n - x_{n-2}}{x_n - x_3}$ 或 $r_{小} = \dfrac{x_3 - x_1}{x_{n-2} - x_1}$.

将计算求得的 $r_{大}$，$r_{小}$ 分别与表 5.2 查得的 $r(0.05,n)$ 进行比较.

(1)当 $r_{大}$(或 $r_{小}$)$> r(0.05,n)$ 时，则最大(或最小)的试验数据为异常数据，不可信，并应剔除；

(2)当 $r_{大}$(或 $r_{小}$)$< r(0.05,n)$ 时，则最大(或最小)的试验数据不是异常数据，可信，并应保留.

5. t 分布检验法

在几次重复试验中，有个别较大的剩余误差被怀疑是过失误差，则应将含有较大剩余误差的测试值剔除，然后再按余下的 $n-1$ 个测试值及剩余误差 u_i 来计算标准差的估计量 S：

$$S = \sqrt{\frac{\sum_{i=1}^{n-1}(x_i - \overline{X})^2}{(n-1)-1}} = \sqrt{\frac{\sum_{i=1}^{n-1} u_i^2}{n-2}}$$

t 分布临界值 $t(0.05,n-2)$ 如表 5.3 所示.

表 5.3　t 分布临界值

n	t	n	t
1	12.71	6	2.447
2	4.303	7	2.365
3	3.182	8	2.306
4	2.776	9	2.262
5	2.571	10	2.228

按置信概率 $p_\alpha = 1-\alpha = 1-0.05 = 95\%$ 和 t 分布的自由度 $(n-2)$ 来查表中的 $t(0.05,n-2)$ 值，以确定该值是否应剔除.

当 $|x-\overline{X}| = |u_g| \geqslant t(0.05,n-2)\cdot S$ 时，剔除该测试值是合理的；当 $|x_i-\overline{X}| = |u_g| < t(0.05,n-2)\cdot S$ 时，则说明该测试值不含有过失误差，所以应该将它放入测试值的数列，并重新计算标准差估计量.

5.4.2　残差诊断

残差的重要应用之一是根据它的绝对值大小判定离群点，但是，对于普通残差 ε_i，$\mathrm{Var}(\varepsilon_i)=\sigma^2(1-h_{ii})$，这个方差与因变量 Y 的度量与单位以及 h_{ii} 有关. 因此当判定离群的情形时，直接比较. 普通残差 ε_i 是不适宜的，为此将它们标准化，得到

$$\frac{\varepsilon_i}{\sigma\sqrt{1-h_{ii}}}$$

但其中 σ 未知，用其估计 $\hat{\sigma}$ 代替，获得

$$r_i=\frac{\varepsilon_i}{\sigma\sqrt{1-h_{ii}}} \tag{5.43}$$

称为学生化残差. 这里需要注意的是，在误差的正态分布假设 $e\sim N(0,\sigma^2 I)$ 条件下，虽然 $\varepsilon_i\sim N(0,\sigma^2(1-h_{ii}))$，$\hat{\sigma}^2\sim\chi^2(n-p-1)$，但二者并不独立，所以 r_i 并不服从通常的 t_{n-p-1} 分布.

$$\begin{aligned}\varepsilon_i&=y_j-\hat{\beta}_1x_i-\hat{\beta}_0=\frac{y_i(\sum\limits_j x_jy_j)}{L_{xx}x_i-\hat{\beta}_0}=y_j-\sum_j h_{ij}y_j-\hat{\beta}_0\\&=(1-h_{ii})y_i-\sum_{j\neq i}h_{ij}y_j-\hat{\beta}_0;\end{aligned}$$

$$\begin{aligned}\mathrm{Var}(\varepsilon_i)&=(1-h_{ii})^2\mathrm{Var}(y_i)-\sum_{j\neq i}h_{ij}^2\mathrm{Var}(y_j)=(1-h_{ii})^2\sigma^2-\sum_{j\neq i}h_{ij}^2\sigma^2\\&=(1-2h_{ii})\sigma^2+\sum_j h_{ij}^2\sigma^2=(1-2h_{ii})\sigma^2+h_{ii}\sigma^2=(1-h_{ii})\sigma^2=(1-x_i^2/L_{xx})\sigma^2\end{aligned}$$

其中，$L_{xx}=\dfrac{\sum\limits_{j=1}^{n}x_j^2,h_j=(x_ix_j)}{L_{xx}}$，显然有 $\sum\limits_j h_{ij}^2=\dfrac{(\sum\limits_j x_i^2x_j^2)}{L_{xx}}=\dfrac{x_j^2}{L_{xx}}=h_{ii}$.

从上面可以看出，普通残差 ε_i 存在异方差问题，并且异方差大小取决于自变量 x_i 的数值，条件 $\varepsilon_i\sim N(0,\sigma^2)$，$i=1,2,\cdots,n$ 很难满足. 因此，用普通残差诊断异常值是不合适的，它只能作为一个参考. 而对于剔除残差来说，在大样本情况下，也可以按照正态分布的 3σ 原则判断异常值. 与普通残差相比，尽管剔除残差也存在异方差问题：

$$\mathrm{Var}(\varepsilon_i^*)=\mathrm{Var}[(\varepsilon_i^*)/(1-h_{ii})]=[\mathrm{Var}(\varepsilon_i^*)]/(1-h_{ii})^2=\sigma^2/(1-h_{ii})$$

但是，在诊断异常值是普通残差要包括异常值在内的所有样本观测值来拟合获得，所以很难发现异常值，而剔除用其他样本观测值来拟合获得，因而更容易发现异常值.

5.4.3　离群值的学生化剔除残差检验

学生化剔除残差(SDRESID)：

$$r_i^*=\frac{\varepsilon_i}{S_{(i)}\times\sqrt{1-h_{ii}}},\quad i=1,2,\cdots,n \tag{5.44}$$

其中
$$S_{(i)}^2=\frac{Y'_{(i)}(I-H_{(i)})Y_{(i)}}{S_{(i)}\sqrt{1-h_{ii}}}$$

它是将第 i 状态从数据组中剔除后，用剩下的 $n-1$ 组数据计算得来的，这里 $Y_{(i)}$ 及 $H_{(i)}$

都表示第 i 组数据剔除后相应的符号.

学生化剔除残差是剔除残差除以其估计标准差,记为 r_i^*,设去掉第 i 个观测值的回归模型中的 σ^2 的无偏估计为 $S_{(i)}^2$,则第 i 个观测值的学生化剔除残差为

$$r_i^* = \varepsilon_i^* / S_{(i)}, \quad \mathrm{Var}(\varepsilon_i) = 1 \tag{5.45}$$

此时,$r_i^* \sim t(n-p-1)$,在 $1-\alpha$ 置信水平下查 t 分布表得到 $t_{\alpha/2}(n-p_i-1)$,凡是满足 $|r_i^*| > t_{\alpha/2}(n-p-1)$ 的观测值就可以认为是异常值.当然在大样本情况下也可以用正态分布的 3σ 原则判断异常值.

与剔除残差相比,学生化剔除残差不存在异方差问题.因此通过学生化剔除残差来诊断异常值更准确.

5.4.4 线性回归模型多个离群点的向前逐步诊断方法

考虑线性回归模型:

$$\left.\begin{aligned} y_i &= x'_i\beta + e_i, i \in M \\ y_j &= x'_j\beta + \eta_j, j \in N \\ Ee_i\eta_j &= 0, i \in M, j \in N \end{aligned}\right\} \tag{5.46}$$

其中 $\{e, i \in M\}$ 是独立服从于 $N(0,\sigma^2)$ 的随机变量集;$\{\eta_j, j \in N\}$ 是独立服从于 $N(0,\sigma^2)$ 的随机变量集;M 和 N 是两个未知指标集,M 中指标的个数为 m,N 中指标的个数为 n,且有 $m+n=K, M \cap N = \varnothing, M \cup N = \{1,2,\cdots,K\}$.

如果多个离群点之间相距很近,只剔除其中一点时对回归系数影响很小,而同时剔除它们才可发现其联合影响作用;相反地,若多个离群点的位置不呈聚集状态,而是对称地远离回归面,其残差绝对值相近,符号相反,那么只剔除其中某几点时发现有影响作用,但同时剔除多个点对回归系数却没有影响.为有效解决多个离群点情况下线性回归诊断中存在的问题,将LMS稳健回归技术与最小二乘法诊断相结合,前者可解决掩盖问题,后者可提供正式的统计学检验,以有效地识别出线性回归模型中潜在的多个离群点.

基本思想是设法得到一个不包含离群点的干净数据集,然后检查其他点相对于干净点集是否异常.令 M 代表不包含离群点的基本集,N 表示除去离群点后的点集,Y_M 与 X_M 为相应观测点集,$\hat{\beta}_M$ 为模型拟合 M 子集得到的估计回归系数,$\hat{\sigma}_M^2$ 为相应残差均方.诊断过程的基本算法如下:

(1)设法得到一个初始化基本集 M,初始大小为 $H = \mathrm{int}[K/2] + p - 2$.

(2)在 M 子集基础上,对各点计算诊断量如下:

$$d_i = \begin{cases} \dfrac{y_i - x'_i\hat{\beta}_M}{\hat{\sigma}_M\sqrt{1 - x'_i(X'_M X_M)^{-1}x_i}}, & i \in M \\[2ex] \dfrac{y_i - x'_i\hat{\beta}_M}{\hat{\sigma}_M\sqrt{1 + x'_i(X'_M X_M)^{-1}x'_i}}, & i \notin M \end{cases}$$

当 $i \in M$ 时,d_i 为学生化内残差;当 $i \notin M$ 时,d_i 为基于 M 的标准化预测误差.

(3)将各个观察值按 $|d_i|$ 升序排列,令 d_{S+1} 为 $|d_i|$ 的第 $(S+1)$ 位顺序统计量,其中 S 为当前基本集 M 的大小.

1)若 $d_{(S+1)} \geqslant t_{\frac{\alpha}{2(S+1)}}(S-p)$,则宣布所有满足 $|d_i| \geqslant t_{\frac{\alpha}{2(S+1)}(S-p)}$ 的观测值为离群点并停止.

2)否则,将第一个 $d_{(S+1)}$ 顺序统计量对应的观测值并入于净点形成新的基本集 M. 若此时 $N=K+1$,则宣布数据中无离群点并停止;否则转向主程序第二步.

对无离群点的假设作检验时,若随机误差项 e_i 分布为 $N(0,\sigma^2)$,则 d_i 是服从 t 分布的,由于它们都共同地包括 $\hat{\beta}_M$ 估计值,所以相互间不独立. 对 σ^2 可以得到三种无偏估计,即普通的 $\hat{\sigma}^2$,剔除第 i 个观测值后的 $\hat{\sigma}^2_{(i)}$ 和 $\hat{\sigma}^2_M$. $\hat{\sigma}^2$ 对第 i 个观测值的误差不稳健,而 $\hat{\sigma}^2_{(i)}$ 虽然对第 i 个观测值的误差稳健,但仍然会由于可能的多个离群点而使估计偏高,$\hat{\sigma}^2_{(M)}$ 相对地不易受多个离群点影响,最为稳健. 由于它只基于部分观测,估计偏低. 在正态假设下,若 $\hat{\beta}_M$ 与 $\hat{\sigma}^2_{(M)}$ 独立,对于每个大小为 S 的子集 M,$i\notin M$ 时的 d_i 服从自由度为 $S-p$ 的 t 分布.

本法中确定不受离群点干扰的初始基本集时,采用了稳健的 LMS(Least Median of Squares)估计,其定义为

$$\hat{\beta}_{\text{IMS}}=\min_{\hat{\beta}}(\operatorname*{med}_{i} r_i^2)$$

它表示对于各点残差二次方值,不通过传统的求和后取极小值,而是取其中位数的极小值得到相应的回归系数估计值. 可以证明,LMS 估计的崩溃点

$$\bar{\omega}=\text{int}[((N/2)-p+2)/N],N\to\infty,\bar{\omega}=50\%$$

就诊断而言,此崩溃点大小是解决掩盖问题的基本保证,可使所拟合回归不受多个离群点的影响. 这样,将 LMS 回归得到的残差二次方升序排列后,相应于排序在前一半的观测就可形成一个不含离群点的初始化基本集.

对一个模拟数据进行诊断分析:该数据 $N=75$ 例,共有 3 个自变量,其中第 15～75 号观测值由一个固定的线性模型产生,其余数据由不同于此模型的其他分布得到,前 10 个数据为 Y 与 X 均异常的观察点,第 11 ～ 14 号点只在 X 方向异常.

由附录中的图表可以看到,基于最小二乘法的各种诊断量及 M 估计的标准化残差都错误地将仅在 X 空间异常的 11～14 号点判为可能的离群点,而向前逐步法有效地识别出了 1～10 号离群点. 故而认为,将稳健回归技术与经典诊断方法相结合,是有效解决多个离群点情形下进行回归诊断分析的一种新思路,而对于该法的检验效能尚待进一步的研究.

5.5 离群点模型

5.5.1 只有一个离群点时的均值漂移模型

把正态线性回归模型(5.14)改写成如下分量形式:

$$y_i=x'_i\beta+e_i,e_i\sim N(0,\sigma^2),\quad i=1,2,\cdots,n \tag{5.47}$$

这里 $e,i=1,2,\cdots,n$ 相互独立. 如果第 j 组数据 (x'_j,y_j) 是一个异常点,那么它的残差就很大. 发生这种情况的原因是均值 Ey_i 发生了非随机漂移 η:$Ey_j=x'_j\beta+\eta$. 这样有一个新的模型:

$$\left.\begin{aligned}y_i&=x'_i\beta+e_i,i\neq j\\ y_j&=x'_j\beta+e_j,e_i\sim N(0,\sigma^2)\end{aligned}\right\} \tag{5.48}$$

记 $d_j(0,\cdots,0,1,0,\cdots,0)'$,这是一个 n 维向量,它的第 j 个元素为 1,其余元素皆为零. 将模型

(5.48)写成矩阵形式：

$$Y = X\beta + d_j + \eta + e, e \sim N(0,\sigma^2 I) \tag{5.49}$$

模型(5.48)和(5.49)称为均值漂移线性回归模型.要判定 (x'_j, y_j)不是异常点，等价于检验假设 $H:\eta=0$.

为了导出所要的检验统计量，需要求出模型(5.40)中参数 β 和 η 的最小二乘估计.记这些估计分别为 β^* 和 η^* .显然假设 $\eta=0$ 成立时 β 的最小二乘估计就是 $\hat{\beta}=(X'X)^{-1}X'Y$.

定理 1 对均值漂移线性回归模型(5.40)，β 和 η 的最小二乘估计分别为 $\beta^* = \beta_{(j)}$ 和 $\eta^* = \frac{1}{1-h_{jj}}\varepsilon_j$，其中 $\hat{\beta}_{(j)}$ 为从非均值漂移线性回归模型(5.38)剔除第 j 组数据后得到的 β 的最小二乘估计. $H=(h_{jj})=X(X'X)^{-1}X'$，h_{jj} 为 H 的第 j 个对角元. ε_j 为从模型(5.38)导出的第 j 个残差.

证明 显然，$h'_jY=y_j, h'_jh_j=1$.记 $X=(x_1,x_2,\cdots,x_n)$，则 $X'h_j=x_j$.于是根据定义：

$$\begin{pmatrix}\beta^*\\ \eta^*\end{pmatrix}=\left[\begin{pmatrix}X'\\ h'_j\end{pmatrix}(Xh_j)\right]^{-1}\begin{pmatrix}X'\\ h'_j\end{pmatrix}Y=\begin{pmatrix}X'X & x_j\\ x'_j & 1\end{pmatrix}\begin{pmatrix}X'Y\\ y_j\end{pmatrix}$$

又由分块矩阵的求逆公式：

$$\begin{pmatrix}A_{11} & A_{12}\\ A_{21} & A_{22}\end{pmatrix}=\begin{pmatrix}A_{11}^{-1}+A_{11}^{-1}A_{12}B^{-1}B^{-1}A_{21}A_{11}^{-1} & -A_{1}^{-1}A_{12}B^{-1}\\ -B^{-1}A_{21}A_{11}^{-1} & B^{-1}\end{pmatrix}$$

其中，$B=A_{22}-A_{21}A_{11}^{-1}A_{12}$ 以及 $h_{jj}=x'_j(X'X)^{-1}x_j$ ，有

$$\begin{pmatrix}\beta^*\\ \eta^*\end{pmatrix}=\begin{pmatrix}(X'X)^{-1}+\frac{1}{1-h_{jj}}(X'X)^{-1}x_jx'_j(X'X)^{-1} & -\frac{1}{1-h_{jj}}x'_j(X'X)^{-1}\\ -\frac{1}{1-h_{jj}}x'_j(X'X)^{-1} & \frac{1}{1-h_{jj}}\end{pmatrix}\begin{pmatrix}X'Y\\ y_j\end{pmatrix}$$

$$=\begin{pmatrix}\hat{\beta}+\frac{1}{1-h_{jj}}(X'X)^{-1}x_jx'_j\hat{\beta}-\frac{1}{1-h_{jj}}(X'X)^{-1}x_jx_j\\ -\frac{1}{1-h_{jj}}x_j\hat{\beta}+\frac{1}{1-h_{jj}}y_j\end{pmatrix}$$

$$=\begin{pmatrix}\hat{\beta}-\frac{1}{1-h_{jj}}(X'X)^{-1}x_j\varepsilon_j\\ \frac{1}{1-h_{jj}}\varepsilon_j\end{pmatrix}=\begin{pmatrix}\hat{\beta}_j\\ \eta^*\end{pmatrix}$$

这个定理给出了一个很重要的事实：如果因变量的第 j 个观测值发生均值漂移，那么在相应的均值漂移回归模型中，回归系数的最小二乘估计恰等于都在原来模型中剔除第 j 组数据后所获得的最小二乘估计.

现在用定理 5.1 来检验 $H:\eta=0$ 的检验统计量.注意到，对现在的情形，在约束条件 $\eta=0$ 下，模型(5.40)就化为模型(5.38)，于是

$$\mathrm{RSS}_H = \text{模型(5.38)无约束情形的残差平方和} = Y'Y-\hat{\beta}X'Y$$

而模型(5.40)的无约束残差二次方和为

$$\mathrm{RSS} = Y'Y-\beta'^{*}X'Y-\eta^* d'_jY \tag{5.50}$$

利用定理 1 得

$$\mathrm{RSS}_H-\mathrm{RSS}=(\beta^*-\hat{\beta})'X'Y+\eta^* d'_jY=-\frac{1}{1-h_{jj}}\varepsilon_jx'_j\hat{\beta}+\frac{\varepsilon_jy_j}{1-h_{jj}}=\frac{\varepsilon_j^2}{1-h_{jj}} \tag{5.51}$$

这里 $\varepsilon_j = y_j - x'_j\hat{\boldsymbol{\beta}}$ 为第 j 组数据的残差.

利用 β^* 和 η^* 的具体表达式将(5.41)作进一步化简：

$$\mathrm{RSS} = \hat{\boldsymbol{Y}}\boldsymbol{Y} - \hat{\boldsymbol{\beta}}'\boldsymbol{X}'\boldsymbol{Y} + \frac{\varepsilon_j\hat{y}_j}{1-h_{jj}} - \frac{\varepsilon_j y_j}{1-h_{jj}} = (n-p)\hat{\sigma}^2 - \frac{\varepsilon_j^2}{1-h_{jj}}$$

其中 $\hat{\sigma}^2 = \dfrac{\|Y - X\hat{\beta}\|^2}{n-p}$. 根据定理 1，所求的检验统计量为

$$F = \frac{\mathrm{RSS}_H - \mathrm{RSS}}{\dfrac{\mathrm{RSS}}{(n-p-1)}} = \frac{\dfrac{\varepsilon_j^2}{1-h_{jj}}}{\dfrac{(n-p)\sigma^2}{n-p-1} - \dfrac{\varepsilon_j^2}{(n-p-1)(1-h_{jj})}} = \frac{(n-p-1)r_j^2}{n-p-r_j^2}$$

这里 $r_j = \dfrac{\varepsilon_j}{\hat{\sigma}\sqrt{1-h_{jj}}}$ 这是学生化残差，于是证明了如下事实.

定理 2　对于均值漂移线性回归模型(5.40)，如果假设 $H:\eta = 0$ 成立，则

$$F_j = \frac{(n-p-1)r_j^2}{n-p-r_j^2} \sim F_{1,n-p-1}$$

据此，就得到如下检验：对给定的 $\alpha(0 < \alpha < 1)$，若

$$F_j = \frac{(n-p-1)r_j^2}{n-p-r_j^2} > F_{1,n-p-1}(\alpha) \tag{5.52}$$

则判定第 j 组数据（x'_j, y_j）为异常点. 当然，这个结论可能是错的，也就是说，（x'_j, y_j）可能不是异常点，而被误判为异常点. 但犯这种错误的概率只有 α，事先可以把它控制得很小.

显然，根据 t 分布和 F 分布的关系，也可以用 t 检验法完成上面的检验. 若定义 $t_j = F_j^{1/2} = \left[\dfrac{(n-p-1)r_j^2}{n-p-r_j^2}\right]^{1/2}$，则对给定的 α，当 $|t_j| > t_{n-p-1}\left(\dfrac{\alpha}{2}\right)$ 时，拒绝假设：$\eta = 0$. 即判定第 j 组数据（x'_j, y_j）为异常点.

异常点的检验是一个很复杂的问题. 首先，要确定异常点的个数. 如果只有一个异常点，那么可以应用定理 2 来检验. 虽然可以毫无困难地把定理 2 推广到多个异常点的检验情形，但是严重的问题往往出现在异常点个数的确定上面. 如果假设的个数小于实际个数，那么可能由于未被怀疑的异常点的存在而产生掩盖现象，使得真正的异常点检验不出来. 如果所假设的异常点个数大于实际个数，则可能把正常点误判为异常点.

5.5.2　多个异常点情况下的 ESD 改进方法

Rosner 于 1983 年提出了诊断与检验多个离群点的广义 ESD 方法，但是只是对单个变量的情况下，现在将它做如下改进，步骤如下：

(1)选定离群点数目的可能上限 m；

(2)从数据样本出发，计算 $R_1 = \max\{|SDR_i|\}$，设该式最大值在 i_1 达到；

(3)在找到达到最大值的那个点，删除那个点，再进行计算，再找出另一个最大值 R_2，依次类推，可以分别求出 $R_3, R_4, \cdots, R_m$；

(4)定义：

$$\lambda_j = \frac{\sqrt{n-(j-1)-p-1}\,t_{\frac{a_j}{2}}(n-j-p-1)}{\sqrt{n-j-p-1+t_{\frac{a_j}{2}}^2(n-j-p-1)}},\quad a_j = \alpha/(n-j-p-1) \tag{5.53}$$

(5)取 $M=\begin{cases}0, R_j \leqslant \lambda_j, j=1,2,\cdots,m \\ \max\{j: R_j>\lambda_j\}\end{cases}$，则如果 $M=0$，就可认为没有离群点，如果 $M>0$，则认为与 $R_1,R_2,\cdots,R_M$ 相对应的 M 个点为离群点.

5.6 离群值的处理

5.6.1 离群值的处理方法

批量异常数据的识别是数据处理中的大计算量问题.针对大型线性回归模型，在逐点剔除法的基础上，提出了异常点剔除的一种改进算法.该方法在提高批量异常数据识别效果的同时，还能降低它的计算量.

(1)假设对 t_i 时刻的 $f(t_i)$ 进行观测，得到观测数据 $(t,Y_i)(i=1,2,\cdots,n)$，设其模型为 $Y_j=f(t_i)+e_i, i=1,2,\cdots,n$，其中 e_i 为观测误差.数据处理的主要任务就是估计 $f(t_i)$，应用函数逼近方法可以得到

$$f(t_i)=\sum_{j=1}^{L}\beta_j\phi_j(t_i)$$

这里($\Phi_1,\Phi_2,\cdots,\Phi_N$)是一组(已知的)线性无关的基函数，于是测量数据可表示为

$$y_i=\sum_{j=1}^{L}\beta_j\phi_j(t_i)+e_i\overset{\text{def}}{=\!=}x_i\beta e_i \tag{5.54}$$

其中 $x_i=(\Phi_1(t_i),\Phi_2(t_i),\cdots,\Phi_L(t_i))',\beta=(\beta_1,\beta_2,\cdots,\beta_L)'$.其中 $L=p$.因此要得到 $f(t_i)$ 的估计值，关键是要得到模型(5.14)中参数 β 的估计值.

考虑线性回归模型(5.13)的参数估计，通常应用最小二乘估计方法.但在应用最小二乘估计方法时，观测数据中不允许任何数据中含有粗大误差，否则结果不可靠.但是粗大误差却是不可避免的.由此看来，求参数 β 的估计值以前，异常观测数据的识别与剔除就具有特别重要的意义.

在异常数据的逐点剔除法基础上，提出了异常数据剔除的改进算法，即采用下面的方法：首先根据逐点剔除法识别一些明显的异常数据，然后确定正常数据，最后对剩余的数据在异常数据范围内进行所有可能的子集回归.

(2)逐点剔除改进法.考虑模型(5.37)，记

$$\boldsymbol{Y}=(Y_1,Y_2,\cdots,Y_n)',\boldsymbol{X}=(X_1,X_2,\cdots,X_n)',\boldsymbol{H}=(h_{jj})_{n\times n}=\boldsymbol{X}(\boldsymbol{X}'\boldsymbol{X})^{-1}\boldsymbol{X}'$$

$$\boldsymbol{\varepsilon}=(\varepsilon_1,\varepsilon_2,\cdots,\varepsilon_n)'=(\boldsymbol{I}-\boldsymbol{H})\boldsymbol{Y},\xi_i=\frac{\varepsilon_i^2}{1-h_{ii}}(i=1,2,\cdots,n),h=\min_{1\leqslant i\leqslant k}h_{ii}.$$

通过分析可以知道：ξ_i 的值越大，$i\in N$ 的概率越大；ξ_j 的值越小，$j\in M$ 的概率越大.可以通过比较 ξ_i 的大小，识别含粗大误差的观测数据.逐点剔除法是每次找出最大的 ξ_i，从模型中剔掉其对应的数据和相应的方程.当存在异常数据时，上述方法能不断剔除异常数据，但在所有的异常数据剔除干净以后，若没有一个停止规则，那将导致剔掉正常数据的不良后果.因此，需要建立一个停止规则，保护正常数据不被剔除，而

$$E\|\varepsilon\|^2=(n-L)\sigma^2,\quad \xi_i\sigma^2\sim\chi^2(1) \tag{5.55}$$

因此，依大概率(约为 0.995)有

$$\xi_j<7.29\sigma^2=7.29\frac{E\|\varepsilon\|_2^2}{n-L}$$

离群值的处理步骤如下：

1)依据以上讨论，可以按下述逐点剔除法识别明显的异常数据，并且将剩下的观测点看成全部观测点. 对于线性回归模型(5.37)，可取 $\alpha=\dfrac{7.29}{n-L}$. 当 $\xi_j=\max\limits_i\xi_i>\alpha\|\varepsilon\|^2$ 时，则认为 Y_j 为异常数据点. α 越大，正常观测数据被误剔的概率越小. 但是，α 太大时，准则 $\max\limits_i\xi_i\leqslant\alpha\|\varepsilon\|^2$ 会把异常观测数据也保留下来. 因此 α 的值也不宜过大.

2)在 1)步之后，根据后面的原则找到正常数据，将除去正常数据之后的观测点看成全部可能异常观测点.

3)在可能异常点的数目范围之内，对全部可能异常观测点进行全组合，以找到使全部观测点残差平方和最小的那些点的集合. 全部观测点去掉这些观测点和正常数据后所剩的观测点的指标集合 J 称为最优指标子集，即异常点的集合.

这样，将 1)找到的异常点和 3)找到的异常点集合加在一起就是所有的异常点.

在后面的计算中，根据实际情况，我们认为异常点的个数不超过观测点个数 n 的 10%. 在模型(5.14)中，假设逐点剔除法能找到 t_1 个明显异常点，那么还剩下 $n_1\Leftarrow n-t_1$ 个观测点，还有不超过 $n\times 10\%-t_1=m_1$ 个异常点.

设剔除明显异常数据后得到的 n_1 个数据由正常数据和不明显的异常数据构成，为方便，将它仍看作模型(5.37)的形式.

由以上讨论可知，ξ_i 的值越小，$i\in M$ 的概率越大，并且按式(5.46)，根据 $\chi^2(1)$ 的分布，$\xi_i<1.323\sigma^2$ 的概率为 0.75，因此，可以依据以下方法来确定正常数据：

对于线性回归模型(5.37)，定义

$$\boldsymbol{\varepsilon}=(\boldsymbol{I}-\boldsymbol{H})\boldsymbol{Y},\quad \xi_i=(1-h_{ii})^{-1}\varepsilon_i^2\quad (i=1,2,\cdots,n)$$

取 $\alpha=\dfrac{1.323}{n_1-L}$，当 $\xi_i<\alpha\|\varepsilon\|_2^2$ 时，则认为 Y_i 为正常数据点.

经过剔除明显异常数据点和确定正常数据点两步之后，待定的数据个数大大减少. 在模型(5.37)中，假设逐点剔除法能找到 t_1 个明显异常数据，确定出 m_1 个正常数据，那么还剩下 $n-t_1-m_1=n_1-m_1=n_2$ 个观测点，还有不超过 $n\cdot 10\%-t_1=m_1$ 个异常点，此时，只需要计算出 $C_{n_2}^1+C_{n_2}^2+\cdots+C_{n_2}^{m_1}$ 个残差二次方和 $\|Y(J)-X(J)\hat{\beta}(J)\|^2$，通过比较大小找到最小值，从而找到异常数据的集合 J 即可.

实例 5.1　测数据为 $\boldsymbol{Y}=(y_1,y_2,\cdots,y_{100})'+\boldsymbol{X\beta}+\boldsymbol{e}$，异常数据不超过 10%，其中 $\boldsymbol{X}=(x_{ij})_{100\times 4}$，$\boldsymbol{\beta}=(10,10,10,10)'$，$e_i\sim N(0,1)$，$i=1,\cdots,10,20,\cdots,100$.

$$x_{i1}=\sin(1+0.5i),x_{i2}=\cos(1+0.5i),x_{i3}=\ln(1+0.5i),x_{i4}=(1+0.5i)^2$$

计算结果的比较及计算时间的比较见表 5.4～表 5.6.

表 5.4 应用逐点剔除法的结果

异常数据个数	异常数据对应的标号	剔除异常数据后的拟合残差	β_1	β_2	β_3	β_4
5	14,15,17,18,19	125.500	10.439	10.076	10.185	9.999

表 5.5 确定正常数据的结果

正常数据个数	正常数据的拟合残差和	β_1	β_2	β_3	β_4
65	8.802	10.820	9.960	10.050	9.999

表 5.6 应用逐点剔除法的改进法的估计结果

异常数据个数	增加的异常数据对应的标号	拟合残差二次方和	β_1	β_2	β_3	β_4
10	11,12,13,16,100	50.6	10.32	10.03	10.05	9.999

从表 5.4～表 5.6 中可以看出：

(1)丢弃异常数据后的拟合残差会有较大幅度的下降，同时参数估计效果也得到明显改善.

(2)逐点剔除法只能找出其中一些明显的异常数据，而子集回归能找出全部的异常数据.

(3)确定正常数据后进行子集回归的计算量远远小于全子集回归的计算量.

(4)在观测数据量较大的情况下，子集回归的计算量会呈指数级增长，此时应考虑采用并行方法实现.

5.6.2 应用实例确定分析的数据

现在用纽约河的氮浓度数据作为分析对象，找出它们可能的异常数据情况. 具体数据见表 5.7.

表 5.7 纽约州河流水污染研究中的变量

变 量	定 义
Y	春、夏、秋各季中定期采集到的样本的平均氮浓度(mg/L)
X_1	农田覆盖率(%)
X_2	森林覆盖率(%)
X_3	住宅地占土地总面积的百分比
X_4	工业及商业用地占土地总面积的百分比

下面是用 SPSS 分析的回归系数表(见表 5.8).

表 5.8　回归系数表

Model		Unstandardized Coefficients		Standardized Coefficients	t	Sig.
		B	Std. Error	Beta		
1	(Constant)	2.347	0.238		9.844	0.000
	wood	−0.019	0.004	−0.773	−5.177	0.000
2	(Constant)	2.096	0.240		8.718	0.000
	wood	−0.016	0.003	−0.673	−4.769	0.000
	industrial and shopping centre	0.188	0.082	0.325	2.300	0.034

利用逐步回归的数据分析，回归方程为 $Y=-0.016X_1+0.0188X_2+2.247$，可以看到，数据与 Farm，house 自变量关系不密切，所以先删除两个自变量，再次进行分析.

5.6.3　线性回归模型多个离群点的向前逐步诊断方法

1. 确定正常数据集合的方法

(1)计算所有数据的 $\xi_i=\dfrac{\varepsilon_i^2}{1-h_{ii}}$，然后判断. 若 $\xi_i>\dfrac{\varepsilon_i^2\times 6.31375}{n-L}$，则是异常数据，删除掉，$n$ 表示所有的数据的数目，$n_1=n-1$，否则 $\xi_i<\dfrac{\varepsilon_i^2}{n_1-L}$.

(2)每次都在 n_1 的基础上完成操作，同时剔除掉正常的数据与异常的数据，再次进行计算 ξ_i，重复(1)中的判断内容.

经过上面的步骤后找到如下的正常数据集合，1，14，18，20，13，3，10，11，16. 在这组正常数据集合的基础上进行诊断. 因为诊断数据，没有严格按照上面的临界值来做，采用的是和临界值的 0. 01 的标准来选择数据.

所有正常数据集合的残差图为图 5.2.

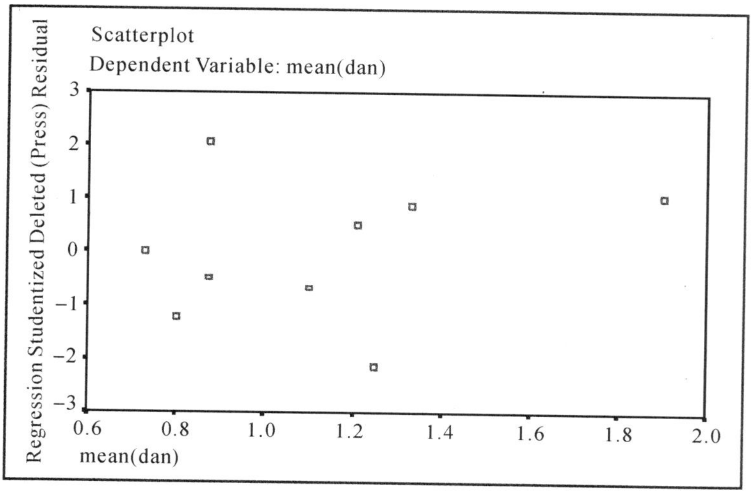

图 5.2　正常数据集合的残差图

2. 进行分析

将未进行分析的数据逐步放入正常数据集里进行分析. 前几组数据都不能判断其为异常数据. 第 2,4,5,6 四组数据放入正常集合里都是正常数据. 而第 7 组数据异常，基本数据为 $t_{\frac{0.05}{26}}(9) = 4.0801$.

由图 5.3 可以判断第 7 组数据为异常数据.

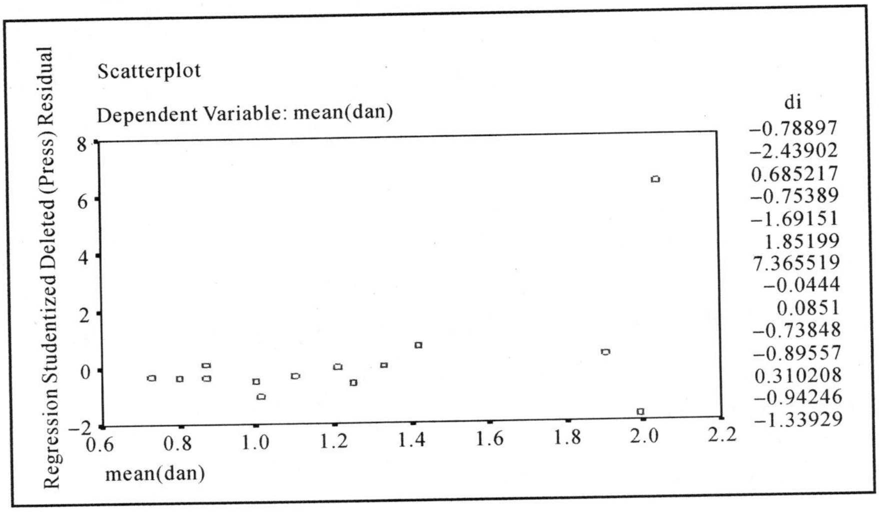

图 5.3　第 7 组数据为异常数据

同样将其他数据放入加入这些正常数据集合里去，依然是正常数据集合的状态，不存在异常，直到第 19 组数据表现为异常数据 $t_{\frac{0.05}{38}}(15) = 3.8112$.

由图 5.4 总共可以判断出两个异常点数据，即第 7,19 组数据.

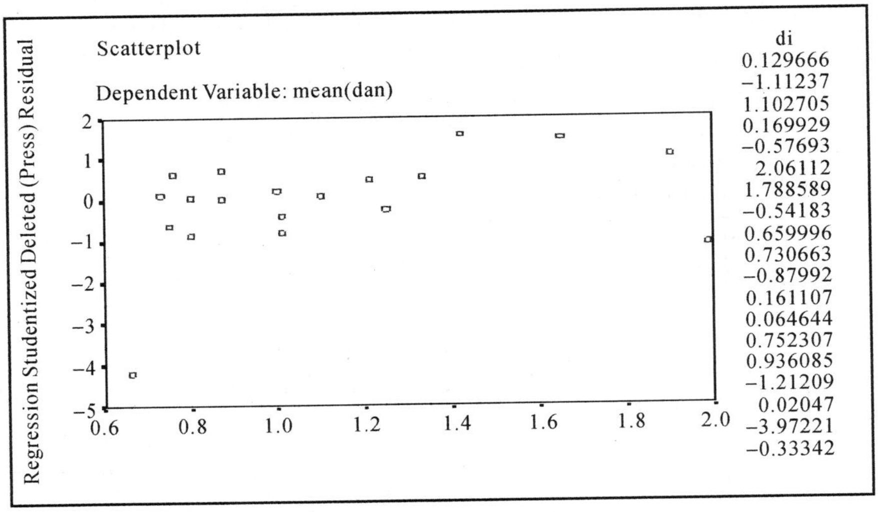

图 5.4　第 7,19 组数据为异常数据

5.6.4　均值漂移模型

(1)对原始的数据处理后的残差图,进行首次探索性分析(见图 5.5).
根据图 5.5 残差图可以发现,数据中有远离总体数据的点,即存在特别大的残差.

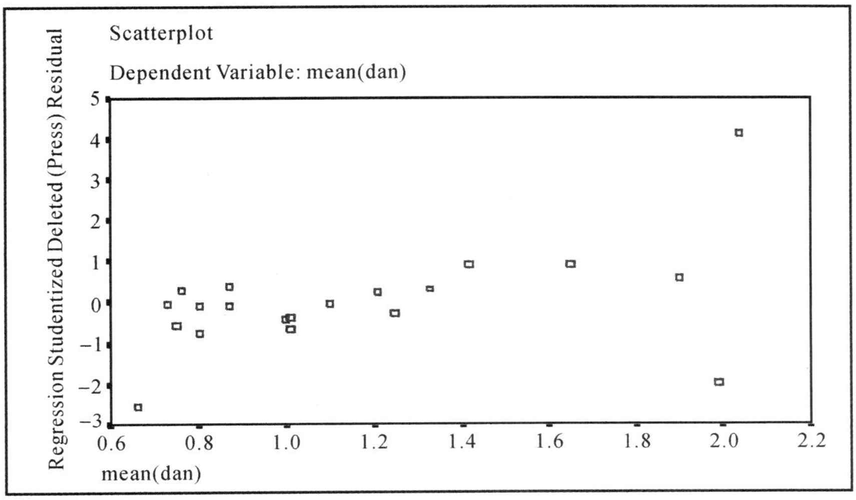

图 5.5　残差图

(2)经过均值漂移模型,数据的处理过程如表 5.9 所示,下面的分析都在图 5.5 的基础上进行(第一次 20 个指的是在没有对数据进行处理的情况下,对数据进行的计算;第 2 次删除第 7 个数据,是指对数据的分析,根据均值漂移的检验,第 7 组数据显然为异常数据的情况下所做的处理;而第 3 次是在第 2 次的基础上,检验第 19 组数据存在异常将其删除).

表 5.9　数据处理

第一次 20 个				第二次删除第 7 个数据				第三次删除第 19 个数据			
coo_1	lev_1	fj	tj	coo_1	lev_1	fj	tj	coo_1	lev_1	fj	tj
0.000 05	0.005 1	0	0.05	0.000 18	0.003 98	0.01	0.09	0.000 46	0.005 2	0.02	0.14
0.013 24	0.031 35	0.43	0.66	0.020 23	0.029 36	0.67	0.82	0.079 27	0.033 7	2.7	1.64
0.045 27	0.242 25	0.32	0.56	0.145 66	0.241 7	1.05	1.03	0.115 14	0.252 7	0.76	0.87
0.048 39	0.383 05	0.18	0.43	0.010 07	0.401 47	0.03	0.18	0.099 96	0.401 8	0.34	0.58
2.896 7	0.673 36	3.89	1.97	1.246 53	0.709 15	1.18	1.09	2.343 36	0.706 3	2.4	1.55
0.014 34	0.000 61	0.8	0.89	0.041 5	0.000 93	2.39	1.55	0.071 06	0.001	4.35	2.09
0.264 11	0.033 01	16.98	4.12	0.003 42	0.092 61	2.15	1.46	0.150 13	0.100 4	2.72	1.65
0.047 45	0.094 33	0.84	0.91	0.003 64	0.012 87	0.15	0.38	0.019 88	0.015 3	0.77	0.88
0.003 25	0.014 58	0.13	0.37	0.005 17	0.010 52	0.22	0.47	0.003 36	0.012 9	0.13	0.36
0.001 26	0.011 97	0.05	0.23	0.009 67	0.036 26	0.28	0.53	0.005 5	0.041 1	0.15	0.38
0.002 89	0.038 02	0.09	0.29	0.012 18	0.026 91	0.41	0.64	0.038 96	0.026 4	1.34	1.16

续表

第一次 20 个				第二次删除第 7 个数据				第三次删除第 19 个数据			
coo_1	lev_1	fj	tj	coo_1	lev_1	fj	tj	coo_1	lev_1	fj	tj
0.009 31	0.028 35	0.32	0.56	0.000 76	0.073 98	0.01	0.12	0.000 03	0.072 2	0	0.02
0.000 02	0.075 4	0	0.02	0.000 1	0.054 62	0	0.05	0.000 13	0.052 5	0	0.05
0.000 5	0.054 99	0.01	0.11	0.025 17	0.116 08	0.36	0.6	0.044 25	0.113 3	0.64	0.8
0.005 06	0.116 23	0.07	0.27	0.021 85	0.060 64	0.5	0.71	0.032 05	0.059	0.73	0.85
0.006 76	0.061 98	0.15	0.39	0.017 7	0.011 33	0.77	0.88	0.053 94	0.011 4	2.48	1.57
0.012 35	0.012 61	0.54	0.73	0.000 01	0.026 24	0	0.01	0.001 04	0.025 6	0.03	0.18
0.000 28	0.027 59	0.01	0.1	0.256 06	0.028 89	17.7	4.2	0.030 94	0.069 1	0.64	0.8
0.141 23	0.030 77	6.33	2.52	0.002 83	0.062 46	0.06	0.25				
0.002 99	0.064 45	0.07	0.26								

(3)用均值漂移法的计算.

1)用 f,t 检验,以及 Cook 距离的方法,杠杆水平用 $h_{ii} > \dfrac{pf_\alpha}{n-p+pf}$ 的值验证其高杠杆点.删除数据之前,$f_{1,16}(0.05)=4.49$,$t_{16}(0.025)=2.1199$.由均值漂移的检验,检验出第 7,19 组数据有异常.

$$\frac{pf\alpha}{n-p+pf_\alpha}=\frac{3\times 4.49}{20-3-3\times 4.49}\approx 0.4421$$

根据此值计算得第 5 组数据既是一个高杠杆点又是一个强影响点.$D_i^2 > f_\alpha(p+1,n-p-1)$ 即为强影响点的判断方法,与用 Cook 距离大于 1 时判定为强影响点的判断大致相同($f_\alpha(p+1,n-p-1)=f_\alpha(4,16)=3.01$).

2)删除第 7 组数据,残差图如图 5.6 所示.

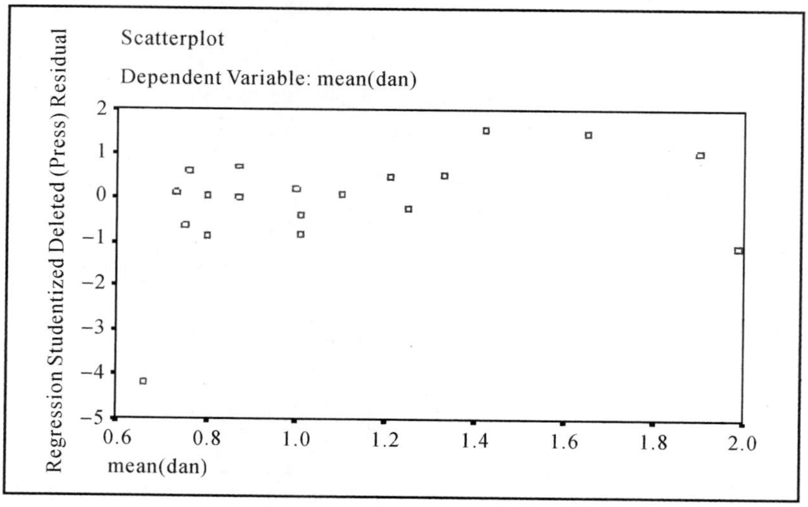

图 5.6 残差图

用图 5.6 发现，氮浓度最小的点是异常的，即第 19 组数据有异常.

$$f_{1,15}(0.05)=4.54,t_{15}(0.025)=2.1315,\frac{pf_\alpha}{n-p+pf_\alpha}=\frac{3\times4.54}{19-3+3\times4.54}\approx0.4598$$

根据此计算，第 4，5 点为高杠杆点. 第 5 个点为强影响点. 由 Cook 距离可以发现第 4 个数据是一个强影响点. 再由均值检验可以发现倒数第 2 个点即第 19 组数据，为异常点. 因此需要在此基础上，删除第 19 组异常数据.

3)删除第 19 组数据，残差图如图 5.7 所示.

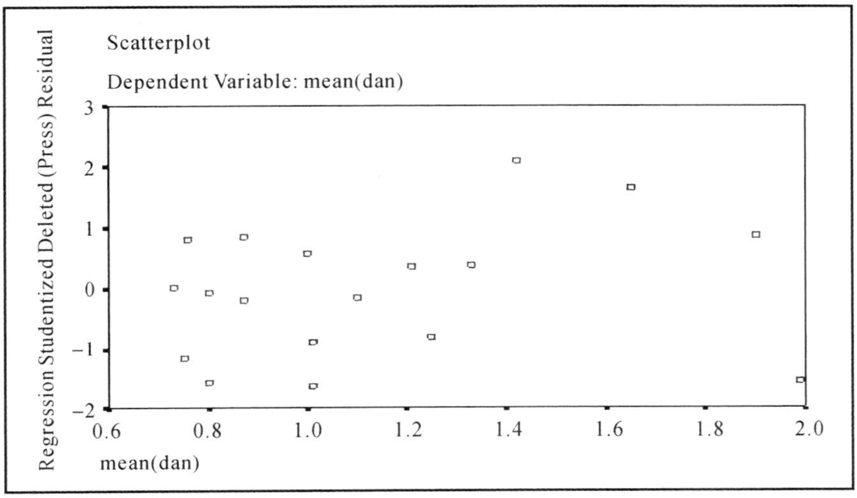

图 5.7　残差图

$$f_{1,14}(0.05)=4.60,t_{14}(0.025)=2.1448,\frac{pf_\alpha}{n-p+pf_\alpha}=\frac{3\times4.60}{18-3+3\times4.60}\approx0.4677$$

第 5 个数据依然是强影响点和高杠杆点. 可以分析出第 7，19 组数据为异常点.

5.6.5　ESD 的改进方法

根据以前的分析可以发现，异常值的个数大概为 2，但为了不先入为主，假设异常值的个数为原来数目的 10%，所以假设异常值的个数为 5 个. 基本数据见表 5.10.

表 5.10　基本数据

	20 个数据	删除第 7 组	删除第 19 组	删除第 6 组	第 8 组最大数据
6	0.892 91	1.546 38	2.085 3	2.090 57	2.090 57
7	4.120 7	1.464 85	1.648 1	−0.848 31	−0.848 31
…	…	…	…	…	…
17	−0.734 53	0.014 64	−0.181 71	−0.745 1	−0.745 1
18	−0.096 34	−4.204 19	−0.797 41		
19	−2.516 92	−0.248 04			

续 表

	20 个数据	删除第 7 组	删除第 19 组	删除第 6 组	第 8 组最大数据
20	−0.256 02				
R_j 的值	R_1=4.120 7	R_2=4.204 19	R_3=2.085 3	R_4=2.090 57	R_5=2.090 57
λ 的值	λ_1=2.677 8	λ_2=2.640 2	λ_3=2.598 5	λ_4=2.551 8	λ_5=2.499 1

经过 ESD 改进方法的比较可以看出，第 7,19 两点为异常数据点.

5.6.6 逐点剔除改进法

下面根据逐点剔除法的要求对数据进行处理，计算出 ξ_i 的值.

(1)找出特别明显的离群值，即第一列数据. 第 7 组数据的 ξ_i =0.524 145>0.476 077，为显然的异常数据点.

(2)确定正常数据，即第 2 列，只要大于 0.048 624，就可以认为是正常数据.

(3)对不能判断的数据进行子集全回归.

只有前面三个时的操作过程：

6,8	0
6,19	0
8,19	9.86E−32

第 7 个数据明显超过数值，作为异常数据删除掉，然后根据补充的情况，判定其他数据是正常数据. 只有下面三组数据无法判定，因此这个数据可以表明 8,19 为异常数据集，综合以前的计算结果，7,8,19 三个点是离群值点.

5.6.7 总结

事实上，异常值的检验是一个很复杂的问题，首先，必须确定异常值的个数，如果只有一个异常值，那么就可以利用均值漂移模型以及诊断方法来检验离群值. 如果有多个异常值，就不能应用这个定理去逐个检验，而需要多个值同时检验，但是异常值的个数的确定问题又是一个很难的问题. 如果假设个数小于实际个数，那么可能由于未被怀疑的异常值的存在而产生掩盖现象，使真正的异常值检验不出来. 如果假设的异常值个数大于实际个数，则可能把正常值误判为异常值，也就变成了淹没现象.

当然可以用残差诊断法来找出异常值，但是残差诊断也有它的局限性，不能很好地找出异常值. 即使找出异常值，对于异常值的处理也不是容易的事情，我们不能简单地把它剔除，可以用加权减少离群值的影响，同时也可以看出离群值含有很大的信息量，因此离群值问题是当今统计学家研究的热门课题之一.

参 考 文 献

[1] 沈学桢.现代数据技术[M].上海:立信会计出版社,2005.
[2] WEISBERG S.应用线性回归[M].王静,等,译.北京:中国统计出版社,1998.
[3] 王松桂,陈敏,陈立萍.线性回归模型—线性回归与方差分析[M].北京:高等教育出版社,1999.
[4] 吴喜之,田茂再.现代回归模型诊断[M].北京:中国统计出版社,2003.
[5] SAMPRIT C,等.例解回归分析[M].郑明,等,译.北京:中国统计出版社,2004.
[6] 何晓群,刘文卿.应用回归分析[M].北京:中国人民大学出版社 ,2001.
[7] 王松桂,陈敏,陈立萍,线性统计模型[M].北京:高等教育出版社,1999.
[8] 李大潜.线性模型引论[M].北京:科学出版社,2004.
[9] 罗应婷,杨玉鹃.SPSS 统计分析[M].北京:电子工业出版社,2007.
[10] 童丽,周海银.异常数据剔除的一种改进计算[J].中国空间科学技术,2001,4:34 - 38.
[11] 张继歌.回归分析中的异常点和影响点[J].统计研究,1994,2:23 - 26.
[12] 于义良.高杠杆点和强影响点的诊断[J].河北大学学报,1993,1:25 - 30.
[13] 蒋盛益.线性回归模型强影响点的判定[J].怀化师专学报,1997, 16(5):27 - 31.
[14] 杨希东.实验数据异常值的剔除方法[J].唐山师专学报,1998,20(5):21 - 22.
[15] 王彤,何大卫.线性回归模型多个离群点的向前逐步诊断方法[J].数学的实践与认识,1999,29(4):69 - 75.

第6章　判别分析思想方法及其实践应用

在许多自然科学和社会科学问题的研究中，人们首要关心的问题不是样品的某一指标数值是多少，而是其类别和归属.

在社会现象的统计分析中也常常碰到这类识别、分类问题. 比如声纹鉴定、人的识别(自动身份检查、自动枪炮、防盗装置等). 这种根据观测到的样品的若干数量特征(称为因子或判断变量)对样品进行归类、识别，判断其属性的预报(预测)称为定性预报. 解决、处理这种定性预报的多元分析方法称为判别分析. 判别分析是用于判别个体究竟属于若干个群体中的哪一个的一种统计方法，在多元统计分析理论和多元数据分析方法应用上均有重要地位. 需要指出的是，判别分析与聚类分析都是分类(分组)问题，它们的不同之处，主要在于是否事先已知研究对象分类，实际应用中有时需要将这两种方法联合起来使用.

判别分析内容很丰富，方法很多. 按判别的组数来分，有两组判别和多组判别分析；按区分不同总体所用的数学模型来分，有线性判别和非线性判别；按判别时所处理的变量方法不同，有逐步判别和序贯判别等. 判别分析可以从不同角度提出问题，因此有不同判别准则，如马氏距离最小准则、Fisher 准则、平均损失最小准则、最小二次方准则、最大似然准则和最大概率准则等. 按判别准则的不同又提出多种判别方法，如距离判别法、费歇尔判别法、贝叶斯判别法、逐步判别法和典型判别法等.

本章主要研究以下几个部分：

(1)对判别分析方法的判别准则与判别函数做了一个综述.

(2)总结了判别分析方法的一种分类，即线性判别与非线性判别.

(3)对判别分析的误判概率、误判率的回代估计和交叉确认估计做了较为详细的介绍.

(4)介绍了判别分析的四种判别方法，并运用具体实例进行进一步阐述.

(5)判别效果的检验与实例实践应用.

6.1　判别准则与判别函数

判别分析方法通常要给出一个判别指标——判别函数，同时还要指定一种判别规则.

判别分析方法是从判别对象 y 和判别因子 $X_1, X_2, \cdots, X_k$ 的 n 组样品数据 $(X_{1i}, X_{2i}, \cdots, X_{ki}, y_i)$ 出发，$i = 1, 2, \cdots, n$，根据一定的原理，选择适当形式的判别函数

$$y = f(X_1, X_2, \cdots, X_k)$$

在某种最优性准则下，确定 f 中的未知参数；而后按选定的判别准则，根据因子 $X_1, X_2, \cdots, X_k$ 已知的观测值，对判别对象 y 做出统计推断. 因此判别分析的主要问题是寻找判别函数及确定判别规则.

判别函数的分类，可以从两个角度来确定：

从研究角度看，可以把判别函数分为两大类：最佳型判别函数和固定型判别函数，最佳型判别函数仅根据所用的原则而定；而在固定型判别函数中，该函数的形式是由经验或部分经验而选定的，所用的准则仅用来确定判别函数的未知参数.

就函数类型来说，判别函数可分为线性判别函数和非线性判别函数.

在求判别函数的未知参数 $a_1,a_2,\cdots,a_k$ 时，可以有各种各样的判别准则. 最常用的有费歇尔准则、最小二乘准则和，贝叶斯准则等.

6.2　线性判别与非线性判别

在前面已提到过，判别分析的内容多种多样. 若按区分不同总体所用的数学模型来分，它可分为线性判别和非线性判别两种. 而这两种判别又可再细分为两个总体与多个总体. 下面来逐一介绍.

6.2.1　两个总体的线性判别与非线性判别

1. 线性判别

线性判别函数：

当 u_1,u_2 已知时，若

$$\boldsymbol{a}=(a_1,a_2,\cdots,a_p)'$$

判别函数可表示为

$$W(\boldsymbol{X})=(\boldsymbol{X}-\bar{\boldsymbol{u}})'\boldsymbol{a}=\boldsymbol{a}'(\boldsymbol{X}-\boldsymbol{u})$$

$$=(a_1\quad a_2\quad\cdots\quad a_p)\begin{pmatrix}X_1-\bar{\mu}_1\\X_1-\bar{\mu}_2\\\vdots\\X_p-\bar{\mu}_p\end{pmatrix}$$

$$=\sum_{j=1}^{p}a_j(X_j-\bar{\mu}_j)$$

显然 $W(\boldsymbol{X})$ 为 $x_1,\ x_2,\cdots,\ x_p$ 的线性函数，称为线性判别函数；$\boldsymbol{a}$ 称为判别系数向量. 判别规则为

如果 $W(\boldsymbol{X})>0$，则 $\boldsymbol{X}\in G_1$；

如果 $W(\boldsymbol{X})<0$，则 $\boldsymbol{X}\in G_2$；

如果 $W(\boldsymbol{X})=0$，则待判.

2. 非线性判别

若判别函数是 $\boldsymbol{X}$ 的一个非线性，函数 $W(\boldsymbol{X})$ 按照判别准则：

如果 $W(\boldsymbol{X})>0$，则 $\boldsymbol{X}\in G_1$；

如果 $W(\boldsymbol{X})<0$，则 $\boldsymbol{X}\in G_2$；

如果 $W(\boldsymbol{X})=0$，则待判.

进行判别.

6.2.2 多个总体的线性判别与非线性判别

1. 线性判别

若对

$$a_{ij}=(a_{ij}^{(1)},a_{ij}^{(2)},\cdots,a_{ij}^{(p)}),\quad i=1,2,\cdots,k$$

判别函数可表示为

$$W_{ij}(\boldsymbol{X})=a'_{ij}\left[\boldsymbol{X}-\frac{1}{2}(\mu_i+\mu_j)\right],\quad i,j=1,2,\cdots,k$$

相应的判别准则为

如果对一切 $j\neq i$，$W_{ij}(\boldsymbol{X})>0$，则 $\boldsymbol{X}\in G_i$；

如果有某一个 $W_{ij}(\boldsymbol{X})=0$，则待判.

2. 非线性判别函数

若判别函数 $W_{ij}(\boldsymbol{X})$ 是 $\boldsymbol{X}$ 的一个非线性函数.

相应的判别准则为

如果对一切 $j\neq i$，$W_{ij}(\boldsymbol{X})>0$，则 $\boldsymbol{X}\in G_i$；

如果有某一个 $W_{ij}(\boldsymbol{X})=0$，则待判.

6.3 误判率的回代估计和交叉确认估计

在一个判别准则提出以后，还要研究其优良性，即要考察误判概率. 以两总体判别为例，要考察 $\boldsymbol{X}$ 属于 G_1 而误判为属于 G_2，或 $\boldsymbol{X}$ 本属于 G_2 却误判为 G_1 的概率. 下面介绍以训练样本为基础的误判率的回代估计法和交叉确认估计法.

6.3.1 误判率回代估计法

设 G_1、G_2 为两个总体，$X_1^{(1)},X_2^{(1)},\cdots,X_{n1}^{(1)}$，与 $X_1^{(2)},X_2^{(2)},\cdots,X_{n2}^{(2)}$ 是分别来自 G_1,G_2 的训练样本，容量分别是 n_1 和 n_2. 以全体训练样本作为 n_1+n_2 个新样本，逐个代入已建立的判别准则中，判别其归属，这个过程为回判. 用 n_{12} 表示将本属于 G_1 的样本误判为 G_2 的个数，n_{21} 表示将本属于 G_2 的样本误判为 G_1 的个数，总的误判个数是 $n_{12}+n_{21}$，而两总体训练样本的总数是 n_1+n_2，误判率的回代估计为

$$\hat{a}=\frac{n_{12}+n_{21}}{n_1+n_2}$$

但 $\hat{a}$ 往往比真实误判率要小，当训练样本容量较大时，$\hat{a}$ 可以作为真实误判率的一种估计.

6.3.2 误判率的交叉确认估计法

误判率的交叉确认估计法(又称为刀切法) 是每次剔除训练样本中的一个样本，利用其余

容量为 n_1+n_2-1 个训练样本来建立判别准则，再用所建立的判别准则对剔除的样本做判别，对训练样本中的每个样品做上述分析，以其误判的比例作为误判概率的估计，具体步骤如下：

(1) 从总体 G_1 的 n_1 容量的训练样本开始，剔除其中的一个样品，用剩余的容量为 n_1-1 的训练样本和总体 G_2 的容量为 n_2 的训练样本建立判别函数.

(2) 用建立的判别函数对剔除的各样品中做判别.

(3) 重复步骤(1)(2) 直到 G_1 的训练样本中的 n_1 个样品依次被剔除，并进行了判别，其误判样品个数记为 n_{12}^*.

(4) 对总体 G_2 的训练样本重复步骤(1)(3)，并记其误判样品个数为 n_{12}^*.

(5) 以 $a^*=\dfrac{n_{12}^*+n_{21}^*}{n_1+n_2}$ 作为误判率的估计，称为误判率的交叉估计，用交叉估计确认真实误判率是较为合理的.

需要指出的是，判别准则的误判率在一定程度上还依赖于所考虑的各总体之间的差异程度. 各总体之间的差异越大，就越有可能建立有效的判别准则. 如果各总体之间差异很小，做判别分析的意义不大. 当各总体服从多元正态分布时，可以对各总体的均值向量是否相等进行统计检验，以确定使用判别是否有意义. 同时，也可以检验各总体的协方差矩阵是否相等，从而确定是采用线性判别函数还是二次判别函数.

6.4　几种重要判别方法

6.4.1　距离差别法

距离判别法的基本思想：首先根据已知分类的数据，分别计算各类的重心即分组(类) 的均值，判别准则是对任给的一次观测，若它与第 i 类的重心距离最近，就认为它来自第 i 类. 距离判别法对各类(或总体) 的分布，并无特定的要求.

判别分析中采用的距离是比欧式距离更具有统计学意义的马氏距离.

设 $\boldsymbol{u}^{(1)},\boldsymbol{u}^{(2)},\boldsymbol{\Sigma}^{(1)},\boldsymbol{\Sigma}^{(2)}$ 分别为 G_1,G_2 的均值向量和协方差阵. 距离定义采用马氏距离，即

$$D^2(\boldsymbol{X},G_i)=(\boldsymbol{X}-\boldsymbol{u}^{(i)})'(\boldsymbol{\Sigma}^{(i)})^{-1}(\boldsymbol{X}-\boldsymbol{\mu}^{(i)}),\qquad i=1,2$$

1. 两个总体的距离判别法

设 G_1,G_2 为两个不同的 p 元已知总体，G_i 的均值向量为 $U_i(i=1,2)$，G_i 的协方差阵是 $\boldsymbol{\Sigma}_i(i=1,2)$. 设 $\boldsymbol{X}=(x_1,\cdots,x_p)^{\mathrm{T}}$ 是一个待判样品，距离判别准则为

$$\begin{cases}\boldsymbol{X}\in G_1,\text{若 } d(\boldsymbol{X}_1,G_1)\leqslant d(\boldsymbol{X},G_2)\\ \boldsymbol{X}\in G_2,\text{若 } d(\boldsymbol{X}_1,G_1)>d(\boldsymbol{X},G_2)\end{cases}$$

下面分别就两个总体协方差矩阵相等和不相等两种情况按马氏距离进一步讨论该判别法则.

(1) 两个总体协方差矩阵相等的情况.

样品 X 到两总体的马氏二次方距离的差为

$$d^2(\boldsymbol{X},G_2)-d^2(\boldsymbol{X},G_1)=(\boldsymbol{X}-\boldsymbol{U}_2)^{\mathrm{T}}\boldsymbol{\Sigma}^{-1}(\boldsymbol{X}-\boldsymbol{U}_2)-(\boldsymbol{X}-\boldsymbol{U}_1)^{\mathrm{T}}\boldsymbol{\Sigma}^{-1}(\boldsymbol{X}-\boldsymbol{U}_1)$$
$$=\boldsymbol{X}^{\mathrm{T}}\boldsymbol{\Sigma}^{-1}\boldsymbol{X}-2\boldsymbol{X}^{\mathrm{T}}\boldsymbol{\Sigma}^{-1}\boldsymbol{U}_2+\boldsymbol{U}^{\mathrm{T}}\boldsymbol{\Sigma}^{-1}\boldsymbol{U}_2-\boldsymbol{X}^{\mathrm{T}}\boldsymbol{\Sigma}^{-1}\boldsymbol{X}+2\boldsymbol{X}^{\mathrm{T}}\boldsymbol{\Sigma}^{-1}\boldsymbol{U}_1-\boldsymbol{U}^{\mathrm{T}}\boldsymbol{\Sigma}^{-1}\mathrm{U}_1$$
$$=2\boldsymbol{X}^{\mathrm{T}}\boldsymbol{\Sigma}^{-1}(\boldsymbol{U}_1-\boldsymbol{U}_2)-(\boldsymbol{U}_1+\boldsymbol{U}_2)\boldsymbol{\Sigma}^{-1}(\boldsymbol{U}_1-\boldsymbol{U}_2)$$
$$=2[\boldsymbol{X}-\frac{1}{2}(\boldsymbol{U}_1-\boldsymbol{U}_2)]'\boldsymbol{\Sigma}^{-1}(\boldsymbol{U}_1-\boldsymbol{U}_2)$$

令 $W(\boldsymbol{X})=\frac{1}{2}[d^2(\boldsymbol{X},G_2)-d^2(\boldsymbol{X},G_1)]$，则判别准则为

$$\begin{cases}\text{当 } W(\boldsymbol{X})\geqslant 0 \text{ 时，判 } \boldsymbol{X}\in G_1\\ \text{当 } W(\boldsymbol{X})<0 \text{ 时，判 } \boldsymbol{X}\in G_2\end{cases}$$

若记 $a=\boldsymbol{\Sigma}^{-1}(\boldsymbol{U}_1-\boldsymbol{U}_2)$，$\boldsymbol{\mu}=\frac{1}{2}(\boldsymbol{\mu}_1+\boldsymbol{\mu}_2)$，则有 $W(\boldsymbol{X})=a^t(\boldsymbol{X}-\bar{\boldsymbol{\mu}})$，即 $W(\boldsymbol{X})$ 是 $\boldsymbol{X}$ 的线性函数，a 为判别函数.

$\boldsymbol{\Sigma}$ 及 $\boldsymbol{\mu}_1$，$\boldsymbol{\mu}_2$ 通常是未知的，数据资料是来自两个总体的样本(称为训练样本).

要训练样本估计 $\boldsymbol{u}_1$，$\boldsymbol{u}_2$ 及 $\boldsymbol{\Sigma}$，$\boldsymbol{u}_1$，$\boldsymbol{u}_2$ 的估计是各训练样本的均值向量，即

$$\bar{\boldsymbol{u}}_j=\frac{1}{n_j}\sum_{i=1}^{n_j}\boldsymbol{X}_i^{(j)}=\bar{\boldsymbol{X}}^{(j)},\quad j=1,2$$

又两个训练样本的协方差矩阵各为

$$\boldsymbol{S}_j=\frac{1}{n_j-1}\sum_{i=1}^{n_j}(\boldsymbol{X}_i^{(j)}-\bar{\boldsymbol{X}}^{(j)})(\boldsymbol{X}^{(j)}-\bar{\boldsymbol{X}}^{(j)})^{\mathrm{T}},\quad j=1,2$$

当 $\boldsymbol{\Sigma}_1=\boldsymbol{\Sigma}_2=\boldsymbol{\Sigma}$ 时，$\boldsymbol{\Sigma}$ 的一个无偏估计是

$$\boldsymbol{S}=\frac{(n_1-1)\boldsymbol{S}_1+(n_2-1)\boldsymbol{S}_2}{n_1+n_2-2}$$

这时，判别函数的估计为

$$\hat{W}(\boldsymbol{X})=(\boldsymbol{X}-\hat{\boldsymbol{u}})^{\mathrm{T}}-\boldsymbol{\Sigma}^{-1}(\hat{\boldsymbol{u}}_1-\hat{\boldsymbol{u}}_2),\quad \hat{\boldsymbol{u}}=\frac{1}{2}(\bar{\boldsymbol{X}}^{(1)}+\bar{\boldsymbol{X}}^{(2)})$$

当 $\hat{W}(\boldsymbol{X})\geqslant 0$ 时，$\boldsymbol{X}\in G_1$；当 $\hat{W}(\boldsymbol{X})<0$ 时，$\boldsymbol{X}\in G_2$.

从第一个总体中抽取 n_1 个样品，从第二个总体中抽取 n_2 个样品，每个样品测量 p 个指标，具体如下：

今任取一个样品，实测指标值为 $\boldsymbol{X}=(x_1,\cdots,x_p)'$，问 $\boldsymbol{X}$ 应判归为哪一类？

G_1 总体：

变量 样品	x_1	x_2	…	x_p
$x_1^{(1)}$	$x_{11}^{(2)}$	$x_{12}^{(2)}$	…	$x_{1p}^{(2)}$
$x_2^{(1)}$	$x_{21}^{(2)}$	$x_{22}^{(2)}$	…	$x_{2p}^{(2)}$
⋮	⋮	⋮		⋮
$x_{n_1}^{(2)}$	$x_{n_1 1}^{(2)}$	$x_{n_1 2}^{(2)}$	…	$x_{n_1 p}^{(2)}$
均值	$x_1^{(1)}$	$x_2^{(1)}$	…	$x_p^{(1)}$

G_2 总体：

变量 样品	x_1	x_2	…	x_p
$x_1^{(2)}$	$x_{11}^{(2)}$	$x_{12}^{(2)}$	…	$x_{1p}^{(2)}$
$x_2^{(2)}$	$x_{21}^{(2)}$	$x_{22}^{(2)}$	…	$x_{2p}^{(2)}$
⋮	⋮	⋮		⋮
$x_{n_2}^{(2)}$	$x_{n_2 1}^{(2)}$	$x_{n_2 2}^{(2)}$	…	$x_{n_2 p}^{(2)}$
均值	$x_1^{(2)}$	$x_2^{(2)}$	…	$x_p^{(2)}$

(2) 两个总体协方差矩阵不相等的情况. 即 $\boldsymbol{\Sigma}_1 \neq \boldsymbol{\Sigma}_2$，这时，可令

$$\begin{cases} d_1^2(\boldsymbol{X}) = (\boldsymbol{X}-\boldsymbol{u}_1)^{\mathrm{T}}\boldsymbol{\Sigma}_1^{-1}(\boldsymbol{X}-\boldsymbol{u}_1) \\ d_2^2(\boldsymbol{X}) = (\boldsymbol{X}-\boldsymbol{u}_2)^{\mathrm{T}}\boldsymbol{\Sigma}_2^{-1}(\boldsymbol{X}-\boldsymbol{u}_2) \end{cases}$$

按下列法则进行判别：

$$\begin{cases} \boldsymbol{X} \in G_1, d_2^2(\boldsymbol{X}) \geqslant d_1^2(\boldsymbol{X}) \\ \boldsymbol{X} \in G_2, d_2^2(\boldsymbol{X}) < d_1^2(\boldsymbol{X}) \end{cases}$$

式中，$d_1^2(\boldsymbol{X})$，$d_2^2(\boldsymbol{X})$ 分别是样品 $\boldsymbol{X}$ 到两个总体 $\boldsymbol{G}_1$，$\boldsymbol{G}_2$ 的马氏二次方距离，它们皆是 $\boldsymbol{X}$ 的二次函数，称为二次判别函数.

实际问题中，$\boldsymbol{u}_1$，$\boldsymbol{u}_2$，$\boldsymbol{\Sigma}_1$，$\boldsymbol{\Sigma}_2$ 往往未知，它们可用各总体的训练样本作估计，即分别以 $\bar{\boldsymbol{X}}^{(1)}$，$\bar{\boldsymbol{X}}^{(2)}$ 估计 $\boldsymbol{u}_1$，$\boldsymbol{u}_2$，分别以 $\boldsymbol{S}_1$，$\boldsymbol{S}_2$ 估计 $\boldsymbol{\Sigma}_1$，$\boldsymbol{\Sigma}_2$，得 $d_1^2(\boldsymbol{X})$，$d_2^2(\boldsymbol{X})$ 的估计分别为

$$\hat{d}_1^2(\boldsymbol{X}) = (\boldsymbol{X}-\bar{\boldsymbol{X}}^{(1)})^{\mathrm{T}}\boldsymbol{S}_1^{-1}(\boldsymbol{X}-\bar{\boldsymbol{X}}^{(1)})$$

$$\hat{d}_2^2(\boldsymbol{X}) = (\boldsymbol{X}-\bar{\boldsymbol{X}}^{(2)})^{\mathrm{T}}\boldsymbol{S}_2^{-1}(\boldsymbol{X}-\bar{\boldsymbol{X}}^{(2)})$$

判别法则为

$$\begin{cases} \boldsymbol{X} \in G_1, \text{若 } d_2^2(\boldsymbol{X}) \geqslant d_1^2(\boldsymbol{X}) \\ \boldsymbol{X} \in G_2, \text{若 } d_2^2(\boldsymbol{X}) \geqslant d_1^2(\boldsymbol{X}) \end{cases}$$

如果距离定义采用欧氏距离，则可计算出

$$D(\boldsymbol{X},G_1) = \sqrt{(\boldsymbol{X}-\bar{\boldsymbol{X}}^{(1)})'(\boldsymbol{X}-\bar{\boldsymbol{X}}^{(1)})} = \sqrt{\sum_{a=1}^{p}(x_a-\overline{x_a^{(1)}})^2}$$

$$D(\boldsymbol{X},G_2) = \sqrt{(\boldsymbol{X}-\bar{\boldsymbol{X}}^{(2)})'(\boldsymbol{X}-\bar{\boldsymbol{X}}^{(2)})} = \sqrt{\sum_{a=1}^{p}(x_a-\overline{x_a^{(2)}})^2}$$

然后比较 $D(\boldsymbol{X},G_1)$ 和 $D(\boldsymbol{X},G_2)$ 大小，按距离最近准则判别归类.

由于马氏距离在多元统计分析中经常用到，所以本书只针对马氏距离对上述准则做较详细的讨论.

2. 多个总体的距离判别法

类似两个总体的讨论推广到多个总体.

设有 k 个总体 $G_1, G_2, \cdots, G_k$，均值向量分别为 $u_1, u_2, \cdots, u_k$，协方差矩阵分别为 $\boldsymbol{\Sigma}_1, \boldsymbol{\Sigma}_2, \cdots, \boldsymbol{\Sigma}_k$，类似两总体距离判别方法，计算新样品 $\boldsymbol{X}$ 到各总体的马氏距离，比较 k 个距离，判定 $\boldsymbol{X}$ 属于其马氏距离最短的总体，若最短距离在不只一个总体到达，则可将 $\boldsymbol{X}$ 判归具有最短距离总体的任一个.

下面仍分成各协方差矩阵相等和不相等的情况进行讨论.

(1) 总体协方差矩阵相等：$\boldsymbol{\Sigma}_1 = \boldsymbol{\Sigma}_2 = \cdots = \boldsymbol{\Sigma}_k = \boldsymbol{\Sigma}$.

此时，

$$d^2(\boldsymbol{X},G) = (\boldsymbol{X}-u_i)^{\mathrm{T}}\boldsymbol{\Sigma}^{-1}(\boldsymbol{X}-\boldsymbol{u}_i), \quad i = 1,2,\cdots,k$$

判别函数为

$$\begin{aligned} W_{ij}(\boldsymbol{X}) &= \frac{1}{2}[d^2(\boldsymbol{X},G_j) - d^2(\boldsymbol{X},G_i)] \\ &= [\boldsymbol{X} - \frac{1}{2}(\boldsymbol{u}_i+\boldsymbol{u}_j)]^{\mathrm{T}}\boldsymbol{\Sigma}^{(-1)}(\boldsymbol{u}_i-\boldsymbol{u}_j), \quad i,j = 1,2,\cdots,k \end{aligned}$$

相应的判别准则：对所有的 $j \neq i$，当 $W_{ij}(\boldsymbol{X}) > 0$ 时(即 $d^2(\boldsymbol{X},G) = \min\limits_{(j=1,2,\cdots,k)} d^2(\boldsymbol{X},G)$)，则

判 $\boldsymbol{X} \in G_i$；若 $W_{ij}(\boldsymbol{X}) = 0$，则可判 $\boldsymbol{X} \in G_i$ 或 $\boldsymbol{X} \in G_j$.

当 $\boldsymbol{u}_1, \boldsymbol{u}_2, \cdots, \boldsymbol{u}_k, \boldsymbol{\Sigma}$ 未知时，可用训练样本对它们作估计.

从每个总体 G_i 中抽取 n_i 个样品，$i = 1, \cdots, k$，每个样品测 p 个指标. 今任取一个样品，实测指标值为 $\boldsymbol{X} = (x_1, \cdots, x_p)'$，问 $\boldsymbol{X}$ 应判归为哪一类？

G_1 总体：

变量 / 样品	x_1	x_2	…	x_p
$x_1^{(1)}$	$x_{11}^{(1)}$	$x_{12}^{(1)}$	…	$x_{1p}^{(1)}$
$x_2^{(1)}$	$x_{21}^{(1)}$	$x_{22}^{(1)}$	…	$x_{2p}^{(1)}$
⋮	⋮	⋮		⋮
$x_{n_1}^{(2)}$	$x_{n_1 1}^{(1)}$	$x_{n_1 2}^{(1)}$	…	$x_{n_1 p}^{(1)}$
均值	$\bar{x}_1^{(1)}$	$\bar{x}_2^{(1)}$	…	$\bar{x}_p^{(1)}$

G_k 总体：

变量 / 样品	x_1	x_2	…	x_p
$x_1^{(k)}$	$x_{11}^{(k)}$	$x_{12}^{(k)}$	…	$x_{1p}^{(k)}$
$x_2^{(k)}$	$x_{21}^{(k)}$	$x_{22}^{(k)}$	…	$x_{2p}^{(k)}$
⋮	⋮	⋮		⋮
$x_{n_2}^{(k)}$	$x_{n_2 1}^{(k)}$	$x_{n_2 2}^{(k)}$	…	$x_{n_2 p}^{(k)}$
均值	$\bar{x}_1^{(k)}$	$\bar{x}_2^{(k)}$	…	$\bar{x}_p^{(k)}$

$$\hat{\boldsymbol{u}}_j = \frac{1}{n_j} \sum_{i=1}^{n_j} \boldsymbol{X}_i^{(j)} = \bar{\boldsymbol{X}}^{(j)}, \quad j = 1, 2, \cdots, k$$

$$\hat{\boldsymbol{S}}_j = \frac{1}{n_j - 1} \sum_{i=1}^{n_j} \boldsymbol{X}_i^{(j)} = \bar{\boldsymbol{X}}^{(j)} (\boldsymbol{X}_i^{(j)} - \bar{\boldsymbol{X}}^{(j)})^{\mathrm{T}}, \quad j = 1, 2, \cdots, k$$

则 $\hat{\boldsymbol{u}}_j$ 是 $\boldsymbol{u}_j$ 的无偏估计，$\boldsymbol{\Sigma}$ 的一个无偏估计是

$$\hat{\boldsymbol{\Sigma}} = \frac{1}{n-k} [(n_1 - 1)\boldsymbol{S}_1 + (n_2 - 1)\boldsymbol{S}_2 + \ldots + (n_k - 1)\boldsymbol{S}_k] = \boldsymbol{S}, \text{其中}, n = \sum_{j=1}^{k} n_j$$

(2) 总体协方差矩阵 $\boldsymbol{\Sigma}_j$ 不全相等或全不相等.

待判样品 $\boldsymbol{X}$ 到各总体 G_i 的马氏平方距离：

$$d^2(\boldsymbol{X}, G) = (\boldsymbol{X} - u_j)^{\mathrm{T}} \boldsymbol{\Sigma}_j^{-1} (\boldsymbol{X} - \boldsymbol{u}_j), \quad j = 1, 2, \cdots, k$$

当 $d^2(\boldsymbol{X}, G_i) = \min\limits_{1 \leqslant j \leqslant k} (\boldsymbol{X} - \boldsymbol{u}_j)^{\mathrm{T}} \boldsymbol{\Sigma}_j^{-1} (\boldsymbol{X} - \boldsymbol{u}_j)$ 时，判 $\boldsymbol{X} \in G_i$

若均值向量 $\boldsymbol{u}_i$ 与协方差阵 $\boldsymbol{\Sigma}_i$ 未知，则用训练样本的估计值 $\hat{\boldsymbol{u}}_i, \boldsymbol{\Sigma}_i$ 代替 $\boldsymbol{u}_i$ 和 $\boldsymbol{\Sigma}_i$，计算出 $d^2(\boldsymbol{X}, G_i)$ 的估计值 $\hat{d}^2(\boldsymbol{X}, G_i)(i = 1, 2, \cdots, k)$.

下面重点举一个距离判别分析的实例，利用多元统计分析的辅助统计软件 *SPSS* 做出结果并分析.

实例 6.1 1991 年全国(指内地)各省市、自治区城镇居民月平均收入情况见表 6.1，考察下列指标：

x_1：人均生活费收入(元 / 人)；

x_2：人均全民所有制职工工资(元 / 人)；

x_3：人均来源于全民标准工资(元 / 人)；

x_4：人均集体所有制工资(元 / 人)；

x_5：人均集体职工标准工资(元 / 人)；

x_6：人均各种奖金及超额工资(元 / 人)；

x_7：人均各种津贴(元 / 人)；

x_8：职工人均从工作单位得到的其他收入(元 / 人)；

x_9：个体劳动者收入(元 / 人).

试判定广东和西藏属于哪种收入类型,并确定回代误判率与交叉确认误判.

表 6.1　1991 年内地 30 个省市自治区居民月平均收入

序号	地区	类型	x_1	x_2	x_3	x_4	x_5	x_6	x_7	x_8	x_9
1	北京	1	170.03	110.2	59.76	8.38	4.49	26.8	16.44	11.9	0.41
2	天津		141.55	82.58	50.98	13.4	9.33	21.3	12.36	9.21	1.05
3	河北		119.4	83.33	53.39	11	7.52	17.3	11.79	12	0.7
4	上海		194.53	107.8	60.24	15.6	8.88	31	21.01	11.8	0.16
5	山东		130.46	86.21	52.3	15.9	10.5	20.61	12.14	9.61	0.47
6	湖北		119.29	85.41	53.02	13.1	8.44	13.87	16.47	8.38	0.51
7	广西		134.46	98.61	48.18	8.9	4.34	21.49	26.12	13.6	4.56
8	海南		143.79	99.97	45.6	6.3	1.56	18.67	29.49	11.8	3.82
9	四川		128.05	74.96	50.13	13.9	9.62	16.14	10.18	14.5	1.21
10	云南		127.41	93.54	50.57	10.5	5.87	19.41	21.2	12.6	0.9
11	新疆		122.96	101.4	69.7	6.3	3.86	11.3	18.96	5.62	4.62
12	山西	2	102.49	71.72	47.72	9.42	6.96	13.12	7.9	6.66	0.61
13	内蒙		106.14	76.27	46.19	9.65	6.27	9.66	20.1	6.97	0.96
14	吉林		104.93	72.99	44.6	13.7	9.01	9.44	20.61	6.65	1.68
15	黑龙江		103.34	62.99	42.95	11.1	7.41	8.34	10.19	6.45	2.68
16	江西		98.09	69.45	43.04	11.4	7.95	10.59	16.5	7.69	1.08
17	河南		104.12	72.23	47.31	9.48	6.43	13.14	10.43	8.3	1.11
18	贵州		108.49	80.79	47.52	6.06	3.42	13.69	16.53	8.37	2.85
19	陕西		113.99	75.6	50.88	5.21	3.86	12.94	9.49	6.77	1.27
20	甘肃		114.06	84.31	52.78	7.81	5.44	10.82	16.43	3.79	1.19
21	青海		108.8	80.41	50.45	7.27	4.07	8.37	18.98	5.95	0.83
22	宁夏		115.96	88.21	51.85	8.81	5.63	13.95	22.65	4.75	0.97
23	辽宁	3	128.46	68.91	43.41	22.4	15.3	13.88	12.42	9.01	1.41
24	江苏		135.24	73.18	44.54	23.9	15.2	22.38	9.66	13.9	1.19
25	浙江		162.53	70.11	45.99	24.3	13.9	29.54	10.9	13	3.47
26	安徽		111.77	71.07	43.64	19.4	12.5	16.68	9.7	7.02	0.63
27	福建		139.09	79.09	44.19	18.5	10.5	20.23	16.47	7.67	3.08
28	湖南		124	84.66	44.05	13.5	7.47	19.11	20.49	10.3	1.76
29	广东	待判	211.3	114	41.44	33.2	11.2	48.72	30.77	14.9	11.1
30	西藏		175.93	163.8	57.89	4.22	3.37	17.81	82.32	15.7	0

解 用距离判别法,假定 3 个总体的协方差矩阵相等,SPSS 的计算结果如下:

各个总体之间的马氏二次方距离 $\hat{d}^2(G_i,G_j)$ 构成的矩阵为

$$\begin{bmatrix} 0 & 18.49 & 23.136 \\ 18.49 & 0 & 31.824 \\ 23.136 & 31.824 & 0 \end{bmatrix}$$

从这个矩阵看出,总体 G_2 与 G_3 的差异最大.事实上,总体 G_2 属于低收入省区,综上,G_3 属于高收入省区.

线性判别函数是

$$\hat{W}_1(\boldsymbol{x}) = -320.309 + 0.098x_1 + 9.356x_2 - 3.304x_3 - 5.46x_4 + 22.3x_5 - 9.522x_6 - 5.259x_7 + 10.061x_8 + 8.279x_9$$

$$\hat{W}_2(\boldsymbol{x}) = -228.580 + 0.157x_1 + 7.817x_2 - 2.726x_3 - 5.18x_4 + 19.604x_5 - 8.359x_6 - 4.306x_7 + 8.233x_8 + 6.949x_9$$

$$\hat{W}3(\boldsymbol{x}) = -295.724 - 0.026x_1 + 9.744x_2 - 4.052x_3 + 0.228x_4 + 16.122x_5 - 9.733x_6 - 6.179x_7 + 8.456x_8 + 8.875x_9$$

回代误判率为 0,交叉确认误判率为 $5/28 = 0.1786$.误判的样本分别是 2 号(天津)、5 号(山东)、8 号(海南)、23 号(辽宁) 和 28 号(湖南).对于两个待判样本,线性判别函数将西藏判为属于总体 G_1,广东属于总体 G_3.

6.4.2 费歇尔判别法

1. 费歇尔判别法的定义及基本思想

所谓费歇尔判别法,就是一种先投影的方法.考虑只有两个(预测) 变量的判别分析问题.假定这里只有两类.数据中的每个观测值是二维空间的一个点,如图 6.1 所示.

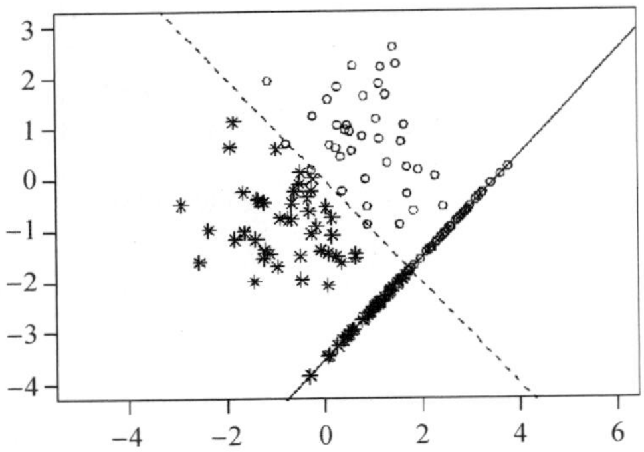

图 6.1

这里只有两种已知类型的训练样本.其中一类有 38 个点(用"o" 表示),另一类有 44 个点(用" * " 表示).按照原来的变量(横坐标和纵坐标),很难将这两种点分开.

于是寻找一个方向,也就是图 6.1 的虚线方向,沿着这个方向朝和此虚线垂直的一条直线进行投影,会使得这两类分得最清楚.可以看出,如果向其他方向投影,判别效果不会比这个好.有了投影之后,再用前面讲到的距离远近的方法来得到判别准则.

这种首先进行投影的判别方法就是费歇尔判别法. 费歇尔判别法于 1936 年提出，该法对总体的分布并未提出特定要求. 它是处理概率分布未知的判别问题的一种重要方法，费歇尔判别的基本思想是投影. 将 k 组 m 元数据投影到某一个方向，使得投影后组与组之间尽可能的分开，其中利用了一元方差分析的思想导出判别函数. 这个函数可以是线性的，也可以是其他类型的函数. 由于线性函数的方便实用性，只讨论线性判别函数.

设从总体 $G_t(t=1,2,\cdots,k)$ 分别抽取 m 元样本如下：

$$\boldsymbol{X}_i^t=(X_{i1}^t,\cdots,X_{im}^t),\quad t=1,2,\cdots,k;i=1,2,\cdots,n_t$$

令 $\boldsymbol{a}=(a_1,a_2,\cdots,a_m)'$ 为 m 维空间的任一向量，$u(\boldsymbol{X})=a'\boldsymbol{X}$ 为 $\boldsymbol{X}$ 向以 $\boldsymbol{a}$ 为法线方向上的投影. 上述 k 个组中的 m 元数据投影后为

$$G_1:a'X_1^1,\cdots,a'X_{n_1}^1,\cdots,G_k:a'X_1^k,\cdots,a'X_{n_k}^k$$

记 $\bar{X}^t=\dfrac{1}{n_t}\sum\limits_{j=1}^{n_1}X_j^1,t=1,2,\cdots,k$，每个总体的数据投影后均为一元数据. 对这 k 组一元数据进行一元方差分析，其组间二次方和为

$$\begin{aligned}\boldsymbol{B}_O&=\sum_{t=1}^{k}n_t(\boldsymbol{a}'\bar{\boldsymbol{X}}^t-\boldsymbol{a}'\bar{\boldsymbol{X}})^2\\&=\boldsymbol{a}'[\sum_{t=1}^{k}n_t(\bar{\boldsymbol{X}}^{(t)}-\bar{\boldsymbol{X}})(\bar{\boldsymbol{X}}^{(t)}-\bar{\boldsymbol{X}})']\boldsymbol{a}\\&=\boldsymbol{a}'\boldsymbol{B}\boldsymbol{a}\end{aligned}$$

其中，$\bar{\boldsymbol{X}}$ 和 $\bar{\boldsymbol{X}}$ 分别为 G_t 的样本均值和总样本均值，并记：

$$\bar{\boldsymbol{X}}=\frac{1}{n}\sum_{t=1}^{k}\sum_{j=1}^{n_t}\boldsymbol{X}_j^t$$

而 $\boldsymbol{B}$ 为组间离差阵：

$$\boldsymbol{B}=\sum_{t=1}^{k}n_t(\bar{\boldsymbol{X}}^{(t)}-\bar{\boldsymbol{X}})(\bar{\boldsymbol{X}}^{(t)}-\bar{\boldsymbol{X}})']$$

合并的组间离差二次方和为

$$\begin{aligned}\boldsymbol{A}_0&=\sum_{t=1}^{k}\sum_{j=1}^{n_t}(a'\boldsymbol{X}_j^t-a'\bar{\boldsymbol{X}}^t)^2\\&=\boldsymbol{a}'[\sum_{t=1}^{k}\sum_{j=1}^{n_t}n_t(\bar{\boldsymbol{X}}_j^t-\bar{\boldsymbol{X}}^t)(\bar{\boldsymbol{X}}_j^t-\bar{\boldsymbol{X}}^t)']\boldsymbol{a}\\&=\boldsymbol{a}'\boldsymbol{A}\boldsymbol{a}\end{aligned}$$

其中，合并的组内离差矩阵 $\boldsymbol{A}$ 为

$$\boldsymbol{A}=\sum_{t=1}^{k}\sum_{j=1}^{n_t}(\bar{\boldsymbol{X}}_j^t-\bar{\boldsymbol{X}}^t)(\bar{\boldsymbol{X}}_j^t-\bar{\boldsymbol{X}}^t)']$$

因此，若 k 个总体的均值有显著差异，则比值

$$\frac{\boldsymbol{a}'\boldsymbol{B}\boldsymbol{a}}{\boldsymbol{a}'\boldsymbol{A}\boldsymbol{a}}=\Delta(\boldsymbol{a})$$

应充分大. 利用方差分析思想，将这个问题转化为求极大值问题，即确定投影方向 $\boldsymbol{a}$，使 $\Delta(\boldsymbol{a})$ 达到最大值. 注意到若有 $\boldsymbol{a}$ 使得 $\Delta(\boldsymbol{a})$ 达到最大，则任意非零常数 C 对应的 $C\boldsymbol{a}$ 也使得 $\Delta(\boldsymbol{a})$ 达到最大. 为使解唯一存在，限制 $\boldsymbol{a}$，满足 $\boldsymbol{a}'\boldsymbol{A}\boldsymbol{a}=1$. 因此，问题转化为求条件极值：即求 $\boldsymbol{a}$ 使得

$\Delta(\boldsymbol{a})$ 在条件 $\boldsymbol{a}'\boldsymbol{A}\boldsymbol{a}=1$ 下达到最大.

2. 线性判别函数的求法

已知 $\boldsymbol{a}$ 是在条件 $\boldsymbol{a}'\boldsymbol{A}\boldsymbol{a}=1$ 下使 $\Delta(\boldsymbol{a})$ 达到最大的方向，称 $\mu(\boldsymbol{X})=\boldsymbol{a}'\boldsymbol{X}$ 为线性判别函数. 下面利用拉格朗日乘数法来求条件极值的解.

令

$$L(\boldsymbol{a})=\boldsymbol{a}'\boldsymbol{B}\boldsymbol{a}-\lambda(\boldsymbol{a}'\boldsymbol{A}\boldsymbol{a}-1)$$

又令 $\dfrac{\partial L}{\partial a}=2(\boldsymbol{B}-\lambda\boldsymbol{A})\boldsymbol{a}=0$ 可得

$$\boldsymbol{B}\boldsymbol{a}=\lambda\boldsymbol{A}\boldsymbol{a}\Rightarrow\boldsymbol{A}^{-1}\boldsymbol{B}\boldsymbol{a}=\lambda\boldsymbol{a}$$

说明 λ 是 $\boldsymbol{A}^{-1}\boldsymbol{B}$ 的特征根，$\boldsymbol{a}$ 是相应的特征向量，又由于

$$\boldsymbol{B}\boldsymbol{a}=\lambda\boldsymbol{A}\boldsymbol{a}\Rightarrow\boldsymbol{a}'\boldsymbol{B}\boldsymbol{a}=\lambda\boldsymbol{a}'\boldsymbol{A}\boldsymbol{a}=\lambda$$

从而有

$$\Delta(\boldsymbol{a})=\boldsymbol{a}'\boldsymbol{B}\boldsymbol{a}=\lambda$$

以上推导过程说明费歇尔判别法对应的条件极值问题最终转化为求 $\boldsymbol{A}^{-1}\boldsymbol{B}$ 的最大特征值和相应的特征向量问题.

设 $\boldsymbol{A}^{-1}\boldsymbol{B}$ 的非零特征值为 $\lambda_1\geqslant\lambda_2\geqslant\cdots\geqslant\lambda_r>0$，相应的满足约束条件的特征向量为 $\boldsymbol{a}_1$，$\boldsymbol{a}_2$，$\cdots$，$\boldsymbol{a}_r$，取 $\boldsymbol{a}=\boldsymbol{a}_1$ 可使 $\Delta(\boldsymbol{a})$ 达到最大值 λ_1. $\Delta(\boldsymbol{a})$ 的大小可以衡量判别函数 $\mu(\boldsymbol{X})=a'\boldsymbol{X}$ 的判别效果，故称 $\Delta(\boldsymbol{a})$ 为判别效率. 有时候，仅用一个线性判别函数还不能很好地区分多个总体，这时可用第二大特征值 λ_2 对应的特征向量 $\boldsymbol{a}_2$，建立第二个线性判别函数 $\mu_2(\boldsymbol{X})=\boldsymbol{a}_2'\boldsymbol{X}$；如果这两个判别函数还不够，类似地可建立更多的线性判别函数.

定义 1 设 $\boldsymbol{A}^{-1}\boldsymbol{B}$ 的非零特征值为 $\lambda_1\geqslant\lambda_2\geqslant\cdots\geqslant\lambda_r>0$，相应的满足约束条件的特征向量为 $\boldsymbol{a}_1$，$\boldsymbol{a}_2$，$\cdots$，$\boldsymbol{a}_r$，称

$$P_1=\lambda_1/\sum_{i=1}^{r}\lambda_i$$

为线性判别函数 $\mu_1(\boldsymbol{X})=\boldsymbol{a}_1'\boldsymbol{X}$ 的判别能力，称

$$P_{(q)}=\frac{\lambda_1+\lambda_2+\cdots+\lambda_q}{\sum_{i=1}^{r}\lambda_i}$$

为前 q 个 $(q\geqslant r)$ 线性判别函数 $\mu_1(\boldsymbol{X})=\boldsymbol{a}_1'\boldsymbol{X}$，$\cdots$，$\mu q(\boldsymbol{X})=\boldsymbol{a}_q'\boldsymbol{X}$ 的累计判别能力.

费歇尔判别准则同样分为两个总体的判别准则和多个总体的判别准则.

3. 两个总体的费歇尔判别准则

两总体的组间离差阵 $\boldsymbol{B}$ 为

$$\boldsymbol{B}=n_1(\overline{\boldsymbol{X}}^{(1)}-\overline{\boldsymbol{X}})(\overline{\boldsymbol{X}}^{(1)}-\overline{\boldsymbol{X}})'+n_2(\overline{\boldsymbol{X}}^{(2)}-\overline{\boldsymbol{X}})(\overline{\boldsymbol{X}}^{(2)}-\overline{\boldsymbol{X}})'$$

其中

$$\overline{\boldsymbol{X}}=\frac{1}{n_1+n_2}(n_1\overline{\boldsymbol{X}}^{(1)}+n_2\overline{\boldsymbol{X}}^{(2)})$$

合并后的组内离差阵 $\boldsymbol{A}$ 为

$$\boldsymbol{A}=\sum_{i=1}^{n_1}(\boldsymbol{X}_i^{(1)}-\overline{\boldsymbol{X}}^{(1)})(\boldsymbol{X}_i^{(1)}-\overline{\boldsymbol{X}}^{(1)})'+\sum_{i=1}^{n_2}(\boldsymbol{X}_i^{(2)}-\overline{\boldsymbol{X}}^{(2)})(\boldsymbol{X}_i^{(2)}-\overline{\boldsymbol{X}}^{(2)})'$$

由于 $\boldsymbol{B}$ 的秩为 1，故特征方程 $|\boldsymbol{A}^{-1}\boldsymbol{B}-\lambda\boldsymbol{I}|=0$ 的非零特征根只有一个，记为 λ，对应的特

征向量为 λ，故线性判别函数为 $u(\boldsymbol{X}) = \lambda'\boldsymbol{X}$，其相应的判别效率为

$$\Delta(\lambda) = \frac{n_1 n_2}{n_1 + n_2}(\bar{\boldsymbol{X}}^{(1)} - \bar{\boldsymbol{X}}^{(2)})'\boldsymbol{A}^{-1}(\bar{\boldsymbol{X}}^{(1)} - \bar{\boldsymbol{X}}^{(2)})$$

这里线性判别函数系数 λ 与两总体间的马氏判别法的线性判别函数系数 $aa = \boldsymbol{S}^{(-1)}(\bar{\boldsymbol{X}}^{(1)} - \bar{\boldsymbol{X}}^{(2)})$ 相差一个倍数，其中，$\boldsymbol{S} = \dfrac{1}{n_1 + n_2 - 2}\boldsymbol{A}$.

建立了判别函数，还要确定临界值才能给出判别准则. 设两总体的样本均值为 $\bar{\boldsymbol{X}}^{(1)}, \bar{\boldsymbol{X}}^{(2)}$，线性判别函数的均值为 $\bar{\boldsymbol{u}}^{(1)} = \lambda'\bar{\boldsymbol{X}}^{(1)}, \bar{\boldsymbol{u}}^{(2)} = \lambda'\bar{\boldsymbol{X}}^{(2)}$，则临界值（或阈值点）可取为

$$\bar{\boldsymbol{u}} = \frac{1}{2}(\lambda'\bar{\boldsymbol{X}}^{(1)} + \lambda'\bar{\boldsymbol{X}}^{(2)})$$

也可以这样取临界值 $\boldsymbol{u}^*$：

$$\boldsymbol{u}^* = \frac{\hat{\sigma}_2\bar{\boldsymbol{u}}^{(1)} + \hat{\sigma}_1\bar{\boldsymbol{u}}^{(2)}}{\hat{\sigma}_1\hat{\sigma}_2}$$

这里 $\hat{\sigma}_1, \hat{\sigma}_2$ 分别是两个总体的样本标准差.

$$\begin{aligned}\hat{\sigma}_i^2 &= \frac{1}{n_j - 1}\sum_{j=1}^{n_i}(u_j^{(i)} - \bar{u}^{(i)})^2 \\ &= \frac{1}{n_j - 1}\lambda'\left[\sum_{j=1}^{n_i}(\boldsymbol{X}_j^{(i)} - \bar{\boldsymbol{X}}^{(i)})(\boldsymbol{X}_j^{(i)} - \bar{\boldsymbol{X}}^{(i)})'\right]\lambda, \quad i = 1,2\end{aligned}$$

判别准则如下：

当 $\bar{\boldsymbol{u}}^{(1)} > \bar{\boldsymbol{u}}^{(2)}$ 时，若 $\boldsymbol{u}(\boldsymbol{X}) > \bar{\boldsymbol{u}}$（或 $\boldsymbol{u}^*$），则判 $\boldsymbol{X} \in G_1$；若 $\boldsymbol{u}(\boldsymbol{X}) < \bar{\boldsymbol{u}}$（或 $\boldsymbol{u}^*$），则判 $\boldsymbol{X} \in G_2$；若 $\boldsymbol{u}(\boldsymbol{X}) = \bar{\boldsymbol{u}}$（或 $\boldsymbol{u}^*$），$\boldsymbol{X}$ 待判.

当 $\bar{\boldsymbol{u}}^{(1)} > \bar{\boldsymbol{u}}^{(2)}$ 时，若 $\boldsymbol{u}(\boldsymbol{X}) > \bar{\boldsymbol{u}}$（或 $\boldsymbol{u}^*$），则判 $\boldsymbol{X} \in G_2$；若 $\boldsymbol{u}(\boldsymbol{X}) < \bar{\boldsymbol{u}}$（或 $\boldsymbol{u}^*$），则判 $\boldsymbol{X} \in G_1$；若 $\boldsymbol{u}(\boldsymbol{X}) = \bar{\boldsymbol{u}}$（或 $\boldsymbol{u}^*$），$\boldsymbol{X}$ 待判.

4. 多个总体的费歇尔判别准则

首先取判别效率最大(λ_1) 的线性判别函数 $u_1(\boldsymbol{X}) = \lambda'_1\boldsymbol{X}$，$k$ 个总体的均值向量在 λ_1 上的投影为 $\bar{\boldsymbol{u}}'_1\bar{\boldsymbol{X}}^{(i)} = \lambda_1\bar{X}^{(i)}(i = 1,2,\cdots,k)$. 对待判样品 $\boldsymbol{X}$，计算它在 λ_1 上的投影，若存在唯一的 i_1，使

$$\frac{|\boldsymbol{u}_1(\boldsymbol{X}) - \bar{\boldsymbol{u}}_1^{(i_1)}|}{\hat{\sigma}_{i_1}} = \min_{j=1,2,\cdots,k}\frac{|\boldsymbol{u}_1(\boldsymbol{X}) - \bar{\boldsymbol{u}}_1^{(j)}|}{\hat{\sigma}_j}$$

则判 $\boldsymbol{X} \in G_{i_1}$. 如果有 t 个总体，使其中 $\boldsymbol{u}_1(\boldsymbol{X})$ 距离相等且为最小，则再利用判别效率为 λ_2（次大）的判别函数 $u_2(\boldsymbol{X}) = \lambda'_2\boldsymbol{X}$ 来判定 $\boldsymbol{X}$ 的归属. 具体做法如下：用 $\boldsymbol{T}$ 表示这 t 个总体的序号集，若在这 t 个总体中，有唯一的 i_2，使

$$\frac{|\boldsymbol{u}_2(\boldsymbol{X}) - \bar{\boldsymbol{u}}_2^{(i_2)}|}{\hat{\sigma}_{i_2}} = \min_{j\in T}\frac{|\boldsymbol{u}_1(\boldsymbol{X}) - \bar{\boldsymbol{u}}_1^{(j)}|}{\hat{\sigma}_j}$$

则判 $\boldsymbol{X} \in G_{i_2}$，若第二个判别函数还不能待定，再利用第三个判别函数，以此类推，直到每个样品的归属都得到确定为止. 这个准则借用了序贯判别的思想.

实例 6.2　人文发展指数是联合国开发计划署于 1990 年 5 月发表的第一份《人类发展报告》中公布的. 该报告建议，目前对人文发展的衡量应当以人生的三大要素为重点，衡量人生三大要素的指示指标分别要用出生时的预期寿命、成人识字率和实际人均 GDP，将以上三个指示指标的数值合成为一个复合指数，即为人文发展指数（资料来源：UNDP《人类发展报

告》1995 年).

今从 1995 年世界各国人文发展指数的排序中选取高发展水平、中等发展水平的国家各 5 个作为两组样品，另选 4 个国家作为待判样品作费歇尔判别分析(见表 6.2).

表 6.2　数据选自《世界经济统计研究》1996 年第 1 期

类别	序号	国家名称	出生时的予期寿命 / 岁 x_1	成人识字率 1992(年) / % x_2	调正后人均 GDP 1992(年) x_3
第一类（高发展水平国家）	1	美国	76	99	5 374
	2	日本	79.5	99	5 359
	3	瑞士	78	99	5 372
	4	阿根廷	72.1	95.9	5 242
	5	阿联酋	73.8	77.7	5 370
第二类（中等发展水平国家）	6	保加利亚	71.2	93	4 250
	7	古巴	75.3	94.9	3 412
	8	巴拉圭	70	91.2	3 390
	9	格鲁吉亚	72.8	99	2 300
	10	南非	62.9	80.6	3 799
待判样品	11	中国	68.5	79.3	1 950
	12	罗马尼亚	69.9	96.9	2 840
	13	希腊	77.6	93.8	5 233
	14	哥伦比亚	69.3	90.3	5 158

(1) 建立判别函数. 利用 SPSS 计算可得，费歇尔判别函数的系数 c_1、c_2、c_3 为

$$\begin{bmatrix} c_1 \\ c_2 \\ c_3 \end{bmatrix} = \boldsymbol{S}^{-1}\begin{bmatrix} d_1 \\ d_2 \\ d_3 \end{bmatrix} = \frac{1}{8}\hat{\boldsymbol{\Sigma}}^{(-1)}(\overline{\boldsymbol{X}}^{(1)} - \overline{\boldsymbol{X}}^{(2)}) = \frac{1}{8} \times a = \begin{bmatrix} 0.081\ 537\ 5 \\ 0.001\ 525 \\ 0.001\ 091\ 25 \end{bmatrix}$$

故判别函数为

$$y = 0.081\ 537\ 5x_1 + 0.001\ 525x_2 + 0.001\ 091\ 25x_3$$

(2) 计算判别临界值 y_0. 由于

$$\overline{y}^{(1)} = \sum_{k=1}^{3} c_k \overline{x}_k^{(1)} = 12.161\ 5$$

$$\overline{y}^{(2)} = \sum_{k=1}^{3} c_k \overline{x}_k^{(2)} = 9.626\ 6$$

故

$$y_0 = \frac{n_1\overline{y}^{(1)} + n_2\overline{y}^{(2)}}{n_1 + n_2} = 10.894\ 1$$

(3) 判别准则.

$$\overline{y}^{(1)} > \overline{y}^{(2)}$$

故判别准则为

$$\begin{cases} \text{当 } y > y_0 \text{ 时，判 } \boldsymbol{X} \in G_1 \\ \text{当 } y < y_0 \text{ 时，判 } \boldsymbol{X} \in G_2 \\ \text{当 } y = y_0 \text{ 时，待判} \end{cases}$$

（4）对已知类别的样品判别归类，见表 6.3.

表 6.3　判别归类结果

序号	国家	判别函数 y 的值	原类号	判归类别
1	美国	12.212 2	1	1
2	日本	12.481 2	1	1
3	瑞士	12.373 1	1	1
4	阿根廷	11.745 0	1	1
5	阿联酋	11.996 0	1	1
6	保加利亚	10.585 1	2	2
7	古巴	10.007 8	2	2
8	巴拉圭	9.546 0	2	2
9	格鲁吉亚	8.596 8	2	2
10	南非	9.397 3	2	2

上述回判结果表明：总的回代判对率为 100%，这与统计资料的结果相符，而且与前面用距离判别法的结果也一致.

（5）对判别效果作检验. 因为

$$F = 12.674\,6 > F_{0.05}(3,6) = 4.76$$

所以在 $a = 0.05$ 检验水平下判别有效.

（6）待判样品判别结果如表 6.4 所示.

表 6.4　待判样品判别结果

序号	国家	判别函数 y 的值	判属类别
11	中国	7.834 2	2
12	罗马尼亚	8.946 4	2
13	希腊	12.180 9	1
14	哥伦比亚	11.416 9	1

判别结果与实际情况吻合.

6.4.3　贝叶斯判别法

从上节看到费歇尔判别法随着总体个数的增加，建立的判别式也增加，因而计算起来还是比较麻烦的. 如果对多个总体的判别考虑的不是建立判别式，而是计算新给样品属于各总体的条件概率 $P(l/\boldsymbol{x})$，$l = 1,2,\cdots,k$. 比较这 k 个概率的大小，然后将新样品判归为来自概率最大的总体,这种判别法称为贝叶斯判别法.

1. 贝叶斯判别法的基本思想

贝叶斯判别法的基本思想是假定对所研究的对象已有一定的认识,常用先验概率来描述这种认识.

设有 k 个总体 $G_1,G_2,\cdots,G_k$,它们的先验概率分别为 $q_1,q_2,\cdots,q_k$(它们可以由经验给出,也可以估计出).各总体的密度函数分别为 $f_1(\boldsymbol{x}),f_2(\boldsymbol{x}),\cdots,f_k(\boldsymbol{x})$(在离散情形是概率函数),在观测到一个样品 $\boldsymbol{x}$ 的情况下,可用著名的贝叶斯公式计算它来自第 g 总体的后验概率(相对于先验概率来说,它又称为后验概率):

$$P(g/\boldsymbol{x})=\frac{q_g f_g(\boldsymbol{x})}{\sum_{i=1}^{k} q_i f_i(\boldsymbol{x})},\quad g=1,2,\cdots,k$$

并且当 $P(h/\boldsymbol{x})=\max\limits_{1\leqslant g\leqslant k}P(g/\boldsymbol{x})$ 时,则判 $\boldsymbol{x}$ 来自第 h 总体.

有时还可以使用错判损失最小的概念作判决.这时把 $\boldsymbol{x}$ 错判归第 h 总体的平均损失定义为

$$E(h/\boldsymbol{x})=\sum_{g\neq h}\frac{q_g f_g(\boldsymbol{x})}{\sum_{i=1}^{k} q_i f_i(\boldsymbol{x})}.L(h/g)$$

其中,$L(h/g)$ 称为损失函数.它表示本来是第 g 总体的样品错判为第 h 总体的损失.显然上式是对损失函数依概率加权平均或称为错判的平均损失.当 $h=g$ 时,有 $L(h/g)=0$;当 $h\neq g$ 时,有 $L(h/g)>0$.建立判别准则为

如果

$$E(h/\boldsymbol{x})=\min_{1\leqslant g\leqslant k}E(g/\boldsymbol{x})$$

则判定 $\boldsymbol{x}$ 来自第 h 总体.

原则上说,考虑损失函数更为合理,但是在实际应用中 $L(h/g)$ 不容易确定,因此常常在数学模型中就假设各种错判的损失皆相等,即

$$L(h/g)=\begin{cases}0,h=g\\1,h\neq g\end{cases}$$

这样一来,寻找 h 使后验概率最大和使错判的平均损失最小是等价的,即 $p(h/\boldsymbol{x})\xrightarrow{h}\max E(h/\boldsymbol{x})\xrightarrow{h}\min$.

2. 多元正态总体的贝叶斯判别法

在实际问题中遇到的许多总体往往服从正态分布,下面给出 p 元正态总体的贝叶斯判别法.

(1) 判别函数的导出.由前面叙述已知,使用贝叶斯判别法作判别分析,首先需要知道待判总体的先验概率 q_g 和密度函数 $f_g(x)$(如果是离散情形则是概率函数).对于先验概率,如果没有更好的办法确定,可用样品频率代替,即令 $q_g=\dfrac{n_g}{n}$,其中 n_g 为用于建立判别函数的已知分类数据中来自第 g 总体样品的数目,且 $n_1+n_2+\cdots+n_k=n$,或者干脆令先检概率相等,即 $q_g=\dfrac{1}{k}$,这时可以认为先验概率不起作用.

p 元正态分布密度函数为

$$f_g(\boldsymbol{x}) = (2\pi)^{-p/2} |\boldsymbol{\Sigma}^{(g)}|^{-1/2} \exp\left\{-\frac{1}{2}(\boldsymbol{x}-\boldsymbol{\mu}^{(g)})'\boldsymbol{\Sigma}^{(g)-1}(\boldsymbol{x}-\boldsymbol{\mu}^{(g)})\right\}$$

式中，$\boldsymbol{\mu}^{(g)}$ 和 $\boldsymbol{\Sigma}^{(g)}$ 分别是第 g 总体的均值向量（p 维）和协差阵（p 阶）. 把 $f_g(\boldsymbol{x})$ 代入 $P(g/\boldsymbol{x})$ 的表达式中，因为只关心寻找使 $P(g/\boldsymbol{x})$ 最大的 g，而分式中的分母不论 g 为何值都是常数，故可改令

$$q_g f_g(\boldsymbol{x}) \xrightarrow{g} \max$$

取对数并去掉与 g 无关的项，记为

$$\begin{aligned} Z(g/\boldsymbol{x}) &= \ln q_g - \frac{1}{2}\ln|\boldsymbol{E}^{(g)}| - \frac{1}{2}(x-\boldsymbol{\mu}^{(g)})'\boldsymbol{\Sigma}^{(g)-1}(\boldsymbol{x}-\boldsymbol{\mu}^{(g)}) \\ &= \ln q_g - \frac{1}{2}\ln|\boldsymbol{E}^{(g)}| - \frac{1}{2}x'\boldsymbol{\Sigma}^{(g)-1}\boldsymbol{x} - \frac{1}{2}\boldsymbol{\mu}^{(g)}{}'\boldsymbol{\Sigma}^{(g)-1}\boldsymbol{\mu}^{(g)} + \boldsymbol{x}'\boldsymbol{\Sigma}^{(g)-1}\boldsymbol{\mu}^{(g)} \end{aligned}$$

则问题化为

$$Z(g/\boldsymbol{x}) \xrightarrow{g} \max$$

（2）假设协方差阵相等. $Z(g/\boldsymbol{x})$ 中含有 k 个总体的协方差阵（逆阵及行列式值），而且对于 $\boldsymbol{x}$ 还是二次函数，实际计算时工作量很大. 如果进一步假定 k 个总体协方差阵相同，即 $\boldsymbol{\Sigma}^{(1)} = \boldsymbol{\Sigma}^{(2)} = \cdots = \boldsymbol{\Sigma}^{(k)} = \boldsymbol{\Sigma}$，这时 $Z(g/\boldsymbol{x})$ 中 $\frac{1}{2}\ln|\boldsymbol{\Sigma}^{(g)}|$ 和 $\frac{1}{2}\boldsymbol{x}'\boldsymbol{\Sigma}^{(g)-1}\boldsymbol{x}$ 两项与 g 无关，求最大时可以去掉，最终得到如下形式的判别函数与判别准则（如果协方差阵不等，则有非线性判别函数）：

$$\begin{cases} y(g/\boldsymbol{x}) = \ln q_g - \frac{1}{2}\boldsymbol{\mu}^{(g)\prime}\boldsymbol{\Sigma}^{-1}\boldsymbol{\mu}^{(g)} + \boldsymbol{x}'\boldsymbol{\Sigma}^{-1}\boldsymbol{\mu}^{(g)} \\ y(g/\boldsymbol{x}) \xrightarrow{g} \max \end{cases}$$

上式判别函数也可以写成如下形式：

$$y(g/\boldsymbol{x}) = \ln q_g + \boldsymbol{C}_0^{(g)} + \sum_{i=1}^{p} \boldsymbol{C}_i^{(g)} x_i$$

此处

$$\begin{aligned} \boldsymbol{C}_i^{(g)} &= \sum_{j=1}^{p} v^{ij}\boldsymbol{\mu}_j^{(g)}, \quad i = 1,\cdots,p \\ \boldsymbol{C}_0^{(g)} &= -\frac{1}{2}\boldsymbol{\mu}^{(g)}{}'\boldsymbol{\Sigma}^{-1}\boldsymbol{\mu}^{(g)} \\ &= -\frac{1}{2}\sum_{i=1}^{p}\sum_{j=1}^{p} v^{ij}\boldsymbol{\mu}_i^{(g)}\boldsymbol{\mu}_j^{(g)} \\ &= -\frac{1}{2}\sum_{i=1}^{p}\boldsymbol{C}_i^{(g)}\boldsymbol{\mu}^{(g)} \\ \boldsymbol{x} &= (x_1, x_2, \cdots, x_p)' \\ \boldsymbol{\mu}^{(g)} &= (\mu_1^{(g)}, \mu_2^{(g)}, \cdots, \mu_p^{(g)})' \\ \boldsymbol{\Sigma} &= (v_{ij})_{p\times p}, \quad \boldsymbol{\Sigma}^{-1} = (v_{ij})_{p\times p} \end{aligned}$$

（3）计算后验概率. 作计算分类时，主要根据判别式 $y(g/\boldsymbol{x})$ 的大小，而它不是后验概率 $P(g/\boldsymbol{x})$，但是有了 $y(g/\boldsymbol{x})$ 之后，就可以根据下式算出 $P(g/\boldsymbol{x})$：

$$P(g/\boldsymbol{x}) = \frac{\exp\{y(g/\boldsymbol{x})\}}{\sum_{i=1}^{k}\exp\{y(i/\boldsymbol{x})\}}$$

因为
$$y(g/\boldsymbol{x}) = \ln(q_g f_g(\boldsymbol{x})) - \Delta(\boldsymbol{x})$$
其中 $\Delta(\boldsymbol{x})$ 是 $\ln(q_g f_g(\boldsymbol{x}))$ 中与 g 无关的部分，所以

$$\begin{aligned} P(g/\boldsymbol{x}) &= \frac{q_g f_g(\boldsymbol{x})}{\sum_{i=1}^{k} q_i f_i(\boldsymbol{x})} \\ &= \frac{\exp\{y(g/\boldsymbol{x}) + \Delta(\boldsymbol{x})\}}{\sum_{i=1}^{k}\exp\{y(i/\boldsymbol{x}) + \Delta(\boldsymbol{x})\}} \\ &= \frac{\exp\{y(g/\boldsymbol{x})\}\{\exp(\boldsymbol{x})\}}{\sum_{i=1}^{k}\exp\{y(i/\boldsymbol{x})\}\exp\{\Delta(\boldsymbol{x})\}} \\ &= \frac{\exp\{y(g/\boldsymbol{x})\}}{\sum_{i=1}^{k}\exp\{y(i/\boldsymbol{x})\}} \end{aligned}$$

由上式知，使 y 为最大的 h，其 $P(h/\boldsymbol{x})$ 必为最大，因此只须把样品 $\boldsymbol{x}$ 代入判别式中，分别计算 $y(g/\boldsymbol{x}), g = 1,2,\cdots,k$.

若

$$y(g/\boldsymbol{x}) = \max_{1\leqslant g\leqslant k}\{y(g/\boldsymbol{x})\}$$

则把样品 $\boldsymbol{x}$ 归入第 h 总体.

6.4.4 逐步判别法

前面介绍的判别方法都是用已给的全部变量 $x_1, x_2, \cdots, x_p$ 来建立判别式的，但这些变量在判别式中所起的作用一般来说是不同的，也就是说，各变量在判别式中判别能力不同，有些可能起重要作用，有些可能作用低微，如果将判别能力低微的变量保留在判别式中，不仅会增加计算量，而且会干扰影响判别效果，如果将其中重要变量忽略了，这时做出的判别效果也一定不好. 如何筛选出具有显著判别能力的变量来建立判别式呢?由于筛选变量的重要性，近年来有大量的文章提出很多种方法，这里仅介绍常用的逐步判别法.

1. 逐步判别法的基本思想

逐步判别法与逐步回归法的基本思想类似，都是采用“有进有出”的算法，即逐步引入变量，每引入一个“最重要”的变量进入判别式，同时也考虑较早引入判别式的某些变量，如果其判别能力随新引入变量而变为不显著了(例如其作用被后引入的某几个变量的组合所代替)，应及时从判别式中把它剔除去，直到判别式中没有不重要的变量需要剔除，而剩下来的变量也没有重要的变量可引入判别式时，逐步筛选结束. 这个筛选过程实质就是作假设检验，通过检验找出显著性变量，剔除不显著变量.

2. 具体计算步骤

(1) 准备工作.

1) 计算各总体中各变量的均值和总均值以及 $\boldsymbol{E}=(e_{ij})_{p\times p}$ 和 $\boldsymbol{T}=(t_{ij})_{p\times p}$ 的初值.

2) 规定引入变量和剔除变量的临界值 $F_{进}$ 和 $F_{出}$(取临界值 $F_{进}\geqslant F_{出}\geqslant 0$,以保证逐步筛选变量过程必在有限步后停止). 在利用电子计算机计算时,通常临界值的确定不是查分布表,而是根据具体问题,事先给定. 由于临界值是随着引入变量或剔除变量的个数而变化的,但是当样本容量 n 很大时,它们的变化甚微,所以一般取 $F_{进}=F_{出}=F_{a}$,如果想少选入几个变量可取 $F_{进}=F_{出}=10,8$,等等. 如果想多选入变量,可取 $F_{进}=F_{出}=1,0.5$,等等,显然如果取 $F_{进}=F_{出}=0$,则全部变量都被引入.

(2) 逐步计算. 假设已计算 l 步(包括 $l=0$),在判别式中引入了某 L 个变量,不妨设 x_1,$x_2,\cdots,x_L$,则第 $L+1$ 步计算内容如下:

1) 计算全部变量的"判别能力".

对未选入变量 x_i 计算 $A_i=\dfrac{e_{ii}^{(l)}}{e_{ii}^{(l)}}$,　$i=L+1,\cdots,P$.

对已选入变量 x_j 计算 $A_j=\dfrac{e_{jj}^{(l)}}{e_{jj}^{(l)}}$,　$j=L+1,\cdots,L$.

2) 在已入选变量中考虑剔除可能存在的最不显著变量,取最大的 A_j(即最小的 F_{2j}). 假设 $A_r=\max\limits_{j\in L}\{A_j\}$,这里 $j\in L$ 表示 x_j 属已入选变量. 作 F 检验:剔除变量时统计量为

$$F_{2r}=\frac{1-A_r}{A_r}\,\frac{n-k-(L-1)}{k-1}$$

若 $F_{2r}\leqslant F_{出}$,则剔除 x_r,然后对 $\boldsymbol{E}^{(l)}$ 和 $\boldsymbol{T}^{(l)}$ 作消去变换.

若 $F_{2r}>F_{出}$,则从未入选变量中选出最显著变量,即要找出最小的 A_i(即最大的 F_{1i}). 假设 $A_r=\min\limits_{i\in L}\{A_i\}$,这里 $i\in L$ 表示 x_i 属于未入选变量. 作 F 检验:引入变量时统计量为

$$F_{1r}=\frac{1-A_r}{A_r}.\frac{n-k-L}{k-1}$$

若 $F_{1r}>F_{进}$,则引入 x_r,然后对 $\boldsymbol{E}^{(l)}$ 和 $\boldsymbol{T}^{(l)}$ 作消去变换.

在第 $L+1$ 步计算结束后,再重复上面的 1),2) 直至不能剔除又不能引入新变量时,逐步计算结束.

(3) 建立判别式,对样品判别分类. 经过(2) 选出重要变量后,可用各种方法建立判别函数和判别准则,这里使用 Bayes 判别法建立判别式,假设共计算 $L+1$ 步,最终选出 L 个变量,设判别式为

$$y(g/\boldsymbol{x})=l_1q_g+\boldsymbol{C}_0^{(g)}+\sum_{i=1}^{L}\boldsymbol{C}_i^{(g)}x_i,\quad g=1,2,\cdots,k$$

将每一个样品 $\boldsymbol{x}=(x_1,\cdots,x_p)'$($\boldsymbol{x}$ 可以是一个新样品,也可以是原来 n 个样品之一) 分别代入 k 个判别式 $y(g/x)$ 中. 若 $y(h/\boldsymbol{x})=\max\limits_{1\leqslant g\leqslant k}\{y(g/\boldsymbol{x})\}$,则 $x\in$ 第 h 总体. 顺便指出两点:

1) 在逐步计算中,每步都是先考虑剔除,后考虑引入,但开头几步一般都是先引入,而后才开始剔除,实际问题中引入后又剔除的情况不多,而剔除后再重新引入的情况更少见.

2) 由算法可知用逐步判别选出的 L 个变量,一般不是所有 L 个变量组合中最优的组合(因为每次引入都是在保留已引入变量基础上引入新变量). 但在 L 不大时,往往是最优的组合.

实例 6.3　对实例 6.1 的数据进行逐步判别如下:

解　利用 SPSS,得到结果如表 6.5 和表 6.6 所示.

表 6.5 输入/删除的变量(a,b,c,d)

step	Enterd	Wilks'Lambda			
		Statistic	Df1	Df2	Df3
1	人均集体所有制工资	0.338	1	2	25.000
2	人均全民所有制职工工资	0.146	2	2	25.000
3	人均集体职工标准工资	0.106	3	2	25.000
4	职工人均其他收入	0.065	4	2	25.000

At each step, the variable that minimizes the overall Wilks' Lambda is entered.

a Maximum number of steps is18.

b Minimum partial F to enter is 3.84.

c Maximum partial F to remove is 2.71.

d F level, tolerance, or VIN insufficient for further computation.

表 6.6 输入/删除的变量(a,b,c,d)

step	Enterd	Exact F			
		Statistic	Df1	Df2	Df3
1	人均集体所有制工资	24.429	2	25.000	0.000
2	人均全民所有制职工工资	19.452	4	48.000	0.000
3	人均集体职工标准工资	15.914	6	46.000	0.000
4	职工人均其他收入(Constant)	16.083	8	44.000	0.000

At each step, the variable that minimizes the overall Wilks' Lambda is entered.

a Maximum number of steps is 18.

b Minimum partial F to enter is 3.84.

c Maximum partial F to remove is 2.71.

d F level, tolerance, or VIN insufficient for further computation.

从表 6.6 可以看出,依次选入了变量 x_4,x_2,x_5,x_8.

表 6.7 分类函数系数

项 目	分 组		
	1.00	2.00	3.00
人均全民所有制职工工资	2.996	2.498	2.568
人均集体所有制工资	−11.169	−9.681	−6.281
人均集体职工标准工资	20.713	17.828	14.836
职工人均其他收入	4.519	3.293	3.309
(Constant)	−172.887	−116.602	−144.406

Fisher's linear discriminant functions.

线性判别函数为

$$W_1(\boldsymbol{x}) = -172.887 + 2.996x_2 - 11.169x_4 + 20.713x_5 + 4.519x_8$$

$$W_2(\boldsymbol{x}) = -116.602 + 2.498x_2 - 9.681x_4 + 17.828x_5 + 3.293x_8$$

$$W_3(\boldsymbol{x}) = -144.406 + 2.568x_2 - 6.281x_4 + 14.836x_5 + 3.309x_8$$

Bayes 判别法的回代判别皆正确.

用交叉确认法进行 Bayes 判别，判别的有两个样品：第 8 号(海南)，它由总体 G_1 误判为 G_2；第 28 号(湖南)，它由总体 G_3 误判为 G_2. 误判率的交叉确认估计是

$$a^* = \frac{2}{28} = 0.0714$$

再看实例 6.1 的计算结果，交叉确认法误判样品 5 个，误判率的交叉确认估计是

$$a^* = \frac{5}{28} = 0.1786$$

由此可见，逐步判别方法确实提高了判别效果. 又经计算，逐步判别方法确实提高了判别效果.

6.5 判别效果的检验

类似于回归分析中，对回归方程及各回归因子需做显著性检验一样，在判别分析中，所建立的判别函数是否有实际意义，判别函数有无实际价值，准确程度如何，同样需要做检验分析.

6.5.1 总体差异的显著性检验

若两类样品很接近，其各因子数值没有明显的差别时，无论用何方法进行判别，效果都不会好(此时说明要么客观上根本就很难判别，要么找的判别变量不对，缺漏了关键性的判别因子). 因此，判别分析中，首先要求假定两类样品来自有显著差异、可区别的总体，两总体的均值应有显著差异.

如果某一实际问题中两类总体之间没有显著差异，那么勉强进行判别分析是没有什么实际意义的.

为此，在判别分析中，必须对总体差异做显著性检验.

在给定显著水平 a 后，根据显著水平和自由度，可在 F 分布表中查出临界值 $F_{P,N_1+N_2-P-1}(a)$，使 $P\{F \geqslant F_a\} = a$，然后，计算出 F 统计量的数值，再比较它与 F_a 的大小，若

$F \geqslant F_a$，则否定 H_0，两总体差异显著

$F < F_a$，则接受 H_0，两总体差异不显著

6.5.2 各因子(判别变量)的重要性检验

可以通过其两类样本均值之差 $d_K = \overline{X}_K(A) - \overline{X}_K(B)$ 来衡量，$|d_K|$ 越大，X_K 对判别的作用越大、越重要. 若 d_j 最大，则 X_j 对判别最重要.

另外，各因子的重要程度也可以由各因子的判别系数 C_K 了解. $|C_K|$ 表示该因子的一个

单位对判别函数值的贡献，故 $|C_K|$ 越大，表明因子 X_K 对判别函数值 Y 的影响和贡献最大，对于判别、分类的作用也越大、越重要.

事实上，如果各因子具有相同的标准差且互不相关，那么，用 $|d_K|$ 与 $|C_K|$ 进行比较、评级的结果是一致的.

但是，如若各因子之标准差（即离散程度）有所不同，两者所得出的结论有可能不一致. 因为判别系数的大小与因子的量纲有关.

为了消除因子量纲的不良影响，更客观、公正地评价各因子的重要程度，通常在求得判别函数后，可将其标准化，即将所求出的判别系数除以其对应的样本标准差：

$$C_i/S = c_i^*$$

所得的标准化后的判别系数称为标准化判别系数. 它表示因子改变一个单位标准差时对判别函数值的贡献.

当各因子的量纲一致时，非标准化判别系数与标准化判别系数效用相同，但当各因子的量纲不同、甚至相差悬殊时，两种判别系数相差很大，甚至影响各因子的重要性等级.

6.5.3 实例计算分析

实例 6.4 给出全国部分地区城市设施水平的相关数据，根据先验信息将已知的 26 个样本分为三类，现有未知分类的样本数据 4 个，建立判别函数，将其分类. 原始数据如表 6.8 所示.

表 6.8 全国部分地区城市设施水平原始数据

	地区	人均建筑	人均使用	城市用水	城市燃气	公共车辆	人均道路	人均绿化	人均公厕	类别
1	北京	25.412 6	17.619 1	100.000	99.483 4	23.872 1	8.297 9	9.914 7	7.340 3	1
2	天津	21.065 9	15.912 6	100.000	94.820 8	10.823 5	10.331 3	5.988 1	5.481 8	1
3	河北	19.509 1	14.811 6	99.159 9	83.763 5	9.404 9	13.980 1	6.941 3	7.602 9	1
4	山西	21.000 0	13.998 6	73.736 1	46.771 5	5.099 0	10.696 6	4.950 6	5.800 0	2
5	内蒙古	18.642 6	14.095 3	76.397 8	49.617 4	4.246 1	8.486 0	6.330 1	8.153 1	2
6	辽宁	18.440 6	13.872 2	86.918 5	74.434 5	9.072 2	8.532 2	6.187 2	5.697 8	1
7	吉林	18.892 9	13.413 9	74.359 1	63.839 7	7.921 6	7.171 9	6.080 8	7.914 4	2
8	黑龙江	18.865 4	12.690 0	77.582 0	64.854 6	7.158 0	8.694 1	7.168 8	9.235 4	2
9	上海	25.987 3	18.462 8	99.975 4	99.999 2	20.341 7	13.553 0	5.879 1	1.259 4	1
10	江苏	23.584 4	17.343 4	90.974 1	82.025 4	10.426 4	14.596 2	9.150 5	6.850 8	1
11	浙江	30.751 4	22.826 5	93.517 6	92.396 4	13.707 1	17.962 4	9.409 4	5.013 7	1
12	安徽	17.921 9	12.897 3	71.628 1	52.995 7	8.247 1	11.905 6	7.042 7	5.860 8	2
13	福建	26.721 4	20.902 7	78.860 6	73.166 8	11.452 5	11.614 6	7.686 3	3.273 5	1
14	江西	20.701 2	15.659 3	80.228 6	61.442 4	7.480 1	8.298 6	6.260 5	3.289 3	2
15	山东	21.947 3	15.843 4	56.625 9	52.184 6	8.834 4	16.016 5	8.549 2	3.080 3	3

续 表

	地区	人均建筑	人均使用	城市用水	城市燃气	公共车辆	人均道路	人均绿化	人均公厕	类别
16	河南	14.011 6	11.124 6	72.166 7	45.170 7	7.652 6	9.711 5	6.832 2	4.504 8	2
17	湖北	20.349 5	16.144 0	56.545 0	46.337 7	11.728 8	13.355 6	9.644 6	4.178 7	3
18	湖南	17.054 8	12.652 4	82.034 2	57.352 3	10.001 1	8.874 6	6.797 1	3.472 8	2
19	广东	27.999 2	20.243 7	84.511 7	85.022 9	7.762 4	16.606 9	12.059 5	3.270 3	1
20	广西	22.413 2	16.333 7	70.328 2	55.618 3	6.760 8	12.330 2	8.377 1	2.348 0	2
21	重庆	22.486 1	16.880 3	45.040 0	32.233 2	9.034 2	8.071 6	3.411 1	5.682 9	3
22	四川	17.979 2	14.786 7	38.863 5	26.172 0	7.968 8	9.553 9	5.076 7	3.796 2	3
23	云南	23.400 0	17.550 0	68.618 7	49.326 4	13.733 9	8.419 1	11.142 6	3.907 5	2
24	陕西	17.598 9	12.150 2	71.905 9	58.181 0	8.275 4	7.150 5	4.544 7	2.415 5	2
25	甘肃	20.480 0	15.644 1	60.312 1	26.138 1	7.431 2	10.333 3	4.405 2	2.992 4	3
26	青海	19.800 0	13.866 7	100.00 0	37.980 4	15.575 1	8.017 8	6.160 8	3.740 7	2
27	海南	21.970 2	17.585 5	94.708 9	84.089 2	10.792 0	18.852 6	11.043 6	3.202 7	4
28	贵州	18.080 0	13.740 0	38.539 1	23.533 7	13.784 1	5.960 1	9.148 6	5.781 4	4
29	宁夏	20.411 2	15.071 3	63.527 7	49.646 6	5.804 0	10.728 3	4.693 6	8.538 3	4
30	新疆	19.061 8	13.736 4	71.887 1	65.742 2	13.205 6	11.596 8	7.288 0	8.235 4	4

6.8 表共选取了 30 个样本数据，一共 8 个变量，根据先验信息对前 26 个数据进行了分类，共分为三类. 待判样本 4 个.

数据运行结果及其分析如表 6.9 所示.

表 6.9　两个判别函数的特征值

Function	Eigenvalue	% of Variance	Cumulative %	Canonical Correlation
1	9.688	80.7	80.7	0.952
2	2.312	19.3	100.0	0.835

a First 2 canonical discriminate functions were used in the analysis.

表 6.9 是特征值表. 表中 Eigenvalue 项是前两个判别函数的特征值，第三项是占总方差的百分数. 特征值越大表示此函数越有判别能力. 从表 6.9 中可以看出第一个函数的判别能力要好于第二个函数.

表 6.10 是 Wilks' Lambda 值表，由表 6.10 可知，P 小于 0.05，拒绝原假设，认为组间均值不相等.

表 6.10　Wilks' Lambda

Test of Function(s)	Wilks' Lambda	Chi－square	df	Sig.
1 through 2	0.028	69.548	16	0.000
2	0.302	23.350	7	0.001

表 6.11 为费歇尔线性判别函数关系表.

表 6.11　分类函数系数表

	类别		
	1	2	3
人均建筑	−8.219	−5.018	−6.037
人均使用	18.168	12.517	13.494
城市用水	2.092	1.806	1.193
城市燃气	.960	.524	.315
公共车辆	−1.922	−1.838	−.478
人均道路	−.893	−1.158	.677
人均绿化	−.310	.512	−1.126
人均公厕	2.821	2.251	3.026
(Constant)	−191.305	−117.265	−86.459

Fisher's linear discriminant functions

根据该表得到三类的分类判别函数为

$$f_1 = -80219\times 人均建筑 + 18.168\times 人均使用 + 2.092\times 城市用水 + 0.960\times 城市燃气 - 1.922\times 公共车辆 - 0.893\times 人均道路 - 0.310\times 人均绿化 + 2.821\times 人均公厕$$

$$f_2 = -5.018\times 人均建筑 + 12.517\times 人均使用 + 1.806\times 城市用水 + 0.524\times 城市燃气 - 1.838\times 公共车辆 - 1.158\times 人均道路 + 0.512\times 人均绿化 + 2.251\times 人均公厕$$

$$f_3 = -6.037\times 人均建筑 + 13.494\times 人均使用 + 1.193\times 城市用水 + 0.315\times 城市燃气 - 0.478\times 公共车辆 + 0.677\times 人均道路 - 1.126\times 人均绿化 + 3.026\times 人均公厕$$

将 4 个待判样本的变量数据代入 3 个函数中,每个样本对应的 3 个函数的值进行比较,其中值最大的那个是第几个函数,则该样本判为第几类.计算后可以看出海南为第一类,贵州、宁夏、新疆为第三类.

从表 6.12 可以看出判别是否正确,4 个待判样品中,一个属于第一类,三个属于第三类.根据先验信息的分类完全正确,即三组中判定的正确率都是 100%.

表 6.12　分类结果

类别			Predicted Group Membership			Total
			1	2	3	
Original	Count	1	9	0	0	9
		2	0	12	0	12
		3	0	0	5	5
		Ungroupedcases	1	0	3	4
	%	1	100.0	.0	.0	100.0
		2	.0	100.0	.0	100.0
		3	.0	.0	100.0	100.0
		Ungroupedcases	25.0	.0	75.0	100.0

续 表

类别			Predicted Group Membership			Total
			1	2	3	
Cross－validateda	Count	1	7	2	0	9
		2	0	12	0	12
		3	0	0	5	5
	%	1	77.8	22.2	.0	100.0
		2	.0	100.0	.0	100.0
		3	.0	.0	100.0	100.0

a. Cross validation is done only for those cases in the analysis. In cross validation, each case is classified by thefunctions derived from all cases other than that case.

b. 100.0% of original grouped cases correctly classified.

c. 92.3% of cross－validated grouped cases correctly classified.

实例 6.4　某气象站预报某地区有无春旱的观测资料中，x_1 与 x_2 是与气象有关的综合预报因子，数据包括发生春旱的 6 个年份的 x_1 和 x_2 的观测值和无春旱的 8 个年份的相应观测值（见表 6.13），试建立距离判别函数并估计误判率.

表 6.13　某地区有无春旱的观测数据

G_1（春旱）			G_2（无春旱）		
序号	x_1	x_2	序号	x_1	x_2
1	24.8	－2	1	22.1	－0.7
2	24.7	－2.4	2	21.6	－1.4
3	26.6	－3	3	22	－0.8
4	23.5	－1.9	4	22.8	－1.6
5	25.5	－2.1	5	22.7	－1.5
6	27.4	－3.1	6	21.5	－1
			7	22.1	－1.2
			8	21.4	－1.3

解　在 $\boldsymbol{\Sigma}_1=\boldsymbol{\Sigma}_2=\boldsymbol{\Sigma}$ 的假设下，建立距离判别函数，利用 SPSS 软件包，依次点选 Analyze → Classify → Discriminant，即可进入判别分析过程，计算结果为

$$\bar{\boldsymbol{X}}^{(1)}=\begin{pmatrix}25.3167\\-2.4167\end{pmatrix},\quad \bar{\boldsymbol{X}}^{(2)}=\begin{pmatrix}22.025\\-1.1875\end{pmatrix}$$

$$\boldsymbol{S}_1=\begin{pmatrix}2.2137 & -0.6577\\-0.6577 & 0.2697\end{pmatrix},\quad \boldsymbol{S}_2=\begin{pmatrix}0.2736 & -0.0632\\-0.0632 & 0.1069\end{pmatrix}$$

线性判别函数为

$$\hat{W}(\boldsymbol{X})=-55.4331+2.089\boldsymbol{X}_1-3.3165\boldsymbol{X}_2$$

当 $\boldsymbol{X}=\boldsymbol{X}_4^{(1)}$ 时，$\hat{W}(\boldsymbol{X})=-0.03085<0$，故 $\boldsymbol{X}_4^{(1)}\in G_2$（误判）.

用回代法将总体 G_1 的第 4 号样品判属于 G_2，误判率为

$$\hat{a}=\frac{1}{14}=0.0714$$

用交叉确认法（进入 SPSS 的判别分析过程后，在 Classify 选项里点选 Leave → one → out →classification，即可给出交叉确认估计的误判情况），同样将 G_1 中的第 4 号样品判别为属于 G_2，误判率为

$$\hat{a}=\frac{1}{14}=0.0714$$

参考文献

[1] 余锦华，杨维权. 多元统计分析及其应用[M]. 广州：中山大学出版社，2005.

[2] 周光亚，等. 多元统计分析[M]. 北京：地质出版社，1982.

[3] 王学仁，王松桂. 实用多元统计分析[M]. 上海：上海科技出版社，1990.

[4] 洪楠. SPSS for Windows 统计分析教程[M]. 北京：电子工业出版社，2000.

[5] 向东进. 实用多元统计分析[M]. 武汉：中国地质大学出版社，2005.

[6] 王雪民. 应用多元分析[M]. 上海：上海财经大学出版社，1999.

[7] 于秀林，包雪松. 多元统计分析[M]. 北京：中国统计出版社，1999.

[8] 陈希孺，王松桂. 近代回归分析[M]. 合肥：安徽教育出版社，1987.

第 7 章　主成分分析思想方法及其实践应用

7.1　主成分分析概述

主成分分析法是一种简化变量间复杂关系的简单方法. 它是采取一种降维的方法，利用原变量之间的相关关系，将原来众多的特征用少数几个综合因子来代替，即用较少的新变量代替原来较多的变量，使得这些新变量互不相关，而且这些新变量还尽可能地保持着原有的信息. 这样所研究的问题就简单化了，对于数据的处理也就更简单了.

主成分分析在数据处理、统计分析及图像处理众多的领域有着非常广泛而重要的应用. 主成分分析法可以提取数据信息的本质特征，同时对冗余数据实现降维，有效地简化了问题，使工作效率有了明显的提高. 本章主要介绍主成分分析方法、相关理论和主要性质，同时，介绍主成分分析的步骤；最后，利用统计软件对收集到的数据用主成分分析法做特征提取，通过解决实践问题进一步加深对主成分分析思想理论的理解和应用.

主成分分析法是多元统计方法中不可或缺的一种统计方法，在企业管理、社会经济及地址、生化等各个领域都有广泛的应用. 例如，在过程控制，综合评价与诊断、信号处理等方向都有其用武之地.

7.2　主成分分析的概念

主成分分析也叫主分量分析(Principal Components Analysis, PCA)，它是由霍特林(Hotelling)在 1993 年提出的. 主成分分析利用降维的思想，在尽可能多地保持原有信息的前提下用少数几个综合指标来代替原有的众多特征指标的一种多元统计分析方法. 通常把转化生成后的综合指标称为主成分，其中，每一个主成分都是原始变量的线性组合，而且各个主成分之间相互没有关系. 因此，当研究相对困难时，只需要考虑少量的主成分，并尽可能保留尽可能多的信息，这样不光是简化了问题，还有效地提高了分析效率.

主成分分析不仅能降低多变量数据系统维度，而且还简化了变量系统的统计数字特征. 此外，主成分分析法可以用来处理数学和经济的问题，但也可以与其他方法相结合使用. 例如，把主成分分析与回归分析结合起来就成了主成分回归，它能简化回归问题中由于自变量之间的相关性太高而产生的分析困难.

7.3 主成分分析的几何意义、原理、性质

7.3.1 主成分分析的几何意义

$\boldsymbol{X}=(\boldsymbol{X}_1,\boldsymbol{X}_2,\cdots,\boldsymbol{X}_p)$是 p 维随机向量，均值 $E(\boldsymbol{X})=\mu$，协差阵 $D(\boldsymbol{X})=\boldsymbol{\Sigma}$，用 $\boldsymbol{X}$ 的 p 个向量(即 p 个指标向量)$\boldsymbol{X}_1,\boldsymbol{X}_2,\cdots,\boldsymbol{X}_p$ 作线性组合(即综合指标向量)得

$$\begin{cases}\boldsymbol{F}_1=a_{11}\boldsymbol{X}_1+a_{21}\boldsymbol{X}_2+\cdots+a_{p1}\boldsymbol{X}_p=a'_1\boldsymbol{X}\\ \boldsymbol{F}_2=a_{12}\boldsymbol{X}_1+a_{22}\boldsymbol{X}_2+\cdots+a_{p2}\boldsymbol{X}_p=a'_2\boldsymbol{X}\\ \cdots\cdots\\ \boldsymbol{F}_p=a_{1p}\boldsymbol{X}_1+a_{2p}\boldsymbol{X}_2+\cdots+a_{pp}\boldsymbol{X}_p=a'_1\boldsymbol{X}\end{cases}$$

上述方程组要求：

(1)$a_{1i}^2+a_{2i}^2+\cdots+a_{pi}^2=1,i=1,2,\cdots,p$，且系数 a_{ij} 由以下原则决定：

(2)$\boldsymbol{F}_i$ 与 $\boldsymbol{F}_j(i\neq j,i,j=1,2,\cdots,p)$不相关；

(3)$\boldsymbol{F}_1$ 是 $\boldsymbol{X}_1,\boldsymbol{X}_2,\cdots,\boldsymbol{X}_p$ 的一切线性组合(系数满足以上方程组)中方差最大的，$\boldsymbol{F}_2$ 是与 $\boldsymbol{F}_1$ 不相关的 $\boldsymbol{X}_1,\boldsymbol{X}_2,\cdots,\boldsymbol{X}_p$ 一切线性组合中方差最大的，$\boldsymbol{F}_1,\boldsymbol{F}_2,\cdots,\boldsymbol{F}_p$ 都不相关的 $\boldsymbol{X}_1,\boldsymbol{X}_2,\cdots,\boldsymbol{X}_p$ 的一切线性组合中方差最大的.

用数学语言叙述就是要求：

(1)$\boldsymbol{a}'_i\boldsymbol{a}_i=1,i=1,2,\cdots,p$；

(2)当 $i>$时，$\mathrm{Cov}(\boldsymbol{F}_i,\boldsymbol{F}_j)=0,\ j=1,2,\cdots,i-1$；

(3)$\mathrm{Var}(\boldsymbol{F}_i)=\max\limits_{\boldsymbol{a}'\boldsymbol{a}=1,\mathrm{Cov}(\boldsymbol{F}_i,\boldsymbol{F}_j)=0}\mathrm{Var}(\boldsymbol{a}'\boldsymbol{X}),j=1,2,\cdots,i-1.$

关于方程组的系数 a_{ij}，可以看到每一个方程式中的系数向量$(a_{1i}^2,a_{2i}^2,\cdots,a_{pi}^2),i=1,2,\cdots,p$ 正好是 $\boldsymbol{X}$ 的协差阵 $\boldsymbol{\Sigma}$ 的特征值对应的特征向量，也就是说，数学上可以证实使 $\mathrm{Var}(F_1)$达到最大，这个最大值是在 $\boldsymbol{\Sigma}$ 的第一个特征值所对应特征向量处达到. 以此类推，使 $\mathrm{Var}(F_p)$达到最大是在 $\boldsymbol{\Sigma}$ 的第 p 个特征值所对应特征向量处达到.

这里要说明的是：

首先，数学模型中为什么要作线性组合？因为数学上容易处理以及在实践中有很好的效果.

其次，要说明的是，选择的主成分使 $\mathrm{Var}(\boldsymbol{F}_i)$最大的限制要求是：$a_{1i}^2+a_{2i}^2+\cdots+a_{pi}^2=1,i=1,2,\cdots,p$. 若不加以限制，就可使 $\mathrm{Var}(\boldsymbol{F}_i)\to\infty$，则就无意义了.

从代数学角度来看，p 个变量 $\boldsymbol{X}_1,\boldsymbol{X}_2,\cdots,\boldsymbol{X}_p$ 的一些特殊的线性组合就构成了主成分，但在几何上，正是由 $\boldsymbol{X}_1,\boldsymbol{X}_2,\cdots,\boldsymbol{X}_p$ 构成的坐标系旋转后组成的新坐标系就构成了这些线性组合，新坐标轴使之通过样品方差最大的方向. 在正常情况下，p 维空间由 p 个变量组成，p 维空间的 n 个点由 n 个样品构成，对于 p 元正态分布变量来说，找主成分的问题就是找 p 维空间中椭球体的主轴问题.

7.3.2 主成分分析的基本思想及性质

主成分分析的基本思想可以概括如下：利用正交旋转变换，将与分量相关的原变量转化成

分量不相关的新变量.从代数角度看,就是把原变量的协方差阵转换为对角阵.用几何观点看,将原变量系统转换成新的正交系统,让它指向样本点分布最开的正交方向,继而对多维变量系统进行降维处理.根据特征提取,主成分分析类似于一种基于最小均方误差的提取方法.

令矩阵 $\boldsymbol{A}'=\boldsymbol{A}$,将 $\boldsymbol{A}$ 的特征值 $\lambda_1,\lambda_2,\cdots,\lambda_p$ 按从大到小顺序排列,设 $\lambda_1\geqslant\lambda_2\geqslant\cdots\geqslant\lambda_p,\lambda_1,\lambda_2,\cdots,\lambda_p$ 是矩阵 $\boldsymbol{A}$ 各特征值对应的标准正交向量,令随机向量 $\boldsymbol{X}=(\boldsymbol{X}_1,\boldsymbol{X}_2,\cdots,\boldsymbol{X}_p)'$ 的协方差矩阵为 $\boldsymbol{\Sigma}$,则对任意向量 $\boldsymbol{X}$,第 i 个主成分为

$$\boldsymbol{Y}_i=\gamma_{1i}\boldsymbol{X}_1+\gamma_{2i}\boldsymbol{X}_2+\cdots+\gamma_{pi}\boldsymbol{X}_p,\quad i=1,2,\cdots,p$$

此时

$$\mathrm{Var}(\boldsymbol{Y}_i)=\gamma'_i\sum\gamma_i=\gamma_i,\quad \mathrm{Cov}(\boldsymbol{Y}_i,\boldsymbol{Y}_j)=\gamma'_p\zeta\gamma_j=0,i\neq j$$

由以上结论,令 $\boldsymbol{X}_1,\boldsymbol{X}_2,\cdots,\boldsymbol{X}_p$ 的协方差阵 Σ 的非零特征值 $\lambda_1\geqslant\lambda_2\geqslant\cdots\geqslant\lambda_p>0$ 对应的标准化特征向量 $\gamma_1,\gamma_2,\cdots,\gamma_p$ 分别作为系数向量,$\boldsymbol{Y}_1=\lambda'_1\boldsymbol{X},\boldsymbol{Y}_2=\lambda'_2\boldsymbol{X},\cdots,\boldsymbol{Y}_p=\lambda'_p\boldsymbol{X}$ 分别叫作随机向量的第一主成分 $\boldsymbol{X}$,第二主成分,……,第 p 主成分.

性质 1　$\boldsymbol{Y}$ 的协方差阵为对角矩阵 $\boldsymbol{A}$.对角线上的值是 $\gamma_1,\gamma_2,\cdots,\gamma_p$.

性质 2　记 $\boldsymbol{\Sigma}=(\sigma_{ij})_{p*p}$,有 $\sum\limits_{i=1}^{p}\lambda_i=\sum\limits_{i=1}^{p}\sigma_{ij}$.

称 $a_k=\dfrac{\lambda_k}{\lambda_1+\lambda_2+\cdots+\lambda_p}(k=1,2,\cdots,p)$ 为第 k 个主成分 $\boldsymbol{Y}_k$ 的方差贡献率,称 $\dfrac{\sum\limits_{i=1}^{m}\lambda_i}{\sum\limits_{i=1}^{p}\lambda_i}$ 为主成分 $\boldsymbol{Y}_1,\boldsymbol{Y}_2,\cdots,\boldsymbol{Y}_m$ 的累积贡献率.

性质 3　$\rho(\boldsymbol{Y}_k,\boldsymbol{X}_i)=\mu_{ij}\dfrac{\sqrt{\lambda_k}}{\sqrt{\sigma_{ij}}}(k,i=1,2,\cdots,p)$.其中,把第 k 个主成分 $\boldsymbol{Y}_k$ 与原始变量 $\boldsymbol{X}_i$ 的相关系数 $\rho(\boldsymbol{Y}_k,\boldsymbol{X}_i)$ 称为因子负荷量.因子载荷是主成分解释中一个非常重要的解释.主成分的主要意义可以通过因子载荷的绝对值大小得知.

性质 4　$\sum\limits_{i=1}^{p}\rho^2(\boldsymbol{Y}_k,\boldsymbol{X}_i)\sigma_{ij}=\lambda_k$.

性质 5　$\sum\limits_{k=1}^{p}\rho^2(\boldsymbol{Y}_k,\boldsymbol{X}_i)=\dfrac{1}{\sigma_{ij}}\sum\limits_{i=1}^{p}\lambda_k\mu_{ki}^2=1$.

$\boldsymbol{X}_i$ 与前 m 个主成分 $\boldsymbol{Y}_1,\boldsymbol{Y}_2,\cdots,\boldsymbol{Y}_m$ 的全相关系数平方和称为 $\boldsymbol{Y}_1,\boldsymbol{Y}_2,\cdots,\boldsymbol{Y}_m$ 对原始变量 $\boldsymbol{X}_i$ 的方差贡献率 v_i,即 $v_i=\dfrac{1}{\sigma_{ij}}\sum\limits_{k=1}^{m}\lambda_k\mu_{ki}^2(i=1,2,\cdots,p)$.这一定义说明前 m 个主成分是从原始变量 $\boldsymbol{X}_i$ 的 v_i 中提取的,由此可以判断提取的主成分说明原始变量的能力.

7.4　主成分的推导

令 $\boldsymbol{F}=\boldsymbol{a}_1\boldsymbol{X}_1+\boldsymbol{a}_2\boldsymbol{X}_2+\cdots+\boldsymbol{a}_p\boldsymbol{X}_p=\boldsymbol{a}''\boldsymbol{X}$,其中 $\boldsymbol{a}=(\boldsymbol{a}_1,\boldsymbol{a}_2,\cdots,\boldsymbol{a}_p)',\boldsymbol{X}=(\boldsymbol{X}_1,\boldsymbol{X}_2,\cdots,\boldsymbol{X}_p)'$,求主成分便是寻找 $\boldsymbol{X}$ 的线性函数 $\boldsymbol{a}'\boldsymbol{X}$ 使相应的方差尽可能的大,即使

$$\mathrm{Var}(\boldsymbol{a}'\boldsymbol{X})=\boldsymbol{E}(\boldsymbol{a}'\boldsymbol{E}-(\boldsymbol{a}'\boldsymbol{X}))(\boldsymbol{a}'\boldsymbol{X}-\boldsymbol{E}(\boldsymbol{a}'\boldsymbol{X}))'$$

$$= a'E(X-EX)(X-EX)'a$$
$$= a'\sum a$$

达到最大值，并且使得 $a'a=1$.

设协方差矩阵 $\boldsymbol{\Sigma}$ 的特征根为 $\lambda_1 \geqslant \lambda_2 \geqslant \cdots \geqslant \lambda_p > 0$，对应的单位特征向量为 $u_1, u_2, \cdots, u_p$. 令

$$U_{p\times p} = (u_1, \cdots, u_p) = \begin{bmatrix} x_{11} & x_{12} & \cdots & x_{1p} \\ x_{21} & x_{22} & \cdots & x_{2p} \\ \vdots & \vdots & & \vdots \\ x_{p1} & x_{p2} & \cdots & x_{pp} \end{bmatrix}$$

由线性代数定理可知 $U'U=UU'=I$，且

$$\boldsymbol{\Sigma} = U \begin{bmatrix} \lambda_1 & & & 0 \\ & \lambda_2 & & \\ & & \ddots & \\ 0 & & & \lambda_p \end{bmatrix} U' = \sum_{i=1}^{p} \lambda_i u_i u'_i$$

因此

$$a'\boldsymbol{\Sigma}a = \sum_{i=1}^{p} \lambda_i a' u_i u'_i a = \sum_{i=1}^{p} \lambda_i (a'u_i)(a'u_i)' = \lambda_i (a'u_i)^2$$

所以

$$a'\boldsymbol{\Sigma}a \leqslant \lambda_1 \sum_{i=1}^{p} (a'u_i)^2 = \lambda_1 (a'U)(a'U)' = \lambda_1 a'UU'a = \lambda_1 a'a\lambda_1$$

而且，当 $a=u_1$ 时，有

$$u'_1\boldsymbol{\Sigma}u_1 = u'_1(\sum_{i=1}^{p} \lambda_i u_i u'_i), \quad u_1 = \sum_{i=1}^{p} \lambda_i u'_1 u_i u'_i u_1 = \lambda_1 (u'_1 u_1)^2 = \lambda$$

因此，$a=u_1$ 使 $\mathrm{Var}(r'_i X) = a'\boldsymbol{\Sigma}a$ 达到最大值，且 $\mathrm{Var}(u'_i X) = u'_1\boldsymbol{\Sigma}u_1 = \lambda_i$.

同理，$\mathrm{Var}(u'_i X) = \lambda_i$，而且

$$\mathrm{Cov}(u'_i X, u'_j X) = u'_i\boldsymbol{\Sigma}u_j = u'_i[\sum_{a=1}^{p} \lambda_a u_a u u'_a]u_j, \quad \sum_{a=1}^{p} (u'_i u_a)(u'_a u_i) = 0, i \neq j$$

以上推导可以解释为 $X_1, X_2, \cdots, X_p$ 的主成分就是以 $\boldsymbol{\Sigma}$ 的特征向量为系数的线性组合，它们之间互不相关，它的方差即为 $\boldsymbol{\Sigma}$ 的特征根.

由于 $\boldsymbol{\Sigma}$ 的特征根 $\lambda_1 \geqslant \lambda_2 \geqslant \cdots \geqslant \lambda_p > 0$，所以有 $\mathrm{Var}F_1 \geqslant \mathrm{Var}F_2 \geqslant \cdots \geqslant \mathrm{Var}F_p > 0$.

在解决实际问题的时候，一般不是取 p 个主成分，而是依据特征值的累积贡献率大小取前 k 个.

7.5 样本主成分

在实际问题中，一般总体协差阵 $\boldsymbol{\Sigma}$ 知，这时可以用样本协差阵 S 来代替，此时求出的主成分就称为样本主成分.

设 $X_a = (X_{a1}, \cdots, X_{ap})'(=1,2,\cdots,n)$ 为来自总体 X 的样本，

样本资料阵为

$$\boldsymbol{X}=\begin{bmatrix} x_{11} & x_{12} & \cdots & x_{1p} \\ x_{21} & x_{22} & \cdots & x_{2p} \\ \vdots & \vdots & & \vdots \\ x_{n1} & x_{n2} & \cdots & x_{np} \end{bmatrix}=\begin{bmatrix} \boldsymbol{X}'_{(1)} \\ \boldsymbol{X}'_{(2)} \\ \vdots \\ \boldsymbol{X}'_{(n)} \end{bmatrix}$$

则样本协差阵 $\boldsymbol{S}$ 和样本相关阵 $\boldsymbol{R}$ 分别为

$$\boldsymbol{S}=\frac{1}{n-1}\sum_{a=1}^{n}(\boldsymbol{X}_{(a)}-\overline{\boldsymbol{X}})(\boldsymbol{X}_a-\overline{\boldsymbol{X}})'=(s_{ij})_{p\times p}$$

其中

$$s_{ij}=\frac{1}{n-1}\sum_{a=1}^{p}(x_{aj}-\overline{x}_i)(x_{aj}-\overline{x}_j)'$$

$$\overline{\boldsymbol{X}}=\frac{1}{n}\sum_{a=1}^{n}\boldsymbol{X}(\overline{x}_1,\overline{x}_2,\cdots,\overline{x}_p)'$$

$$\overline{\boldsymbol{X}}=\frac{1}{n}\sum_{a=1}^{n}\boldsymbol{X}(a)=(\overline{x}_1,\overline{x}_2,\cdots,\overline{x}_p)'$$

$$\boldsymbol{R}=(r_{ij})_{p\times p}$$

其中

$$r_{ij}=\frac{S_{ij}}{\sqrt{S_{ii}}\ \sqrt{s_{jj}}},\quad i,j=1,2,\cdots,p$$

当原始变量 $x_1,x_2,\cdots,x_p$ 标准化后，则 $\boldsymbol{S}$ 和 $\boldsymbol{R}$ 相同，$\boldsymbol{S}=\boldsymbol{R}=\frac{1}{n-1}\boldsymbol{X}'\boldsymbol{X}$. 于是，一般求 $\boldsymbol{R}$ 的特征值和特征向量，可以取 $\boldsymbol{R}=\boldsymbol{X}'\boldsymbol{X}$，由于这时的 $\boldsymbol{R}$ 与 $\frac{1}{n-1}\boldsymbol{X}'\boldsymbol{X}$ 只差了一个系数，显然 $\boldsymbol{X}'\boldsymbol{X}$ 与 $\frac{1}{n-1}\boldsymbol{X}'\boldsymbol{X}$ 的特征根相差 $n-1$ 倍，然而它们的特征向量没有改变，并不影响对主成分的求解.

用样本协差阵 $\boldsymbol{S}$ 作为 $\boldsymbol{\Sigma}$ 的估计或用 $\boldsymbol{R}$ 作为总体相关阵的估计. 接下来，可以按照求总体主成分的方法，即可获得样本主成分.

类似总体主成分，这里称 $\lambda_k/\sum\limits_{i=1}^{p}\lambda_i$ 为样本主成分 $\boldsymbol{F}_k$ 的贡献率，称 $\frac{\lambda_1+\cdots+\lambda_m}{\sum\limits_{i-1}^{p}\lambda_i}$ 为样本主成分 $\boldsymbol{F}_1,\boldsymbol{F}_2,\cdots,\boldsymbol{F}_m(m<p)$ 的贡献率.

7.6　计算步骤

假设有 n 个样品，每个样品需观测 p 个指标，现将原始数据写成矩阵：

$$\boldsymbol{X}=\begin{bmatrix} x_{11} & x_{12} & \cdots & x_{1p} \\ x_{21} & x_{22} & \cdots & x_{2p} \\ \vdots & \vdots & & \vdots \\ x_{n1} & x_{n2} & \cdots & x_{np} \end{bmatrix}$$

(1)将原始数据标准化.假设以上矩阵已经进行了标准化.

(2)建立变量的相关系数阵：

$$\boldsymbol{R}=(r_{ij})_{p\times p},\text{假设 }\boldsymbol{R}=\boldsymbol{X}'\boldsymbol{X}$$

(3)求 $\boldsymbol{R}$ 的特征根 $\lambda_1\geqslant\lambda_2\geqslant\cdots\geqslant\lambda_p>0$,且相应的单位特征向量：

$$\boldsymbol{a}_1=\begin{bmatrix}a_{11}\\a_{21}\\\vdots\\a_{p1}\end{bmatrix},\boldsymbol{a}_2=\begin{bmatrix}a_{12}\\a_{22}\\\vdots\\a_{p2}\end{bmatrix},\cdots,\boldsymbol{a}_p=\begin{bmatrix}a_{1p}\\a_{2p}\\\vdots\\a_{pp}\end{bmatrix}$$

(4)写出主成分：

$$\boldsymbol{F}_i=a_{1i}\boldsymbol{X}_1+a_{2i}\boldsymbol{X}_2+\cdots+a_{pi}\boldsymbol{X}_p,\quad i=1,2,\cdots,p$$

7.7 用主成分分析法进行实践应用

主成分分析数据处理的主要方法有作图法、列表法、最小二乘法和逐差法. 数据处理同样离不开数据处理软件，一般的软件有 Excel,MATLAB 以及 Origin 等，目前流行的图形可视化和数据分析软件有 MATLAB,Mathematics 和 Maple.

7.7.1 使用 Excel 进行主成分分析数据处理

表 7.1 的数据来自中国统计局网，主要统计了 2005—2012 年农村居民平均消费支出，其中包括人均食品支出、人均衣着消费支出、人均居住消费支出、人均家庭设备和用品消费支出、人均交通通信消费支出、人均文教娱乐消费支出、人均医疗保健消费支出以及人均其他消费支出. 也用 Excel 记录了 2005—2012 年各项消费指标的合计和均值.

表 7.1 2005—2012 年农村居民人均消费支出 单位:元

指标	2005 年	2006 年	2007 年	2008 年	2009 年	2010 年	2011 年	2012 年	总 计	均 值
人均食品消费支出	1 162.2	1 217	1 389	1 598.8	1 636	1 800.7	2 107.3	2 323.9	13 234.9	1 654.4
人均衣着消费支出	148.6	168	193.5	211.8	232.5	264	341.3	396.4	1 956.1	244.5
人均居住消费支出	370.2	469	573.8	678.8	805	835.2	961.5	1 086.4	5 779.9	722.5
人均家庭设备及用品消费支出	111.4	126.6	149.1	174	204.8	234.1	308.9	341.7	1 650.6	206.3
人均交通通信消费支出	245	288.8	328.4	360.2	402.9	461.1	547	652.8	3 286.2	410.8
人均文教娱乐消费支出	295.5	305.7	305.7	314.5	340.6	366.7	396.4	445.5	2 770.6	346.3

续 表

指标	2005 年	2006 年	2007 年	2008 年	2009 年	2010 年	2011 年	2012 年	总　计	均　值
人均医疗保健消费支出	168.1	191.5	210.2	246	287.5	326	436.8	513.8	2 379.9	297.5
人均其他消费支出	54.5	63.1	74.2	76.7	84.1	94	122	147.6	716.2	89.5
人均消费支出	2 555.5	2 829.7	3 223.9	3 660.8	3 993.4	4 381.8	5 221.2	5 908.1	3 1774.4	7 061

从图 7.1 可以明显地看出，2005—2012 年农村居民人均消费支出一直呈上升趋势.

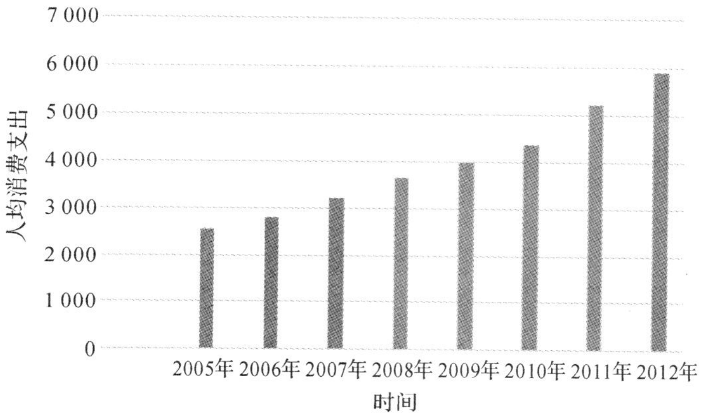

图 7.1　2005—2012 年农村居民人均消费支出变化情况

从图 7.2 可以清楚地看到农村居民平均食品消费支出一直在平均消费支出中占有很大的比例，即农村居民消费支出主要是食品消费支出. 占比例最小的是家庭设备及用品的消费支出，其次是衣着消费支出.

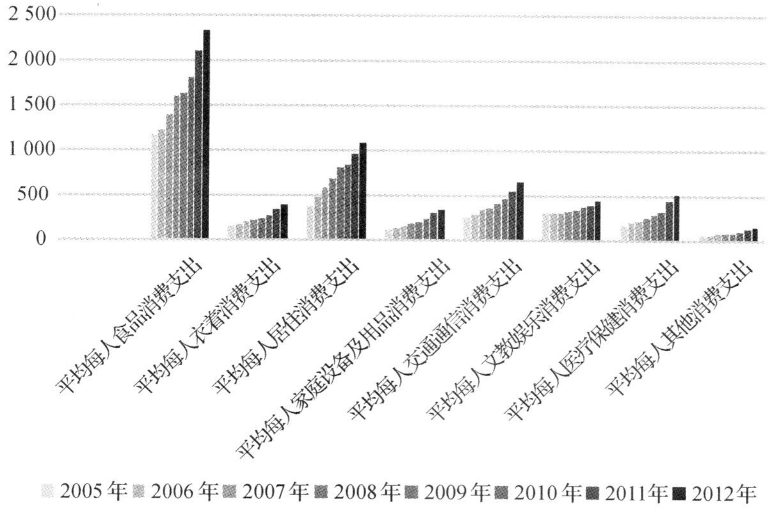

图 7.2　2005—2012 年各类消费支出的变化

7.7.2 使用 SPSS 软件进行主成分分析数据处理

实例 7.1 运用主成分分析法对我国各地区城镇居民的平均消费情况进行分析. 在现实生活中,有很多因素影响着一个地区的平均消费. 在本例中只选择了其中 7 个解释变量来研究主要影响我国城镇居民家庭人均全年的消费情况. 设各地区城镇居民人均食品支出为 x_1,人均衣着服装消费为 x_2,人均居住消费为 x_3,人均医疗消费为 x_4,人均教育消费为 x_5,人均工资为 x_6,人均消费支出为 x_7. 实验数据来自 2013 年《中国统计年鉴》.

由表 7.2 的数据中很难看出各变量之间的相互关系,由于影响各地区城镇居民人均消费的变量较多、数据较多,如果只是通过对数据观察是较难得出相应结论的. 所以这时需要用适当的方法对数据进行相应的处理,使研究相对简单. 因此,可以利用 SPSS 软件对表 7.2 数据做主成分分析处理.

表 7.2 2013 年城镇居民人均消费情况 单位:元

地区	x_1	x_2	x_3	x_4	x_5	x_6	x_7
北京	8 170.22	2 794.87	2 125.99	1 717.5	3 984.86	93 006	26 274.9
天津	7 943.06	1 950.68	2 088.62	1 694.2	2 353.43	67 773	21 711.9
河北	4 404.93	1 488.11	1 526.28	1 117.3	1 550.63	41 501	13 640.6
山西	3 676.65	1 627.53	1 612.36	1 020.6	2 065.44	46 407	13 166.2
内蒙古	6 117.93	2 777.25	1 951.05	1 394.8	2 111.00	50 723	19 249.1
辽宁	5 803.90	2 100.71	1 936.10	1 343.0	2 258.46	45 505	18 029.7
吉林	4 658.13	1 961.20	1 932.24	1 692.1	1 935.04	42 846	15 932.3
黑龙江	5 069.89	1 803.45	1 543.29	1 334.8	1 396.38	40 794	14 161.7
上海	9 822.88	2 032.28	2 847.88	1 350.2	4 122.07	90 908	28 155.0
江苏	7 074.11	2 013.00	1 564.30	1 122.0	3 290.00	57 177	20 371.5
浙江	8 008.16	2 235.21	2 004.69	1 244.3	2 848.75	56 571	23 257.2
安徽	6 370.23	1 687.49	1 663.55	869.89	1 904.15	47 806	16 285.2
福建	7 424.67	1 685.07	2 013.53	935.50	2 448.36	48 538	20 092.7
江西	5 221.10	1 566.49	1 414.89	672.50	1 671.24	42 473	13 850.5
山东	5 625.94	2 277.03	1 780.07	1 109.3	1 909.84	46 998	17 112.2
河南	4 913.87	1 916.99	1 315.28	1 054.5	1 911.16	38 301	14 822.0
湖北	6 259.22	1 881.85	1 456.30	1 033.4	1 922.83	43 899	15 749.5
湖南	5 583.99	1 520.35	1 529.50	1 078.8	2 080.46	42 726	15 887.1
广东	8 856.91	1 614.87	2 339.12	1 122.7	3 222.40	53 318	24 133.3

续 表

地区	x_1	x_2	x_3	x_4	x_5	x_6	x_7
广西	5 841.16	1 015.88	1 662.50	776.26	2 083.99	41 391	15 417.6
海南	6 979.22	932.63	1 578.65	734.28	1 923.48	44 971	15 593
重庆	7 245.12	2 333.81	1 376.15	1 245.3	1 722.66	50 006	17 813.9
四川	6 471.84	1 727.92	1 321.54	1 019.0	1 877.55	47 965	16 343.5
贵州	4 915.02	1 401.85	1 496.49	633.72	1 950.28	47 364	13 702.9
云南	5 741.01	1 356.91	1 384.91	1 085.4	2 045.29	42 447	15 156.2
西藏	5 889.48	1 528.14	963.99	617.97	1 551.34	57 773	12 231.9
陕西	6 075.58	1 915.33	1 465.81	1 310.1	2 208.06	47 446	16 679.7
甘肃	5 162.87	1 747.32	1 596.00	1 117.4	1 547.65	42 833	14 020.7
青海	4 777.10	1 675.06	1 684.78	813.13	1 471.98	51 393	13 539.5
宁夏	4 895.20	1 737.21	1 497.98	1 158.8	1 868.42	50 476	15 321.1
新疆	5 323.50	2 036.94	1 275.35	1 179.8	1 597.99	49 064	15 206.2

具体操作如下：

首先运用 SPSS 软件建立表 7.2 指标之间的相关系数阵 $\boldsymbol{R}$ 如表 7.3 所示。

表 7.3　样本相关系数阵

	x_1	x_2	x_3	x_4	x_5	x_6	x_7
x_1	1	0.287	0.655	0.295	0.782	0.709	0.896
x_2	0.287	1	0.336	0.695	0.373	0.474	0.523
x_3	0.655	0.336	1	0.505	0.750	0.618	0.834
x_4	0.295	0.695	0.505	1	0.414	0.435	0.558
x_5	0.782	0.373	0.750	0.414	1	0.800	0.915
x_6	0.709	0.474	0.618	0.435	0.800	1	0.791
x_7	0.896	0.523	0.834	0.558	0.915	0.791	1

由表 7.3 的样本相关阵为

$$\boldsymbol{R}=\begin{bmatrix} 1 & r_{12} & \cdots & r_{1p} \\ r_{21} & r_{22} & \cdots & r_{2p} \\ \vdots & \vdots & & \vdots \\ r_{p1} & r_{p2} & \cdots & 1 \end{bmatrix}$$

可以知道每个样本之间的相关关系.从中可以看出一些自变量之间的相关性很高，比如 $r_{57}=$

0.915,即人均教育消费与人均消费支出之间有很高的相关性,这说明人均教育消费在人均消费中占很大的比例.同理 $r_{17}=0.896$,说明人均食品支出在人均消费中占很大的比例;相反一些自变量之间的相关性很低,比如 $r_{12}=0.287$,即人均食品支出与人均衣着服装消费之间没有太大的相关关系;同样 $r_{14}=0.295$ 亦是如此.这样两变量之间的相关性高低可以很直观地看到.但是每个变量之间都存在着或多或少的关系,这对于要研究的问题来说太过复杂,所以还需要进一步优化.

对 $\boldsymbol{R}$ 求特征值和特征向量,如表 7.4 所示.

表 7.4　总方差解释

Component	Initial Eigenvalues			Extraction Sums of Squared Loading		
	Total	% of Variance	Cumulative %	Total	% of Variance	Cumulative %
1	4.704	67.207	67.207	4.704	67.207	67.207
2	1.153	16.466	83.673	1.153	16.466	83.673
3	0.467	6.673	90.346			
4	0.283	4.043	94.389			
5	0.226	3.234	97.623			
6	0.159	2.270	99.893			
7	0.007	0.107	100.000			

表 7.4 为用 SPSS 对以上 7 个自变量计算主成分所得的结果.从图中可以知道,Total 为特征值,方差贡献率% of Variance,Cumulative %为方差累积贡献率.可知特征值最大为 $\lambda_1=4.704$,第一个自变量的方差贡献率为 67.207%,说明含有原信息 67.207%的信息量,第二个自变量的方差贡献率为 16.466%.从方差贡献率的贡献率来看,前两者累计贡献率接近 84%,表明前两个主成分基本上都包含了所有指标具有的信息.因此,取前两个特征值,并计算出相应的特征向量如表 7.5 所示.

表 7.5　指标相应的特征向量

	Component	
	1	2
x_1	0.839	−0.371
x_2	0.601	0.697
x_3	0.838	−0.129
x_4	0.644	0.655
x_5	0.907	−0.249
x_6	0.858	−0.100
x_7	0.981	−0.112

因此，前两个主成分为

第一个主成分为

$$F_1 = 0.839x_1 + 0.601x_2 + 0.838x_3 + 0.644x_4 + 0.907x_5 + 0.858x_6 + 0.981x_7$$

第二个主成分为

$$F_2 = -0.371x_1 + 0.697x_2 - 0.129x_3 + 0.655x_4 - 0.249x_5 - 0.1x_6 - 0.112x_7$$

在第一主成分的表达式中，第 1,3,5,6 和 7 项指标的系数较大，这几个指标起主要作用. 因此，可以把第一主成分看成是由平均食品支出、平均居住消费、平均教育消费、平均工资和平均消费支出、国内生产总值、居民消费性支出所刻画的反映 2013 年城镇居民人均消费情况的综合指标.

在第二主成分中，第 2,4 项指标的系数较大，可将它看成是反映居民衣着服装消费和医疗消费的综合指标. 这样就将含有 7 个变量的复杂问题转化成了只研究两个主成分的简单问题了.

实例 7.2　为了了解我国 31 个省市自治区经济发展的基本情况，但是影响经济发展的因素较多，所以在此问题中只选取了 8 项指标对该问题用主成分分析理论进行讨论. 现以 GDP（国内生产总值）、居民消费性支出（元）、固定资产投资（亿元）、职工平均工资（元）、货物周转量（亿吨千米）、居民消费价格指数、商品零售价格指数和工业总产值（亿元）为经济发展基本情况的 8 项指标. 分别令 GDP 为 x_1、居民消费性支出为 x_2、固定资产投资为 x_3、职工平均工资为 x_4、货物周转量为 x_5、居民消费价格指数 x_6、商品零售价格指数为 x_7 和工业总产值为 x_8. 根据《2010 年中国统计年鉴》获得 2009 年各地区统计数据，原始数据如表 7.6 所示.

表 7.6　31 个省市自治区经济发展的基本情况

省份	x_1	x_2	x_3	x_4	x_5	x_6	x_7	x_8
北京	12 153.03	17 893.00	4 616.9	57 779	731.6	98.5	97.8	11 039.13
天津	7 521.85	14 801.35	4 738.2	43 937	9 606.6	99.0	98.9	13 083.63
河北	17 235.48	9 678.75	12 269.8	27 774	6 405.2	99.3	99.0	24 062.76
山西	7 358.31	9 355.10	4 943.2	28 066	2 390.4	99.6	99.1	9 249.98
内蒙古	9 740.25	12 369.87	7 336.8	30 486	4 116.9	99.7	99.5	10 699.44
辽宁	15 212.49	12 324.58	12 292.5	30 523	7 753.9	100.0	99.8	28 152.73
吉林	7 278.75	10 914.44	6 411.6	25 943	1 167.3	100.1	99.3	10 026.65
黑龙江	8 587.00	9 629.60	5 028.8	24 805	1 644.7	100.2	98.9	7 301.60
上海	15 046.45	20 992.35	5 043.8	58 336	14 372.6	99.6	99.4	24 091.26
江苏	34 457.30	13 153.00	18 949.9	35 217	4 675.3	99.6	98.9	73 200.03
浙江	22 990.35	16 683.48	10 742.3	36 553	5 659.9	98.5	98.8	42 035.29
安徽	10 062.82	10 233.98	8 990.7	28 723	6 321.7	99.1	99.0	13 312.59
福建	12 236.53	13 450.57	6 231.2	28 366	2 471.3	98.2	97.9	16 762.82

续表

省份	x_1	x_2	x_3	x_4	x_5	x_6	x_7	x_8
江西	7 655.18	9 739.99	6 643.1	24 165	2 334.2	99.3	99.1	9 783.96
山东	33 896.65	12 012.73	19 034.5	29 398	11 022.2	100.0	99.4	71 209.42
河南	19 480.46	9 566.99	13 704.5	26 960	6 154.0	99.4	99.4	27 708.15
湖北	12 961.10	10 294.07	7 866.9	26 547	2 566.4	99.6	98.6	15 567.02
湖南	13 059.69	10 828.23	7 703.4	26 534	2 513.3	99.6	98.5	13 507.64
广东	39 482.56	16 857.50	12 933.1	26 469	4 769.7	97.7	96.8	68 275.77
广西	7 759.16	10 352.38	5 237.2	27 322	2 337.2	97.9	98.0	6 880.04
海南	1 654.21	10 086.65	988.3	24 790	792.5	99.3	98.5	1 057.45
重庆	6 530.01	12 144.06	5 214.3	30 499	1 650.5	98.4	97.3	6 772.90
四川	14 151.28	10 860.20	11 371.9	28 149	1 590.5	100.8	100.1	18 071.68
贵州	3 912.68	9 048.29	2 412	27 437	926.0	98.7	97.6	3 426.69
云南	6 169.75	10 201.81	4 526.4	26 163	867.6	100.4	100.1	5 197.45
西藏	441.36	9 034.31	378.3	45 347	35.3	101.4	99.5	51.60
陕西	8 169.80	10 705.67	6 246.9	29 566	2 218.6	100.5	99.9	8470.40
甘肃	3 387.56	8 890.79	2 363	26 743	1 619.5	101.3	101.8	3 770.38
青海	1 082.27	8 786.52	798.2	32 481	364.2	102.6	101.6	1 080.35
宁夏	1 353.31	10 280.00	1 075.9	32 916	750.4	100.7	99.5	1 461.58
新疆	4 277.05	9 327.55	2 725.5	27 617	1 255.9	100.7	100.4	4001.12

由于表 7.6 中的数据过于繁多,且没有规律可言.如只通过观察表中的数据是很难从中得到想要的信息的.所以需用 SPSS 软件对表 7.6 数据做主成分分析.建立指标之间的相关系数阵如表 7.7 所示.

表 7.7 样本相关阵

	x_1	x_2	x_3	x_4	x_5	x_6	x_7	x_8
x_1	1	0.493	0.897	0.025	0.540	−0.401	−0.329	0.976
x_2	0.493	1	0.240	0.702	0.569	−0.475	−0.378	0.457
x_3	0.897	0.240	1	−0.138	0.538	−0.282	−0.168	0.881
x_4	0.025	0.702	−0.138	1	0.365	−0.034	−0.054	0.042
x_5	0.540	0.569	0.538	0.365	1	−0.239	−0.036	0.560

续 表

	x_1	x_2	x_3	x_4	x_5	x_6	x_7	x_8
x_6	−0.401	−0.475	−0.282	−0.034	−0.239	1	0.885	−0.311
x_7	−0.329	−0.378	−0.168	−0.054	−0.036	0.885	1	−0.247
x_8	0.976	0.457	0.881	0.042	0.560	−0.311	−0.247	1

由表 7.7 所示的自变量样本相关阵

$$\boldsymbol{R}=\begin{bmatrix} 1 & r_{12} & \cdots & r_{1p} \\ r_{21} & r_{22} & \cdots & r_{2p} \\ \vdots & \vdots & & \vdots \\ r_{p1} & r_{p2} & \cdots & 1 \end{bmatrix}$$

中可以看出自变量之间的相关性，有的相关性很高，例如 $r_{18}=0.976$，从中可知生产总值与工业总产值之间有很强的线性关系；有的相关性很低，例如 $r_{14}=0.025$，即生产总值与职工平均工资之间几乎没有相关性. 由于每个变量之间都存在着或多或少的关系，这对于要研究的问题来说太过复杂，所以还需要进一步的优化. 即需继续求 $\boldsymbol{R}$ 的特征值和特征向量，如表 7.8 所示.

表 7.8　总方差解释

Component	Initial Eigenvalues			Extraction Sums of Squared Loading		
	Total	% of Variance	Cumulative %	Total	% of Variance	Cumulative %
1	3.975	49.692	49.692	3.975	49.692	49.692
2	1.709	21.365	71.057	1.709	21.365	71.057
3	1.533	19.161	90.218	1.533	19.161	90.218
4	0.443	5.533	95.751			
5	0.174	2.170	97.921			
6	0.103	1.281	99.202			
7	0.050	0.622	99.825			
8	0.014	0.175	100.000			

从表 7.8 中可以知道 Total 为特征值，且 $\lambda_1=3.975$ 最大，$\lambda_8=0.014$ 最小. % of Variance 为方差贡献率，Cumulative %为方差累积贡献率. 由表 7.8 知，前面三个特征值的累计贡献率达到了 90.218%，这说明前三个主成分基本包含了全部指标所具有的信息，因此，只需取前三个特征值，并计算出相应的特征向量，如表 7.9 所示.

表 7.9　指标相应的特征向量

	Component		
	1	2	3
x_1	0.919	0.329	−0.014
x_2	0.710	−0.558	0.301
x_3	0.800	0.542	−0.013
x_4	0.253	−0.683	0.611
x_5	0.702	−0.008	0.461
x_6	−0.616	0.420	0.612
x_7	−0.508	0.462	0.691
x_8	0.890	0.374	0.066

从表 7.9 可以看出有三个主成分，因此，前三个主成分为

第一个主成分：

$\boldsymbol{F}_1=0.919x_1+0.71x_2+0.8x_3+0.253x_4+0.702x_5-0.626x_6-0.508x_7+0.89x_8$

第二个主成分：

$\boldsymbol{F}_2=0.329x_1-0.558x_2+0.542x_3-0.683x_4-0.008x_5+0.42x_6+0.462x_7+0.374x_8$

第三个主成分：

$\boldsymbol{F}_3=-0.014x_1+0.301x_2-0.013x_3+0.611x_4+0.462x_5+0.612x_6+0.61x_7+0.066x_8$

在第一主成分的表达式中，第 1～3，5 及 8 项指标的系数较大，这几个指标起主要作用. 因此，可以把第一主成分看成是由国内生产总值、居民消费性支出、固定资产投资、货物周转量和工业总产值所刻画的反映经济发展状况的综合指标.

在第二主成分中，第 2～4 项指标的系数较大，可将它看成是反映居民消费性支出、固定资产投资、职工平均工资的综合指标.

在第三主成分中，第 6，7 项指标的系数较大，可以将它看成是反映居民消费价格指数和商品零售价格指数的综合指标. 这样就将含有 8 个变量的复杂问题转化成了只研究三个主成分的简单问题了.

实例 7.3　用主成分分析理论研究主要影响我国民航客运量的因素. 为了研究影响我国民航客运量的主要因素，假设民航客运量为因变量 y，以国民收入、消费额、铁路客运量、民航航线里程和国内旅游人数为影响民航客运量的主要因素. y 表示民航客运量（万人）、x_1 表示国民收入（亿元）、x_2 表示消费额（亿元）、x_3 表示铁路客运量（万人）、x_4 表示民航航线里程（万公里）、x_5 表示国内旅游人数（万人）. 根据《2008 年中国统计年鉴》获得 1994—2007 年统计数据，见表 7.10.

表 7.10　1994—2007 年影响民航客运量的主要因素

年份	y	x_1	x_2	x_3	x_3	x_4	x_5
1994 年	4 038	48 108.5	21 844.2	108 738	104.56	52 400	
1995 年	5 117	59 810.5	28 369.7	102 745	112.90	62 900	
1996 年	5 555	70 142.5	33 955.9	94 796	116.65	64 000	
1997 年	5 630	78 060.8	36 921.5	93 308	142.50	64 400	
1998 年	5 755	80 324.3	39 229.3	95 085	150.58	69 500	
1999 年	6 094	88 479.2	41 920.4	100 164	152.22	71 900	
2000 年	6 722	98 000.5	45 854.6	105 073	150.29	74 400	
2001 年	7 524	108 068.2	49 213.2	105 155	155.36	78 400	
2002 年	8 594	119 095.7	52 571.3	105 606	163.77	87 800	
2003 年	8 759	135 174.0	56 834.4	97 260	174.95	87 000	
2004 年	12 123	159 586.7	63 833.5	111 764	204.94	110 200	
2005 年	13 827	184 088.6	71 217.5	115 583	199.85	121 200	
2006 年	15 968	213 131.7	80 476.9	125 656	211.35	139 400	
2007 年	18 576	251 483.2	93 317.2	135 670	234.30	161 000	

为了简化问题用 SPSS 软件对表 7.10 中的 5 个自变量计算主成分. 输出结果如表 7.11 所示.

表 7.11　总方差解释

Component	Initial Eigenvalues			Extraction Sums of SquaredLoading		
	Total	% of Variance	Cumulative %	Total	% of Variance	Cumulative %
1	4.668	93.359	93.359	4.668	93.359	93.359
2	0.296	5.926	99.285	0.296	5.926	99.285
3	0.026	0.530	99.815	0.026	0.530	99.815
4	0.007	0.149	99.964	0.007	0.149	99.964
5	0.002	0.036	100.000	0.002	0.036	100.000

以表 7.11 输出的结果中有 5 个主成分的特征值(Eigenvalues),最大的特征值 $\lambda_1 = 4.668$,最小的是 $\lambda_5 = 0.002$,方差百分比(% of Variance)是主成分所能解释数据变异的比例,也就是包含原数据的信息比例. 第一个主成分的方差百分比为 93.359%,含有原始 5 个变量近 93.4%的信息量. 因此只需要取第一个主成分已经足够. 输出结果如表 7.12 所示.

表 7.12 主成分的系数

	Component
	1
x_1	0.996
x_2	0.988
x_3	0.884
x_4	0.962
x_5	0.996

由表 7.12 可以看出，只有一个主成分，这个主成分为

$$\boldsymbol{F} = 0.996x_1 + 0.988x_2 + 0.884x_3 + 0.962x_4 + 0.996x_5$$

该主成分的 5 个系数都较大. 因此可以将它看成是反映国民收入、消费额、铁路客运量、民航航线里程和国内旅游人数的综合指标. 这样就将含有 5 个变量的复杂问题简化为只需要考虑一个主成分的简单问题了.

7.7.3 使用 MATLAB 实现主成分分析数据分析

MATLAB 语言是当今国际上科学界（尤其是自动控制领域）最具影响力、也是最有活力的软件. 它起源于矩阵运算，并已经发展成一种高度集成的计算机语言. 它提供了强大的科学运算、灵活的程序设计流程、高质量的图形可视化与界面设计、与其他程序和语言的便捷接口的功能. MATLAB 语言在各国高校与研究单位起着重大的作用. 主成分分析是把原来多个变量划为少数几个综合指标的一种统计分析方法，从数学角度来看，这是一种降维处理技术.

在软件 MATLAB 中，可以采取两种方式实现主成分分析：一是通过编程来实现；二是直接调用 MATLAB 中自带程序实现. 下面主要主要介绍利用 MATLAB 的矩阵计算功能编程实现主成分分析.

1. 程序结构

程序结构如图 7.3 所示.

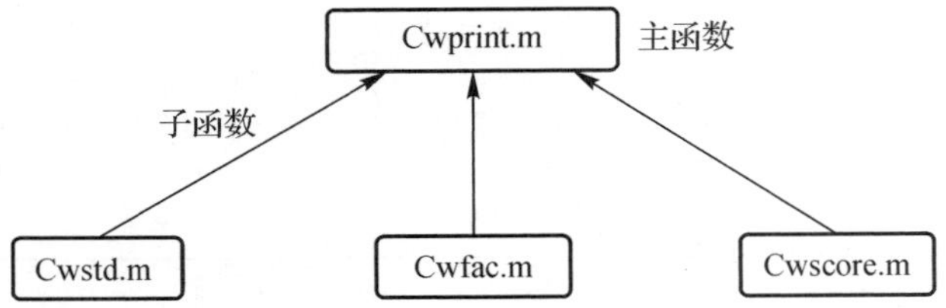

图 7.3 程序结构

2. 函数作用

Cwstd. m——用总和标准化法标准化矩阵.

Cwfac. m——计算相关系数矩阵;计算特征值和特征向量;对主成分进行排序;计算各特征值贡献率;挑选主成分(累计贡献率大于85%),输出主成分个数;计算主成分载荷.

Cwscore. m——计算各主成分得分、综合得分并排序.

Cwprint. m——读入数据文件;调用以上三个函数并输出结果.

3. 源程序

(1)cwstd. m.

```
%cwstd. m,用总和标准化法标准化矩阵
function std=cwstd(vector)
cwsum=sum(vector,1);              %对列求和
[a,b]=size(vector);               %矩阵大小,a为行数,b为列数
for i=1:a
    for j=1:b
        std(i,j)= vector(i,j)/cwsum(j);
    end
end
```

(2)cwfac. m.

```
%cwfac. m
function result=cwfac(vector);
fprintf('相关系数矩阵:\n')
std=CORRCOEF(vector)      %计算相关系数矩阵
fprintf('特征向量(vec)及特征值(val):\n')
[vec,val]=eig(std)      %求特征值(val)及特征向量(vec)
newval=diag(val);
[y,i]=sort(newval);          %对特征根进行排序,y为排序结果,i为索引
fprintf('特征根排序:\n')
for z=1:length(y)
    newy(z)=y(length(y)+1-z);
end
fprintf('%g\n',newy)
rate=y/sum(y);
fprintf('\n贡献率:\n')
newrate=newy/sum(newy)
sumrate=0;
newi=[];
for k=length(y):-1:1
    sumrate=sumrate+rate(k);
    newi(length(y)+1-k)=i(k);
    if sumrate>0.85 break;
    end
end                        %记下累积贡献率大于85%的特征值的序号放入newi中
fprintf('主成分数:%g\n\n',length(newi));
fprintf('主成分载荷:\n')
```

```
for p=1:length(newi)
    for q=1:length(y)
        result(q,p)=sqrt(newval(newi(p))) * vec(q,newi(p));
    end
end                          %计算载荷
disp(result)
```

(3)cwscore. m.

```
%cwscore. m,计算得分
function score=cwscore(vector1,vector2);
sco=vector1 * vector2;
csum=sum(sco,2);
[newcsum,i]=sort(-1 * csum);
[newi,j]=sort(i);
fprintf('计算得分:\n')
score=[sco,csum,j]
%得分矩阵:sco 为各主成分得分;csum 为综合得分;j 为排序结果
```

(4)cwprint. m.

```
%cwprint. m
function print=cwprint(filename,a,b);
%filename 为文本文件文件名,a 为矩阵行数(样本数),b 为矩阵列数(变量指标数)
fid=fopen(filename,'r')
vector=fscanf(fid,'%g',[a b]);
fprintf('标准化结果如下:\n')
v1=cwstd(vector)
result=cwfac(v1);
cwscore(v1,result);
```

4. 程序测试

(1)原始数据. 我国部分城市某年的 10 项社会经济统计指标数据见表 7.13.

表 7.13 10 项社会经济统计指标数据

城市	年底总人口/万人	非农业人口比/%	农业总产值/万元	工业总产值/万元	客运总量/万人	货运总量/10^5t	地方财政预算内收入/万元	城乡居民年底储蓄余额/万元	在岗职工人数/万人	在岗职工工资总额/万元
北京	1 249.90	0.597 8	1 843 427	19 999 706	20 323	45 562	2 790 863	26 806 646	410.80	5 773 301
天津	910.17	0.580 9	1 501 136	22 645 502	3 259	26 317	1 128 073	11 301 931	202.68	2 254 343
石家庄	875.40	0.233 2	2 918 680	6 885 768	2 929	1 911	352 348	7 095 875	95.60	758 877
太原	299.92	0.656 3	236 038	2 737 750	1 937	11 895	203 277	3 943 100	88.65	654 023
呼和浩特	207.78	0.441 2	365 343	816 452	2 351	2 623	105 783	1 396 588	42.11	309 337

续表

城市	年底总人口 万人	非农业人口比 %	农业总产值 万元	工业总产值 万元	客运总量 万人	货运总量 10^5 t	地方财政预算内收入/万元	城乡居民年底储蓄余额 万元	在岗职工人数 万人	在岗职工工资总额 万元
沈阳	677.08	0.629 9	1 295 418	5 826 733	7 782	15 412	567 919	9 016 998	135.45	1 152 811
大连	545.31	0.494 6	1 879 739	8 426 385	10 780	19 187	709 227	7 556 796	94.15	965 922
长春	691.23	0.406 8	1 853 210	5 966 343	4 810	9 532	357 096	4 803 744	102.63	884 447
哈尔滨	927.09	0.462 7	2 663 855	4 186 123	6 720	7 520	481 443	6 450 020	172.79	1 309 151
上海	1 313.12	0.738 4	2 069 019	54 529 098	6 406	44 485	4 318 500	25 971 200	336.84	5 605 445
南京	537.44	0.534 1	989 199	13 072 737	14 269	11 193	664 299	5 680 472	113.81	1 357 861
杭州	616.05	0.355 6	1 414 737	12 000 796	17 883	11 684	449 593	7 425 967	96.90	1 180 947
宁波	538.41	0.254 7	1 428 235	10 622 866	22 215	10 298	501 723	5 246 350	62.15	824 034
合肥	429.95	0.318 4	628 764	2 514 125	4 893	1 517	233 628	1 622 931	47.27	369 577
福州	583.13	0.273 3	2 152 288	6 555 351	8 851	7 190	467 524	5 030 220	69.59	680 607
厦门	128.99	0.486 5	333 374	5 751 124	3 728	2 570	418 758	2 108 331	46.93	657 484
南昌	424.20	0.398 8	688 289	2 305 881	3 674	3 189	167 714	2 640 460	62.08	479 ,555
济南	557.63	0.408 5	1 486 302	6 285 882	5 915	11 775	460 690	4 126 970	83.31	756 696
青岛	702.97	0.369 3	2 382 320	11 492 036	13 408	17 038	658 435	4 978 045	103.52	961 704
郑州	615.36	0.342 4	677 425	5 287 601	10 433	6 768	387 252	5 135 338	84.66	696 848
武汉	740.20	0.586 9	1 211 291	7 506 085	9 793	15 442	604 658	5 748 055	149.20	1 314 766
长沙	582.47	0.310 7	1 146 367	3 098 179	8 706	5 718	323 660	3 461 244	69.57	596 986
广州	685.00	0.621 4	1 600 738	23 348 139	22 007	23 854	1 761 499	20 401 811	182.81	3 047 594
深圳	119.85	0.793 1	299 662	20 368 295	8 754	4 274	1 847 908	9 519 900	91.26	1 890 338
南宁	285.87	0.406 4	720 486	1 149 691	5 130	3 293	149 700	2 190 918	45.09	371 809
海口	54.38	0.835 4	44 815	717 461	5 345	2 356	115 174	1 626 800	19.01	198 138
重庆	3 072.34	0.206 7	4 168 780	8 585 525	52 441	25 124	898,912	9 090 969	223.73	1 606 804
成都	1 003.56	0.335	1 935 590	5 894 289	40 140	19 632	561 189	7 479 684	132.89	1 200 671
贵阳	321.50	0.455 7	362 061	2 247 934	15 703	4 143	197 908	1 787 748	55.28	419 681
昆明	473.39	0.386 5	793 356	3 605 729	5 604	12 042	524 216	4 127 900	88.11	842 321
西安	674.50	0.409 4	739 905	3 665 942	10 311	9 766	408 896	5 863 980	114.01	885 169
兰州	287.59	0.544 5	259 444	2 940 884	1 832	4 749	169 540	2 641 568	65.83	550 890

续 表

城市	年底总人口 万人	非农业人口比 %	农　业总产值 万元	工业总产值 万元	客运总量 万人	货运总量 10^5 t	地方财政预算内收入/万元	城乡居民年底储蓄余额 万元	在岗职工人数 万人	在岗职工工资总额 万元
西宁	133.95	0.522 7	65 848	711 310	1 746	1 469	49 134	855 051	27.21	219 251
银川	95.38	0.570 9	171 603	661 226	2 106	1 193	74 758	814 103	23.72	178 621
乌鲁木齐	158.92	0.824 4	78 513	1 847 241	2 668	9 041	254 870	2 365 508	55.27	517 622

(2)运行结果.

```
>> cwprint('cwbook.txt',35,10)
fid =
6
```

数据标准化结果如下：

v1 =

0.058 1	0.035 6	0.043 5	0.068 0	0.055 7	0.111 2	0.119 4	0.118 4	0.108 3	0.139 2
0.042 3	0.034 6	0.035 4	0.077 0	0.008 9	0.064 2	0.048 3	0.049 9	0.053 4	0.054 4
0.040 7	0.013 9	0.068 8	0.023 4	0.008 0	0.004 7	0.015 1	0.031 4	0.025 2	0.018 3
0.013 9	0.039 1	0.005 6	0.009 3	0.005 3	0.029 0	0.008 7	0.017 4	0.023 4	0.015 8
0.009 7	0.026 3	0.008 6	0.002 8	0.006 4	0.006 4	0.004 5	0.006 2	0.011 1	0.007 5
0.031 5	0.037 5	0.030 5	0.019 8	0.021 3	0.037 6	0.024 3	0.039 8	0.035 7	0.027 8
0.025 3	0.029 5	0.044 3	0.028 6	0.029 5	0.046 8	0.030 4	0.033 4	0.024 8	0.023 3
0.032 1	0.024 2	0.043 7	0.020 3	0.013 2	0.023 3	0.015 3	0.021 2	0.027 0	0.021 3
0.043 1	0.027 6	0.062 8	0.014 2	0.018 4	0.018 4	0.020 6	0.028 5	0.045 5	0.031 6
0.061 0	0.044 0	0.048 8	0.185 3	0.017 6	0.108 6	0.184 8	0.114 8	0.088 8	0.135 2
0.025 0	0.031 8	0.023 3	0.044 4	0.039 1	0.027 3	0.028 4	0.025 1	0.030 0	0.032 7
0.028 6	0.021 2	0.033 4	0.040 8	0.049 0	0.028 5	0.019 2	0.032 8	0.025 5	0.028 5
0.025 0	0.015 2	0.033 7	0.036 1	0.060 9	0.025 1	0.021 5	0.023 2	0.016 4	0.019 9
0.020 0	0.019 0	0.014 8	0.008 5	0.013 4	0.003 7	0.010 0	0.007 2	0.012 5	0.008 9
0.027 1	0.016 3	0.050 8	0.022 3	0.024 3	0.017 5	0.020 0	0.022 2	0.018 3	0.016 4
0.006 0	0.029 0	0.007 9	0.019 5	0.010 2	0.006 3	0.017 9	0.009 3	0.012 4	0.015 9
0.019 7	0.023 7	0.016 2	0.007 8	0.010 1	0.007 8	0.007 2	0.011 7	0.016 4	0.011 6
0.025 9	0.024 3	0.035 0	0.021 4	0.016 2	0.028 7	0.019 7	0.018 2	0.022 0	0.018 2
0.032 7	0.022 0	0.056 2	0.039 1	0.036 7	0.041 6	0.028 2	0.022 0	0.027 3	0.023 2
0.028 6	0.020 4	0.016 0	0.018 0	0.028 6	0.016 5	0.016 6	0.022 7	0.022 3	0.016 8
0.034 4	0.034 9	0.028 6	0.025 5	0.026 8	0.037 7	0.025 9	0.025 4	0.039 3	0.031 7
0.027 1	0.018 5	0.027 0	0.010 5	0.023 9	0.014 0	0.013 9	0.015 3	0.018 3	0.014 4
0.031 8	0.037 0	0.037 7	0.079 3	0.060 3	0.058 2	0.075 4	0.090 1	0.048 2	0.073 5

0.005 6	0.047 2	0.007 1	0.069 2	0.024 0	0.010 4	0.079 1	0.042 1	0.024 0	0.045 6
0.013 3	0.024 2	0.017 0	0.003 9	0.014 1	0.008 0	0.006 4	0.009 7	0.011 9	0.009 0
0.002 5	0.049 7	0.001 1	0.002 4	0.014 6	0.005 7	0.004 9	0.007 2	0.005 0	0.004 8
0.142 8	0.012 3	0.098 3	0.029 2	0.143 7	0.061 3	0.038 5	0.040 2	0.059 0	0.038 7
0.046 6	0.019 9	0.045 6	0.020 0	0.110 0	0.047 9	0.024 0	0.033 1	0.035 0	0.029 0
0.014 9	0.027 1	0.008 5	0.007 6	0.043 0	0.010 1	0.008 5	0.007 9	0.014 6	0.010 1
0.022 0	0.023 0	0.018 7	0.012 3	0.015 4	0.029 4	0.022 4	0.018 2	0.023 2	0.020 3
0.031 3	0.024 4	0.017 4	0.012 5	0.028 3	0.023 8	0.017 5	0.025 9	0.030 0	0.021 3
0.013 4	0.032 4	0.006 1	0.010 0	0.005 0	0.011 6	0.007 3	0.011 7	0.017 3	0.013 3
0.006 2	0.031 1	0.001 6	0.002 4	0.004 8	0.003 6	0.002 1	0.003 8	0.007 2	0.005 3
0.004 4	0.034 0	0.004 0	0.002 2	0.005 8	0.002 9	0.003 2	0.003 6	0.006 3	0.004 3
0.007 4	0.049 1	0.001 9	0.006 3	0.007 3	0.022 1	0.010 9	0.010 5	0.014 6	0.012 5

相关系数矩阵：

std＝

1.000 0	−0.344 4	0.842 5	0.360 3	0.739 0	0.621 5	0.403 9	0.496 7	0.676 1	0.468 9
−0.344 4	1.000 0	−0.475 0	0.309 6	−0.353 9	0.197 1	0.357 1	0.260 0	0.157 0	0.309 0
0.842 5	−0.475 0	1.000 0	0.335 8	0.589 1	0.505 6	0.323 6	0.445 6	0.557 5	0.374 2
0.360 3	0.309 6	0.335 8	1.000 0	0.150 7	0.766 4	0.941 2	0.848 0	0.732 0	0.861 4
0.739 0	−0.353 9	0.589 1	0.150 7	1.000 0	0.429 4	0.197 1	0.318 2	0.389 3	0.259 5
0.621 5	0.197 1	0.505 6	0.766 4	0.429 4	1.000 0	0.831 6	0.896 6	0.930 2	0.902 7
0.403 9	0.357 1	0.323 6	0.941 2	0.197 1	0.831 6	1.000 0	0.923 3	0.837 6	0.952 7
0.496 7	0.260 0	0.445 6	0.848 0	0.318 2	0.896 6	0.923 3	1.000 0	0.920 1	0.973 1
0.676 1	0.157 0	0.557 5	0.732 0	0.389 3	0.930 2	0.837 6	0.920 1	1.000 0	0.939 6
0.468 9	0.309 0	0.374 2	0.861 4	0.259 5	0.902 7	0.952 7	0.973 1	0.939 6	1.000 0

特征向量(vec)：

vec＝

−0.136 7	0.228 2	−0.262 8	0.193 9	0.637 1	−0.216 3	0.317 6	−0.131 2	−0.419 1	0.275 8
−0.032 9	−0.021 7	0.000 9	0.044 6	−0.144 7	−0.443 7	0.405 8	−0.556 2	0.548 7	0.059 3
−0.052 2	−0.028 0	0.204 0	−0.049 2	−0.547 2	−0.422 5	0.344 0	0.318 8	−0.443 8	0.240 1
0.006 7	−0.417 6	−0.285 6	−0.238 9	0.192 6	−0.491 5	−0.418 9	0.272 6	0.206 5	0.340 3
0.040 4	0.140 8	0.089 6	0.038 0	−0.196 9	−0.043 7	−0.488 8	−0.678 9	−0.440 5	0.186 1
−0.034 3	0.236 0	0.064 0	−0.829 4	0.037 7	0.266 2	0.135 6	−0.129 0	0.027 8	0.378 2

0.298 1　0.473 9　0.568 5　0.235 8　0.146 5　−0.150 2　−0.263 1　0.124 5　0.215 2　0.364 4
0.156 7　0.346 4　−0.648 5　0.248 9　−0.404 3　0.205 8　−0.070 4　0.046 2　0.121 4
0.381 2
0.487 9　−0.570 7　0.121 7　0.176 1　0.098 7　0.355 0　0.328 0　−0.013 9　0.007 1　0.383 2
−0.789 4　−0.162 8　0.192 5　0.251 0　−0.042 2　0.269 4　0.039 6　0.045 6　0.166 8
0.379 9

特征值(val)

val=

0.003 9	0	0	0	0	0	0	0	0	0
0	0.024 0	0	0	0	0	0	0	0	0
0	0	0.030 7	0	0	0	0	0	0	0
0	0	0	0.099 1	0	0	0	0	0	0
0	0	0	0	0.123 2	0	0	0	0	0
0	0	0	0	0	0.256 6	0	0	0	0
0	0	0	0	0	0	0.320 7	0	0	0
0	0	0	0	0	0	0	0.530 0	0	0
0	0	0	0	0	0	0	0	2.351 4	0
0	0	0	0	0	0	0	0	0	6.260 2

特征根排序：

6.260 22
2.351 38
0.530 047
0.320 699
0.256 639
0.123 241
0.099 091 5
0.030 708 8
0.024 035 5
0.003 933 87

各主成分贡献率：

newrate=

0.626 0　0.235 1　0.053 0　0.032 1　0.025 7　0.012 3　0.009 9　0.003 1　0.002 4　0.000 4

第一、二主成分的载荷：

0.690 1　−0.642 7
0.148 3　−0.841 4
0.600 7　−0.680 5
0.851 5　−0.316 7
0.465 6　−0.675 4
0.946 3　−0.042 6

0.911 7　−0.329 9
0.953 7　−0.186 2
0.958 9　−0.010 9
0.950 6　−0.255 8

第一、二、三、四主成分的得分：

score=

0.718 5	0.049 9	0.768 4	2.000 0
0.380 6	0.038 6	0.419 2	4.000 0
0.184 8	−0.043 3	0.141 4	21.000 0
0.118 6	0.031 1	0.149 7	20.000 0
0.054 9	0.011 5	0.066 4	33.000 0
0.228 8	0.007 0	0.235 8	7.000 0
0.236 4	−0.008 1	0.228 3	10.000 0
0.177 8	−0.016 7	0.161 1	16.000 0
0.229 2	−0.033 7	0.195 5	14.000 0
0.838 2	0.133 9	0.972 1	1.000 0
0.227 6	0.006 4	0.234 0	8.000 0
0.227 9	−0.022 2	0.205 6	12.000 0
0.198 9	−0.038 2	0.160 7	18.000 0
0.078 9	−0.006 1	0.072 8	32.000 0
0.171 1	−0.031 7	0.139 4	23.000 0
0.092 6	0.026 6	0.119 2	25.000 0
0.090 0	−0.000 0	0.089 9	28.000 0
0.169 2	−0.008 2	0.161 0	17.000 0
0.244 1	−0.031 8	0.212 4	11.000 0
0.150 7	−0.010 8	0.139 9	22.000 0
0.231 6	0.001 2	0.232 8	9.000 0
0.129 4	−0.021 1	0.108 3	27.000 0
0.471 6	0.032 8	0.504 5	3.000 0
0.273 7	0.083 4	0.357 0	5.000 0
0.075 4	−0.001 3	0.074 1	31.000 0
0.044 8	0.034 9	0.079 7	30.000 0
0.475 9	−0.202 8	0.273 1	6.000 0
0.290 7	−0.088 3	0.202 4	13.000 0
0.094 4	−0.011 8	0.082 6	29.000 0
0.154 6	0.003 5	0.158 1	19.000 0
0.171 8	−0.009 2	0.162 6	15.00 00
0.086 5	0.023 0	0.109 5	26.000 0
0.034 9	0.021 6	0.056 6	35.000 0

0.034 3	0.022 8	0.057 2	34.000 0
0.088 9	0.042 2	0.131 0	24.000 0

7.8 结 论

运用主成分分析在一定程度上实现了它存在的意义.它最大限度地保持了原有信息的同时也达到了降低指标维数,将复杂的问题简单化的目的.正因如此,它正在以很快的速度,被人们认识和广泛应用.

事实上,现在有许多统计类的问题都存在着或多或少的相关性,主成分分析法很适合解决这一类的问题.但是,它毕竟不能最完整地反映原来的信息.如本章的第一个实例取了前两个主成分进行分析 ,它只表达了原信息量接近 84%信息,另外的大概 16%包含在其他 5 个指标中.这样一来,原有的信息有的可能会有所丢失,但是如果取到第三个主成分,分析评价问题的难度势必又会大大地增加.所以,对于具体问题应该具体分析,尽可能地找到一种理想的主成分取法,它不但能满足信息量的要求,而且又能最大限度地将问题进行简化.如果要能很好地运用主成分分析去,应该熟练地掌握主成分的理论和思想,并且能熟练运用 SPSS 软件对原始数据进行降维处理,从中提取含有大部分信息的主成分,从而相对简单地获得自己想要的信息.

参考文献

[1] 魏宗舒,等.概率论与数理统计[M].北京:高等教育出版社,2009.
[2] 贾俊平.统计学[M].5 版.北京:中国人民大学出版社,2012.
[3] 王玉顺.MATLAB 实践教程[M].西安:西安电子科技大学出版社,2012.
[4] 任雪松,于秀林.多元统计分析[M].2 版.北京:中国统计出版社,2011.
[5] 何晓群,刘文卿.应用回归分析[M].3 版.中国人民大学出版社,2011.
[6] 宋会传,卢静,齐庆超.基于数据处理方法的坐标系最佳抵偿面的推导选择[J].数据采集与处理,2009,24:55-59.
[7] 何平.测量数据处理过程中误差分析[J].电子测量技术,1995:1-4.
[8] 费业泰.误差理论与数据处理[M].北京:机械工业出版社,2003.
[9] WANG T. PCA for predicting quaternary structure of protein[J]. Frontiers of Electrical and Electronic Engineering in China. 2008,3(4):376-380.
[10] GIANCARLO D. Cross-validation methods in PCA: A comparison[J]. Statistical Methods & Applications. 2002,11(1):71-82.
[11] KIM N H. The aesthetic evaluation of coastal landscape[J]. KSCE Journal of Civil Engineering. 2009,13(2):65-74.

第8章 聚类分析思想方法及其实践应用

8.1 聚类分析概述

聚类分析是非监督模式识别的重要分支,在模式识别、数据挖掘、计算机视觉及模糊控制等领域具有广泛应用,也是近年来得到迅速发展的一个研究热点.许多领域都涉及聚类分析方法的应用和研究工作,如统计学、模式识别、生物学、空间数据库技术和电子商务等,由于各应用数据库所包含的数据量越来越大,聚类分析已成为数据挖掘研究中一个非常活跃的研究课题.

聚类分析是数据挖掘中一个极其重要的方法.本章首先会对数据挖掘进行简要的描述;其次对聚类分析进行描述,包括它的概念、主要聚类方法,如划分聚类方法、层次聚类方法、基于密度的聚类方法和基于网格的聚类方法、基于模型的聚类方法等,及其研究进展;最后利用实例分析聚类分析技术在实践中的具体应用.

8.2 聚类分析的相关概念

8.2.1 聚类与分类

所谓聚类分析就是按照事物的某些属性,把事物聚成类,使类间相似性尽可能小,类内相似性尽可能大.聚类分析是将物理或抽象对象的集合分组为由类似的对象组成的多个类的分析过程.它是一种重要的人类行为.聚类分析的目标就是在相似的基础上收集数据来分类.聚类源于很多领域,包括数学、计算机科学、统计学、生物学和经济学.在不同的应用领域,很多聚类技术都得到了发展,这些技术方法被用作描述数据,衡量不同数据源间的相似性,以及把数据源分类到不同的簇中.

聚类与分类的不同在于,分类是需要事先知道所依据的数据特征,聚类所要求划分的类是未知的.

聚类是将数据分类到不同的类或者簇这样的一个过程,所以同一个簇中的对象有很大的相似性,而不同簇间的对象有很大的相异性.

从机器学习的角度讲,簇相当于隐藏模式.聚类是搜索簇的无监督学习过程.与分类不同,无监督学习不依赖预先定义的类或带类标记的训练实例,需要由聚类学习算法自动确定标记,而分类学习的实例或数据对象有类别标记.聚类是观察式学习,而不是示例式的学习.

从实际应用的角度看,聚类分析是数据挖掘的主要任务之一,而且聚类能够作为一个独立的工具获得数据的分布状况，观察每一簇数据的特征，集中对特定的聚簇集合作进一步分析. 聚类分析还可以作为其他算法（如分类和定性归纳算法）的预处理步骤.

8.2.2 聚类分析的距离与相关系数

为了度量分类对象之间的接近与相似程度，需要定义一些分类统计量，通常用的分类统计量有距离与相关系数.

在聚类分析中，最常用的距离定义如下：

明氏（Minkowski）距离：

$$d_{ij}(q) = \left(\sum_{k=1}^{p} |x_{ik} - x_{jk}|^{p}\right)^{1/q} \tag{8.1}$$

当 q 分别为 1，2，∞时，明式距离即分别为：

绝对值距离：

$$d_{ij}(1) = \sum_{k=1}^{p} |x_{ik} - x_{jk}| \tag{8.2}$$

欧氏距离：

$$d_{ij}(2) = \left(\sum_{k=1}^{p} |x_{ik} - x_{jk}|^{2}\right)^{1/2} \tag{8.3}$$

切比雪夫距离：

$$d_{ij}(\infty) = \max_{1\leqslant k\leqslant p} |x_{ik} - x_{jk}| \tag{8.4}$$

马氏（Mahalanobis）距离：

$$\begin{aligned} d_{ij} &= \frac{1}{1-r^2}\left[\frac{x_{1i}+x_{1j}}{s_1^2} + \frac{x_{2i}+x_{2j}}{s_2^2} + \cdots + \frac{x_{pi}+x_{pj}}{s_p^2}\right] - \\ &\quad \frac{2r(x_{1i}-x_{1j})(x_{2i}-x_{2j})}{s_1 s_2} - \frac{2r(x_{1i}-x_{1j})(x_{3i}-x_{3j})}{s_1 s_3} - \cdots \\ &= (x_{1i}-x_{1j}, x_{2i}-x_{2j}, \cdots, x_{pi}-x_{pj}) \begin{pmatrix} s_1^2 & s_2^2 & \cdots & s_p^2 \\ s_{21} & s_2^2 & \cdots & s_{2p} \\ \vdots & \vdots & & \vdots \\ s_{p1} & s_{p2} & \cdots & s_p^2 \end{pmatrix} \begin{pmatrix} x_{1i}-x_{1j} \\ x_{2i}-x_{2j} \\ \vdots \\ x_{pi}-x_{pj} \end{pmatrix} \end{aligned} \tag{8.5}$$

即其距离为

$$d_{ij} = (x_i - x_j)s^{-1}(x_i - x_j) \tag{8.6}$$

对于马氏（Mahalanobis）距离：

缺点：样品协方差矩阵固定不变不合理.

优点：马氏距离既排除了各指标间的相关性干扰，又消除了各指标的量纲.

兰氏（Lance 和 Williams）距离：

$$d_{ij} = \frac{|X_{ki} - X_{ij}|}{X_{ki} - X_{kj}} \tag{8.7}$$

该距离与变量单位无关，对大的异常值不敏感，适用于较大变异的数据，但未考虑变量间的相关问题.

常用距离研究样品间的关系,用相似系数研究指标间的关系.相似系数有夹角余弦与相关系数.

夹角余弦：

$$q_{ij} = \cos(\theta_{ij}) = \frac{\sum_{k=1}^{p} x_{ik}x_{jk}}{\sqrt{\sum_{k=1}^{p} x_{ik}^2 \sum_{k=1}^{p} x_{jk}^2}} \tag{8.8}$$

皮尔逊(Pearson)相关系数：

$$r_{ij} = \frac{\sum_{k=1}^{n}(x_{ki} - \overline{x_i})(x_{kj} - \overline{x_j})}{\sqrt{\sum_{k=1}^{n}(x_{ki} - \overline{x_i})^2 \sum_{k=1}^{n}(x_{kj} - \overline{x_j})^2}} \tag{8.9}$$

8.3　聚类分析的主要聚类方法

目前文献中存在大量的聚类方法,传统的统计聚类分析方法包括系统聚类法、分解法、加入法、动态聚类法、有序样品聚类法、有重叠聚类法和模糊聚类等.采用 K 均值、K 中心点等算法的聚类分析工具已被加入许多著名的统计分析软件包中,如 SPSS,SAS 等.常用的主要聚类算法有划分聚类方法、层次聚类方法、基于密度的聚类方法、基于网格的聚类方法和基于模型的聚类方法等.

8.3.1　划分聚类方法

划分聚类方法指的是给定一个数据集合 S,它包含 n 个对象,基于划分的方法将该数据集合划分成 k 个子集,其中每个子集均代表一个聚类,即将这个数据集合中的数据划分为 k 组,其中每组都必须同时满足每个子集至少含有一个对象,且每个对象必须并且只属于一个划分这两方面的要求.也就是说,不能有空的划分,并且每个对象不能同时出现在两个划分中.给定要构建的划分数目 k,首先创建一个初始划分,然后采用循环重定位技术,尝试通过对象在划分间的移动来改进划分.一个好的划分衡量标准通常就是在同一类中的对象尽可能"相似"或彼此相关,而在不同类中的对象尽可能"相异"或彼此不同.当然还有许多其他判断划分质量的衡量标准.典型的划分方法包括：

(1)K－means(K 均值)算法,在该算法中,每个簇用该簇中对象的平均值来表示；

(2)K－medoids(K 中心点)算法,在该算法中,每个簇用接近聚类中心的一个对象来表示；

(3)CLARA(Clustering LARge Application,大型应用中的聚类)算法；

(4)CLARANS(Clustering Large Application based upon RANdomized Search,基于随机选择的聚类)算法；

(5)FCM(Fuzzy C-Means,模糊 C 均值)算法.

这些聚类方法在分析中小规模数据集以发现圆形或球形聚类时性能很好.但为了使划分算法能够分析处理大规模数据集或负责数据类型,就需要对其进行扩展.划分方法一般要求所有的数据都装入内存，这限制了它们在大规模数据集上的应用；另外，划分方法只使用某一固定的原则来决定聚类，这就使得当聚类的形状不规则时，聚类的效果不是很好.

划分聚类方法具有显线性复杂度、聚类效率高的优点，然而它要求输入数字 k 确定结果簇的个数，并不适合于发现非凹面形状的簇，或者大小差别很大的簇，所以这些启发式聚类方法对中小规模的数据库发现球状簇很实用. 为了对大规模的数据集进行分类，以及处理复杂形状的聚类，基于划分的聚类方法需要进一步扩展.

8.3.2 层次聚类方法

层次聚类方法对给定数据对象集合进行层次的分解，根据层次分解如何形成，层次的方法可以分为凝聚的和分裂的.

凝聚的方法：也称为自底向上的方法，这种方法首先将每个对象作为单独的原子簇，然后相继地合并相近的对象或原子簇，直到所有的原子簇合并为一个(层次的最上层)，或者达到一个终止条件.

分裂的方法：也称为自顶向下的方法，这种方法首先将所有的对象置于一个簇中，在迭代的每一步中，一个簇被分裂为更小的簇，直到最终每一个对象在单独的一个簇中，或者达到一个终止条件.

过程：创建一个层次以分解给定的数据集. 该方法可以分为自上而下(分解)和自下而上(合并)两种操作方式. 为弥补分解与合并的不足，层次合并经常要与其他聚类方法相结合，如循环定位.

层次聚类中四个常用的簇间距离度量方法：

最小距离：

$$d_{\min}(c_i, c_j) = \min_{p \in c_i, p' \in c_j} |p - p'|$$

最大距离：

$$d_{\max}(c_i, c_j) = \max_{p \in c_i, p' \in c_j} |p - p'|$$

平均值的距离：

$$d_{\text{mean}}(c_i, c_j) = |m_i - m_j|$$

平均距离：

$$d_{\text{avg}}(c_i, c_j) = \frac{1}{n_i n_j}$$

式中，$|p - p'|$ 是两个对象之间的距离；m 是簇的平均值；n 是簇中对象的数目.

层次聚类方法尽管比较简单，但经常会遇到合并或者是分裂点选择困难，这个决定是非常关键的，因为一旦一组对象被合并或者分裂，下一步的处理将在新生成的簇上进行. 已经做了处理的不能被撤销，聚类之间也不能交换对象. 如果在某一步没有很好地选择合并或者分裂，可能会导致低质量的聚类结果，而且这种聚类方法不具有很好的可伸缩性，因为合并或者分裂的决定需要检查和估算大量的对象或簇.

改进层次聚类方法质量的一个方向是将层次聚类和其他聚类技术进行集成，形成多阶段聚类. 典型的方法包括：

(1)BIRCH(Balanced Iterative Reducing and Clustering using Hierarchies,基于层次结构的均衡迭代约简与聚类)方法. 它首先利用树的结构对对象集进行划分,然后再利用其他聚类方法对这些聚类进行优化.

(2)CURE(Clustering Using REprisentatives,利用代表性聚类)方法. 它利用固定数目代表对象来表示相应聚类,然后对各聚类按照指定量(向聚类中心)进行收缩.

(3)ROCK(Robust Clustering using linKs,鲁棒的链接型聚类)方法。它利用聚类间的连接进行聚类合并.

(4)Chemaloen(变色龙)方法. 它是在层次聚类时构造动态模型.

8.3.3　基于密度的方法

绝大多数划分法基于对象之间的距离进行聚类,这样的方法只能发现球状的簇,而在发现任意形状的簇上遇到了困难. 随之提出了基于密度的另一种聚类方法,这种方法将簇看作数据空间中由低密度区域分割开的高密度对象区域,其主要思想是:只要邻近区域的密度(对象或者数据点的数目)超过某个阈值,就继续聚类. 也就是说对给定类中的每个数据点,在一个给定范围的区域内必须至少包括某个数目的点. 这样的方法可以用来过滤噪声孤立点数据,发现任意形状的簇.

根据密度完成对象的聚类. 它根据对象周围的密度(如 DBSCAN)不断增长聚类. 典型的基于密度方法包括:

(1)基于高密度、区域的聚类(Densit-Based Spatial Clustering of Application with Noise, DBSCAN):一个基于高密度连接区域的密度聚类方法,该算法通过不断生长足够高密度区域来进行聚类;它能从含有噪声的空间数据库中发现任意形状的聚类. 此方法将一个聚类定义为一组“密度连接”的点集.

(2)通过点排序识别聚类结构(Ordering Points To Identify the Clustering Structure, OPTICS):并不明确产生一个聚类,而是为自动交互的聚类分析计算出一个增强聚类顺序.

(3)基于密度分布函数的聚类(DENsity based CLUstEring, DENCLUE):一个基于密度分布函数的聚类算法,它是对 K-means 聚类算法的一个推广:K-means 算法都得到的是对数据集的一个局部最优划分,而 DENCLUE 算法得到的是全局最优划分. 它的思想是:每个数据点的影响可以用一个数学函数来形式化地模拟. 它描述了一个数据点在邻域内的影响,称为影响函数;数据空间的整体密度可以被模型化为所有数据点的影响函数的总和;聚类可以通过确定的密度函数吸引点得到,这里的密度吸引点是全局密度函数的局部最大.

8.3.4　基于网格的聚类方法

基于网格的聚类方法把对象空间量化为有限数目的单元,形成一个网格结构. 所有的聚类操作都在这个网格结构(即量化空间)上进行. 这种方法的优点是处理速度快,其处理时间独立于数据对象的数目,仅依赖于量化空间中每一维上的单元数目.

基于网格的聚类方法主要有:

(1)统计信息网格聚类(STatistical INformation Grid, STING):一种基于网格的多分辨率

聚类技术，它将空间区域划分为矩形单元，针对不同级别的分辨率，通常存在多个级别的矩形单元，这些单元形成一个层次结构：高层的每个单元被划分为多个低一级的单元. 也就是它是一个利用网格单元保存的统计信息进行基于网格聚类的方法.

(2)利用小波变换聚类(Clustering with Wavelets, Wave-Cluster)：一种多分辨率的聚类算法. 它首先通过数据空间上加一个多维网格结构来汇总数据，然后采用一种小波变换来变换原特征空间，在变换后的空间找到密集区域. 在该方法中，每个网格汇总了一组映射到该单元中的点的信息. 这种汇总信息适合在内存中进行多分辨率小波变换和随后的聚类分析. 也可以说它是一个将基于网格与基于密度相结合的方法.

8.3.5 基于模型的聚类方法

基于模型的聚类方法试图优化给定数据和某些数学模型之间的拟合. 这类方法经常基于这样的假设：数据根据潜在的混合概率分布生成. 常用的基于模型的聚类方法有：

(1)统计方法 Cobweb：是一个常用的且简单的增量式概念聚类方法. 它的输入对象是采用符号量对(属性-值)来加以描述的，采用分类树的形式来创建一个层次聚类.

Classit 是 Cobweb 的另一个版本. 它可以对连续取值属性进行增量式聚类. 它为每个节点中的每个属性保存相应的连续正态分布(均值与方差)；并利用一个改进的分类能力描述方法，即不像 Cobweb 那样计算离散属性(取值)，而是对连续属性求积分. 但是 Classit 方法也存在与 Cobweb 类似的问题，因此它们都不适合对大数据库进行聚类处理.

(2)神经网络方法(略).

8.4 数据挖掘领域中常用的聚类算法

8.4.1 随机搜索聚类算法(CLARANS 算法)

划分方法中最早提出的一些算法大多对小数据集合非常有效，但对大的数据集合没有良好的可伸缩性，如 PAM(Partitioning Around Method，围绕中心点的划分)、CLARA 是基于 C 中心点类型的算法，能处理更大的数据集合. CLARA 算法不考虑整个数据集合，而是随机地选择实际数据的一小部分作为样本，然后用 PAM 算法从样本中选择中心点. 这样从中选出的中心点很可能和整个数据集合中选出的非常近似. 重复此方法，最后返回最好的聚类结果作为输出.

CLARANS 是 CLARA 算法的一个改进算法. 不像 CLARA 那样每个阶段选取一个固定样本，它在搜索的每一步都带一定随机性地选取一个样本，在替换了一个中心点后得到的聚类结果被称为当前聚类结果的邻居，搜索的邻居点数目被用户定义的一个参数加以限制. 如果找到一个比它更好的邻居，则把中心点移到该邻居节点上，否则把该点作为局部最小量. 然后，再随机选择一个点来寻找另一个局部最小量. 该算法的计算复杂度大约是 $O(n^2)$，n 是对象的数目.

8.4.2　利用代表点聚类算法(CURE算法)

CURE算法选择基于质心和基于代表对象方法之间的中间策略.该算法首先把每个数据点看成一簇,然后再以一个特定的收缩因子向中心“收缩”它们,即合并两个距离最近的代表点的簇.它回避了用所有点或单个质心来表示一个簇的传统方法,将一个簇用多个代表点来表示,使CURE可以适应非球形的几何形状.另外,收缩因子降底了噪声对聚类的影响,从而使CURE对孤立点的处理更加稳健,而且能识别非球形和大小变化比较大的簇.CURE的复杂度是$O(n)$,n是对象的数目.

8.4.3　基于高密度连接区域的密度聚类算法(DBSCAN算法)

DBSCAN算法可以将足够高密度的区域划分为簇,并可以在带有“噪声”的空间数据库中发现任意形状的聚类.该算法定义簇为密度相连的点的最大集合.

基于密度的聚类的基本思想有以下一些定义:

给定对象半径ε内的区域为该对象的ε-邻域,如果一个对象的ε-邻域至少包含最小数目MinPts个对象,则称该对象为核的对象.给定一个对象集合D,如果p是在q的ε-邻域内,而q是一个核心对象,则称对象p从对象q出发是直接密度可达的.如果存在一个对象链$p_1,p_2,\cdots,p_n,p_1=q,p_n=p$,对$p_i\in D(1\leqslant i\leqslant n)$是从$p_i$关于$\varepsilon$和MinPts直接密度可达的,则对象$p$是从对象$q$关于$\varepsilon$和MinPts密度可达的.如果对象集合$D$中存在一个对象$o$,使得对象$p$和$q$是从$o$关于$\varepsilon$和MinPts密度可达的,那么对象$p$和$q$是关于$\varepsilon$和MinPts密度相连的.

DBSCAN通过检查数据库中每个点的ε-邻域来寻找聚类.如果一个点p的ε-邻域包含多于MinPts个点,则创建一个以p作为核心对象的新簇.然后反复地寻找从这些核心对象直接密度可达的对象,当没有新的点可以被添加到任何簇时,该过程结束.不包含在任何簇中的对象被认为是“噪声”.如果采用空间索引,DBSCAN的计算复杂度是$O(n\lg n)$,这里n是数据库中对象数目.否则,计算复杂度是$O(n^2)$.

8.4.4　统计信息网格算法(STING算法)

STING是一种基于网格的多分辨率聚类技术,它将空间区域划分为矩形单元.针对不同级别的分辨率,通常存在多个级别的矩形单元,这些单元形成了一个层次结构:高层的每个单元被划分为多个低一层的单元.高层单元的统计参数可以很容易地从低层单元计算得到.这些参数包括属性无关的参数count、属性相关的参数m(平均值)、s(标准偏差)、min(最小值)、max(最大值),以及该单元中属性值遵循的分布(distribution)类型.

STING算法中由于存储在每个单元中的统计信息提供了单元中的数据不依赖于查询的汇总信息,因而计算是独立于查询的.该算法优点是效率高,且利于并行处理和增量更新.STING扫描数据库依次来计算单元的统计信息,因此产生聚类的时间复杂度是$O(n)$,基中n是对象的数目.在层次结构建立后,查询处理时间是$O(g)$,g是最低层网格单元的数目,通常远远小于n.

8.4.5 流行的简单增量概念聚类算法(Cobweb 算法)

概念聚类是机器学习中的一种聚类方法,大多数概念聚类方法采用了统计学的途径,在决定概念或聚类时使用概率度量. Cobweb 以一个分类树的形式创建层次聚类,它的输入对象用分类属性-值对来描述.

分类树和判定树不同. 分类树中的每个节点对应一个概念,包含该概念的一个概率描述,概述被分在该节点下的对象. 概率描述包括概念的概率和形如 $P(A_i=V_{ij}\mid C_k)$ 的条件概率,这里 $A_i=V_{ij}$ 是属性-值对,C_k 是概念类. 在分类树某层次上的兄弟节点形成了一个划分. Cobweb 采用了一个启发式估算度量——分类效用来指导树的构建. 分类效用定义如下:

$$\sum_{k=1}^{n}P(C_k)\left[\sum\nolimits_i\sum\nolimits_j P(A_i=V_{ij}\mid C_k)^2-\sum\nolimits_i\sum\nolimits_j P(A_i=V_{ij})^2\right] \tag{8.10}$$

n 是在树的某个层次上形成一个划分$\{C_1,C_2,\cdots,C_n\}$的节点、概念或“种类”的数目. 分类效用回报类内相似性和类间相异性:

概率 $P(A_i=V_{ij}\mid C_k)$ 表示类内相似性. 该值越大,共享该属性-值对的类成员比例就越大,更能预见该属性-值对是类成员.

概率 $P(C_k\mid A_i=V_{ij})$ 表示类间相异性. 该值越大,在对照类中的对象共享该属性-值对就越少,更能预见该属性-值对是类成员.

给定一个新的对象,Cobweb 沿一条适当的路径向下,修改计数,寻找可以分类该对象的最好节点. 该判定基于将对象临时置于每个节点,并计算结果划分的分类效用. 产生最高分类效用的位置应当是对象节点的一个好的选择.

8.4.6 模糊聚类算法(FCM 算法)

模糊集的理论是 20 世纪 60 年代中期美国的自动控制专家查德(L. A. Zadeh)教授首先提出的. 模糊集的理论已经广泛应用于许多领域,将模糊集概念用到聚类分析中便产生了模糊聚类分析.

1. 特征函数

对于一个普通集合 A,空间中任一元素 x,要么 $x\in A$,要么 $x\notin A$,两者必居其一,这一特征用一个函数表示为

$$A(x)=\begin{cases}1, x\in A\\0, x\notin A\end{cases}$$

则称 $A(x)$为集合 A 的特征函数.

2. 隶属函数

在要了解某企业完成年计划利润程度的大小时,仅用特征函数是不够的. 模糊数学把它推广到[0,1]闭区间,即用 0～1 之间的一个数去度量它. 这个数就叫作隶属数. 在用函数来表示隶属度的变化规律时,就叫作隶属函数,即

$$0 \leqslant A(x) \leqslant 1$$

如果说某企业完成年计划利润的 90%，可以说，这个企业完成年计划利润的隶属度是 0.9. 显然隶属度概念是特征函数概念的拓展. 特征函数描述空间的元素之间是否有关联，而隶属度描述了元素之间关联的多少.

用集合来描述隶属函数的概念：设 x 为全域，若 A 为 x 上取值[0,1]的一个函数，则称 A 为模糊集.

若一个矩阵元素取值于[0,1]范围内，则称该矩阵为模糊矩阵.

3. 模糊矩阵的运算法则

如果 $\boldsymbol{A}$ 和 $\boldsymbol{B}$ 是 $n\times p$ 和 $p\times m$ 的模糊矩阵，则乘积 $\boldsymbol{C}=\boldsymbol{AB}$ 为 $n\times m$ 阵，其元素为

$$C_{ij} = \bigvee_{k=1}^{p} (a_{ik} \wedge b_{kj}), \quad i = 1,2,\cdots,n; j = 1,2,\cdots,m$$

符号"∨"和"∧"的含义为

$$a \vee b = \max(a,b)$$

$$a \wedge b = \min(a,b)$$

4. 模糊分类关系

n 个样品的所有全体所组成的集合 x 作为全域，令 $X\times Y=\{(x,y)\mid x\in X, y\in Y\}$，则称 $X\times Y$ 为 X 的全域乘积空间.

设 R 为 $X\times Y$ 上的一个集合，并且满足：

(1)反身性：若$(x_i,x_i)\in R$，即集合中每个元素和它自己同属一类.

(2)对称性：若$(x,y)\in R$，则$(y,x)\in R$.

(3)传递性：若$(x,y)\in R$，$(y,z)\in R$，则有$(x,z)\in R$.

这三条原则称为等价关系，满足这三条性质的集合 R 为一分类关系. 模糊聚类分析的实质就是根据研究对象本身的属性来构造模糊矩阵，在此基础上根据一定的隶属度来确定其分类关系.

5. 模糊聚类分析计算步骤

(1)对原始数据进行变换. 变换方法通常有标准变化、极差变换、对数变换等.

(2)计算模糊相似矩阵. 选取在区间[−1,1]中的普通相似系数 $r_{ij}^{*}=\cos(\theta)$ 构成相似系数矩阵，在此基础上做变换 $r_{ij}=\dfrac{1+r_{ij}^{*}}{2}$，使得 r_{ij} 被压缩到[0,1]区间内，$R=(r_{ij})$ 构成了一个模糊矩阵.

(3)建立模糊等价矩阵. 对模糊矩阵进行褶积运算，即 $R\to R^2\to R^3\to\cdots\to R^n$，经过有限次的褶积后使得 $R^n\cdot R=R^n$，由此得到模糊分类关系 R^n.

(4)进行聚类. 给定不同的置信水平 λ，求 R_λ 截阵，找出 R 的 λ 显示，得到普通的分类关系 R_λ. 当 $\lambda=1$ 时，每个样品自成一类，随 λ 值的降低，由细到粗逐渐并类. 聚类结果也可像系统聚类一样画出树形聚类图.

以上介绍的几种聚类算法可以导出确定的聚类，也就是说，一个数据点或者属于一个类，或者不属于一个类，而不存在重叠的情况. 我们可以称这些聚类方法为"确定性分类". 在一些没有确定支持的情况中，聚类可以引入模糊逻辑概念. 对于模糊集来说，一个数据点都是以一定程度属于某个类，也可同时以不同的程度属于几个类. 常用的模糊聚类算法是 FCM 算法.

该算法是在传统 C 均值算法中应用了模糊技术.

FCM 算法中,用隶属度函数定义的聚类损失函数可以写为

$$J_f = \sum_{j=1}^{c}\sum_{i=1}^{n}[\mu_j(x_i)]^b \| x_i - m_j \|^2 \tag{8.11}$$

其中,$b>1$ 是一个可以控制聚类结果的模糊程度的常数. 要求一个样本对于各个聚类的隶属度之和为 1,即

$$\sum_{j=1}^{c}\mu_j(x_i) = 1, \quad i = 1,2,\cdots,c \tag{8.12}$$

在条件式(8.12)下求式(8.11)的极小值,令 J_f 对 m_i 和 $\mu_j(x_i)$ 的偏导数为 0,可得必要条件:

$$m_j = \frac{\sum_{i=1}^{n}[\mu_j(x_i)]^b x_i}{\sum_{i=1}^{n}[\mu_j(x_i)]^b}, \quad j = 1,2,\cdots,c \tag{8.13}$$

$$\mu_j(x_i) = \frac{(1/\| x_i - m_j \|^2)^{1/(b-1)}}{\sum_{k=1}^{c}(1/\| x_i - m_k \|^2)^{1/(b-1)}}, \quad i = 1,2,\cdots,n, \quad j = 1,2,\cdots,c \tag{8.14}$$

用迭代法求解式(8.13)和式(8.14),就是 FCM 算法.

当算法收敛时,就得到了各类的聚类中心和各个样本对于各类的隶属度值,从而完成了模糊聚类划分.

8.5 评价聚类效果的统计量

聚类统计量是根据变换以后的数据计算得到的一个新数据. 它用于表明各样品或变量间的关系密切程度. 常用的统计量有距离和相似系数两大类.

研究样品或变量疏密程度的数量指标(相似性测度)有两大类:一类是距离,另一类是相似系数. 这两大类指标就是用于反映各样品或各变量间差别大小的统计量. 变量的测量尺度不同,所采用的统计量也就不同.

8.5.1 定距(Interval)、定比(Ratio)变量的聚类统计量

数量型(定距、定比)变量的聚类统计量可以分为两类:距离和相似系数. 距离通常用于样品聚类分析,而相似系数通常用于变量聚类分析.

8.5.2 计数(Count)变量的聚类统计量

对于计数变量或离散变量,可用于度量样品(或变量)之间的相似性或不相似性程度的统计量主要有 χ^2 测度(Chi-square measure)和 φ^2 测度(Phi-square measure),见表 8.1.

表 8.1　计数变量的聚类统计量

χ^2 测度	用卡方值测量不同相似性.该测度的大小取决于被进行近似计算的两个观测值.测试产生的值是卡方值的二次方根
φ^2 测度	该测度考虑减少样本量对测度值的实际预测频率减少的影响.该测度把卡方除以合并的频率二次方根,使不相似性的卡方测度规范化

8.6　聚类分析实践应用实例

8.6.1　聚类分析实践应用一

假设一家医院的某个医生想知道开同一药方的不同病人之间会有什么样的相似性,以及相似症状的病人具有什么样的相同特征.通过分析病人的特征,采取相应的对策,更好、更快地开处方药.如果只依靠传统的人工技术,从巨大的病人信息中找出相应的答案无疑是大海捞针,困难程度不可想象.而通过运用聚类分析技术以及统计软件 Clementime 的数据挖掘功能,可以很容易地解决这一难题.

根据上述问题收集相关数据.需要收集的数据包括病人的个人信息(性别、年龄)、病人体内物质的含量(钾、钠、血压、血糖)以及体内所含药物的种类等,这些数据通过整合,存入数据仓库形成分析型数据.为了方便起见,本节用统计软件 Clementine 系统提供数据 DRUG1n.

数据仓库 DRUG1n 具体信息:通过连接 Table 节点,可观察到我们要分析的数据——总共 200 条病人记录,7 个属性分别为年龄(Age)、性别(Sex)(F/M)、血压(BP)(HIGH/NORMAL/LOW)、血糖(Cholesterol)(HIGH/NORMAL)、Na、K、Drug(DrugX/Y/A/B/C),如图 8.1 所示.

	Age	Sex	BP	Cholesterol	Na	K	Drug
181	22	F	HIGH	NORMAL	0.818	0.036	drugY
182	59	F	NORMAL	HIGH	0.882	0.064	drugX
183	20	F	LOW	NORMAL	0.811	0.069	drugX
184	36	F	HIGH	NORMAL	0.575	0.037	drugY
185	18	F	HIGH	HIGH	0.885	0.024	drugY
186	57	F	NORMAL	NORMAL	0.552	0.021	drugY
187	70	M	HIGH	HIGH	0.589	0.060	drugB
188	47	M	HIGH	HIGH	0.563	0.054	drugA
189	65	M	HIGH	NORMAL	0.864	0.025	drugY
190	64	M	HIGH	NORMAL	0.740	0.035	drugY
191	58	M	HIGH	HIGH	0.769	0.040	drugY
192	23	M	HIGH	HIGH	0.534	0.067	drugA
193	72	M	LOW	HIGH	0.547	0.034	drugY
194	72	M	LOW	HIGH	0.505	0.075	drugC
195	46	F	HIGH	HIGH	0.774	0.022	drugY
196	56	F	LOW	HIGH	0.849	0.073	drugC
197	16	M	LOW	HIGH	0.743	0.062	drugC
198	52	M	NORMAL	HIGH	0.550	0.056	drugX
199	23	M	NORMAL	NORMAL	0.785	0.056	drugX
200	40	F	LOW	NORMAL	0.684	0.060	drugX

图 8.1　数据仓库信息

Clementine 软件中提供的聚类算法有 3 种：K-Means 算法、TwoStep 方法和 Kohonen 方法，本节分别以同一组数据利用这 3 种不同的算法来聚类，比较它们之间的相同之处以及不同之处，以进一步理解聚类.

首先来看常用的 K-Means 算法的聚类结果，依据图 8.2 可知：系统把这 200 条记录分成了 5 类，从第 1～5 类所包含的记录的个数分别为 55，46，31，39，29(条)，以第 1 类为例，简要分析每一类的大体情况.

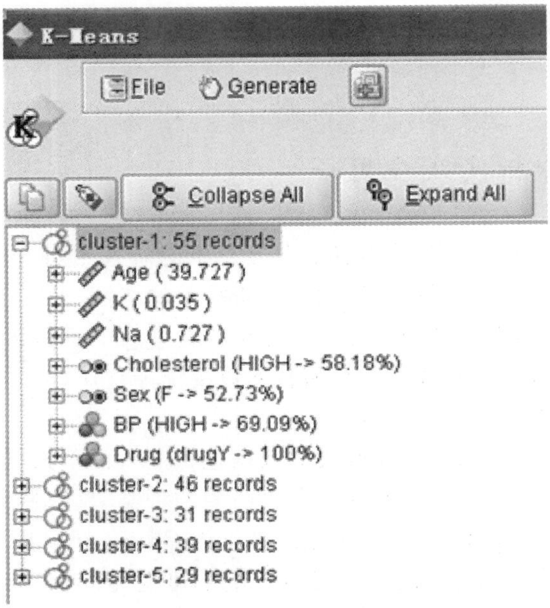

图 8.2　K－Means 算法的聚类结果

K－Means 算法的输出结果的第 1 类病人中包含 55 条记录；这一类的病人的平均年龄为 39.727 岁；病人体内钾的含量的平均值为 0.035g；病人体内钠的含量的平均值为 0.727g；血糖含量高的占 58.18%，血糖含量正常的占 41.82%；病人中女性占 52.73%，男性占 47.27%；血压高的占 69.09%，低血压为 0，血压正常的占 30.91%；体内含有的药物只有药物 Y；这一类病人与剩下的第 2～5 这 4 类病人的类相似度分别为 1.298 548，1.115 423，1.060 825，1.008 865，即第 1 类与第 4、5 类比较接近.

根据以上分析，这一类病人中，明显的特征主要有：体内含有药物 Y，血压正常以及高血压(居多、占 69.09%)患者，体内钠的含量(均值为 0.727g)，钾的含量(均值为 0.035g). 如此可断定某些属性在聚类分析过程中是不重要的，根据图 8.3 系统输出结果所示：属性年龄和性别在整个聚类过程当中不是很重要的，也就是说，它们对聚类结果产生的影响不大；除此之外，根据图 8.3 还可以直接看出每一类病人中各类属性所占比例的大体情况.

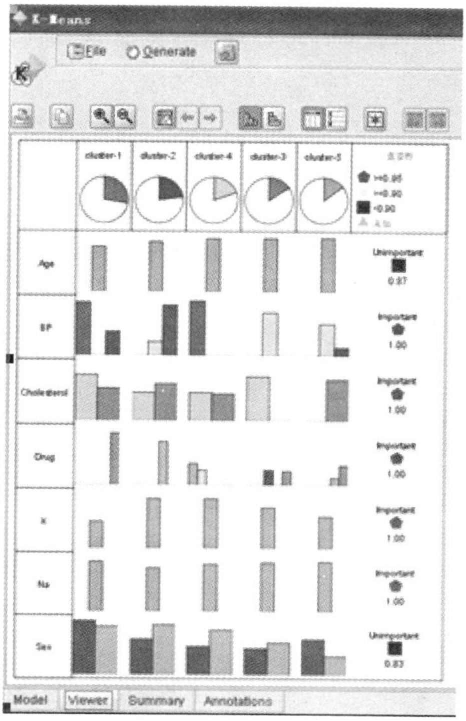

图 8.3　第一类病人的情况分析

接下来对系统输出结果采用 TwoStep 方法进行聚类结果分析，它与 K－Means 算法有所不同，根据图 8.4，可知：系统把这 200 条记录的病人分成了 3 类，从 1～3 类所包含的记录的个数分别为 91，39，70（条），以第 1 类为例，简要分析每一类的大体情况.

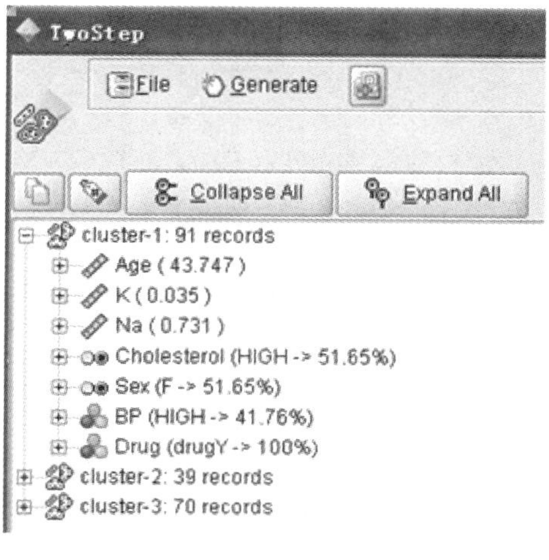

图 8.4　Two－Step 算法的聚类结果

TwoStep 方法第 1 类病人中包含 91 条记录；这一类病人的平均年龄为 43.747 岁；病人体内钾含量的平均值为 0.035g；病人体内钠含量的平均值为 0.731g；血糖含量高的占51.65%，

血糖含量正常的占 41.82%；病人中女性占 51.65%，男性占 48.35%；血压高的占 41.76%，低血压和血压正常的占 58.24%；体内含有的药物只有药物 Y.

根据以上分析，这一类病人中，明显的特征主要有：体内含有药物 Y，高血压（居多、占 41.76%）患者，体内钠的含量（均值为 0.731g），钾的含量（均值为 0.035g）. 同样，根据图 8.5 系统输出结果可知：属性年龄和性别以及血糖含量在整个聚类过程当中影响不是很大.

根据图 8.6 所示，对 Clementine 软件中用 Kohonen 方法进行的聚类结果进行分析. Kohonen 方法的聚类结果与前两种又有所区别，它是定义一个二维数组来进行分类：系统把这 200 条记录的病人分成了 9 类，从第 1～9 所包含的记录的个数分别为 49，12，39，6，30，29，12，16，7（条），以第 1 类为例，简要分析每一类的大体情况.

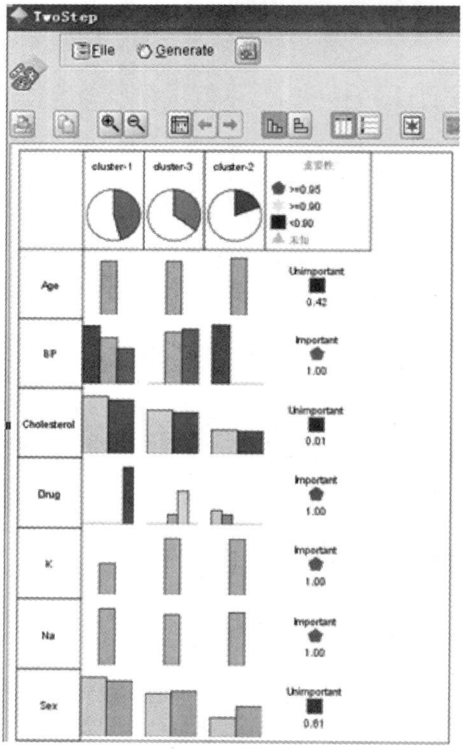

图 8.5　系统输出结果

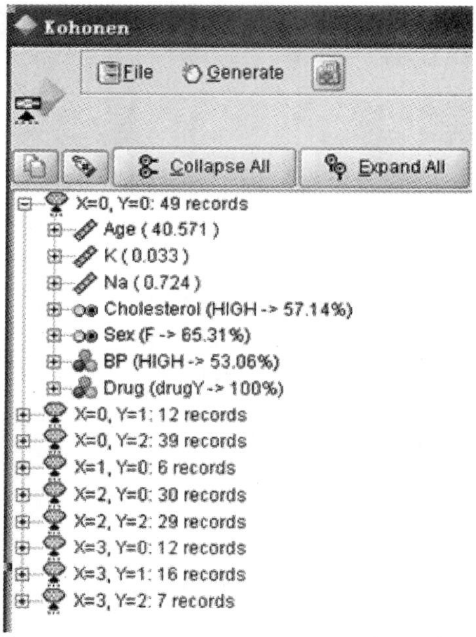

图 8.6　Kohonen 方法进行的聚类结果分析

Kohonen 方法第 1 类病人中包含 49 条记录；这一类病人的平均年龄为 40.571 岁；病人体内钾含量的平均值为 0.033g；病人体内钠含量的平均值为 0.724g；血糖含量高的占 57.14%，血糖含量正常的占 42.86%；病人中女性占 65.31%，男性占 34.69%；血压高的占 53.06%，低血压和血压正常的占 46.94%；体内含有的药物只有药物 Y.

根据以上分析，这一类病人中，明显的特征主要有：体内含有药物 Y，高血压（居多、占 53.06%）患者，女性（居多、占 65.31%），高血糖患者（居多、占 57.14%），体内钠的含量（均值为 0.731g），钾的含量（均值为 0.035g）. 同样，根据图 8.7 系统输出结果可知：只有属性年龄在整个聚类过程当中影响不是很大.

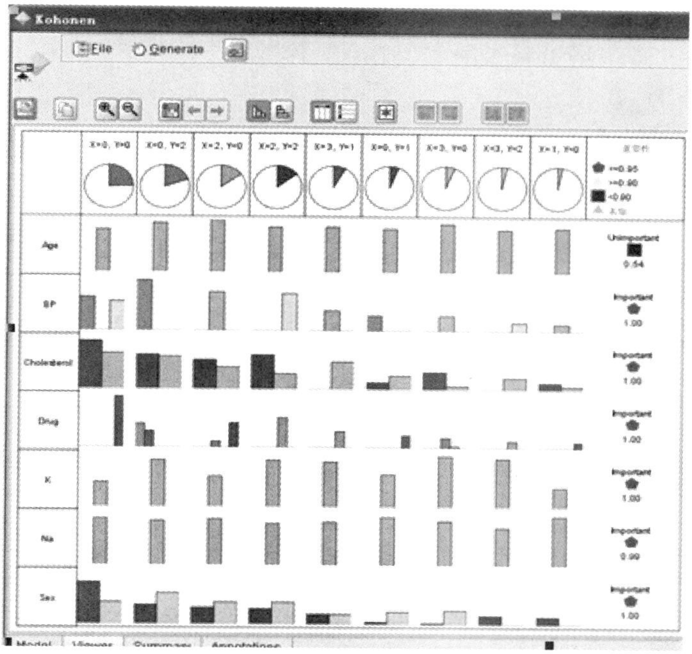

图 8.7　系统输出结果

8.6.2　聚类分析实践应用二

为了更深入地了解我国各地区的文化程度情况，现利用 1990 年全国人口普查数据对全国 30 个省、直辖市、自治区进行聚类分析. 分析选用了 3 个指标：①大学以上文化程度的人口占全部人口的比例(DXBZ)；②中学文化程度的人口占全部人口的比例(CZBZ)；③其他文化程度人口占全部人口的比例(WMBZ)，分别用来反映较高、中等、较低文化程度人口的状况，原始数据见附录表 8.1.

聚类分析结果见表 8.2.

表 8.2　聚类分析中的凝聚状态表

Cases					
Valid		Missing		Total	
N	Percent	N	Percent	N	Percent
30	100.0	0	.0	30	100.0

a. Squared Euclidean Distance used.

b. Average Linkage (Between Groups).

由表 8.2 可知，共有 30 个样本进入聚类分析，没有缺失值.

在表 8.3 中，第 1 列表示聚类分析的第几步；第 2，3 列表示本步聚类中哪两个样品或小类聚成一类;第 4 列是样品距离或小类距离;第 5,6 列表示本步聚类中参与聚类是样品还是小类,0 表示样本,非 0 表示由第 n 步聚类生成的小类参与本步聚类;第 7 列表示本步聚类的结果将在以下第几步中用到.

表 8.3 聚类分析中的凝聚状态表

Stage	Cluster Combined		Coefficients	Stage Cluster First Appears		Next Stage
	Cluster 1	Cluster 2		Cluster 1	Cluster 2	
1	11	26	0.660	0	0	7
2	3	5	0.911	0	0	11
3	27	28	1.033	0	0	21
4	4	8	1.371	0	0	15
5	10	16	1.565	0	0	11
6	23	24	2.010	0	0	21
7	11	15	2.084	1	0	13
8	17	22	2.855	0	0	12
9	18	19	2.983	0	0	16
10	13	14	4.287	0	0	24
11	3	10	4.543	2	5	13
12	17	21	4.912	8	0	17
13	3	11	5.426	11	7	17
14	12	29	6.240	0	0	23
15	4	7	7.300	4	0	22
16	18	30	7.895	9	0	18
17	3	17	12.363	13	12	25
18	18	20	12.553	16	0	24
19	2	9	12.838	0	0	20
20	2	6	16.946	19	0	22
21	23	27	19.105	6	3	23
22	2	4	25.561	20	15	26
23	12	23	34.972	14	21	28
24	13	18	36.640	10	18	25
25	3	13	41.461	17	24	27
26	1	2	48.161	0	22	27
27	1	3	104.744	26	25	28
28	1	12	239.459	27	23	29
29	1	25	1251.642	28	0	0

表 8.4 中显示了全国 30 个省、直辖市、自治区的聚类情况. 聚类分析的第一步中,11 号样品浙江与 26 号样品陕西聚成一小类,它们的距离为 0.660,这个小类将在下面第 7 步用到. 同理类推下去,第 n 步完成时可形成(样本数$-n$)个类.

表 8.4 聚类分析中的类成员

Case	4 Clusters	3 Clusters	2 Clusters
1: 北 京	1	1	1
2: 天 津	1	1	1
3: 河 北	2	1	1
4: 山 西	1	1	1
5: 内蒙古	2	1	1
6: 辽 宁	1	1	1
7: 吉 林	1	1	1
8: 黑龙江	1	1	1
9: 上 海	1	1	1
10: 江 苏	2	1	1
11: 浙 江	2	1	1
12: 安 徽	3	2	1
13: 福 建	2	1	1
14: 江 西	2	1	1
15: 山 东	2	1	1
16: 河 南	2	1	1
17: 湖 北	2	1	1
18: 湖 南	2	1	1
19: 广 东	2	1	1
20: 广 西	2	1	1
21: 海 南	2	1	1
22: 四 川	2	1	1
23: 贵 州	3	2	1
24: 云 南	3	2	1
25: 西 藏	4	3	2
26: 陕 西	2	1	1
27: 甘 肃	3	2	1
28: 青 海	3	2	1
29: 宁 夏	3	2	1
30: 新 疆	2	1	1

由表 8.4 可知，样品后每一行的数字表示该样品被分为了第几类. 一开始每个样品自成一类，当第二次分类时，经过比较分析，西藏被分为了第二类，其余样品为一类.

以此类推，直至分类比较合理为止，形成一个最终的分类结果，总共进行了 4 次聚类，分别把 30 个样品分为了 4 个不同的类.

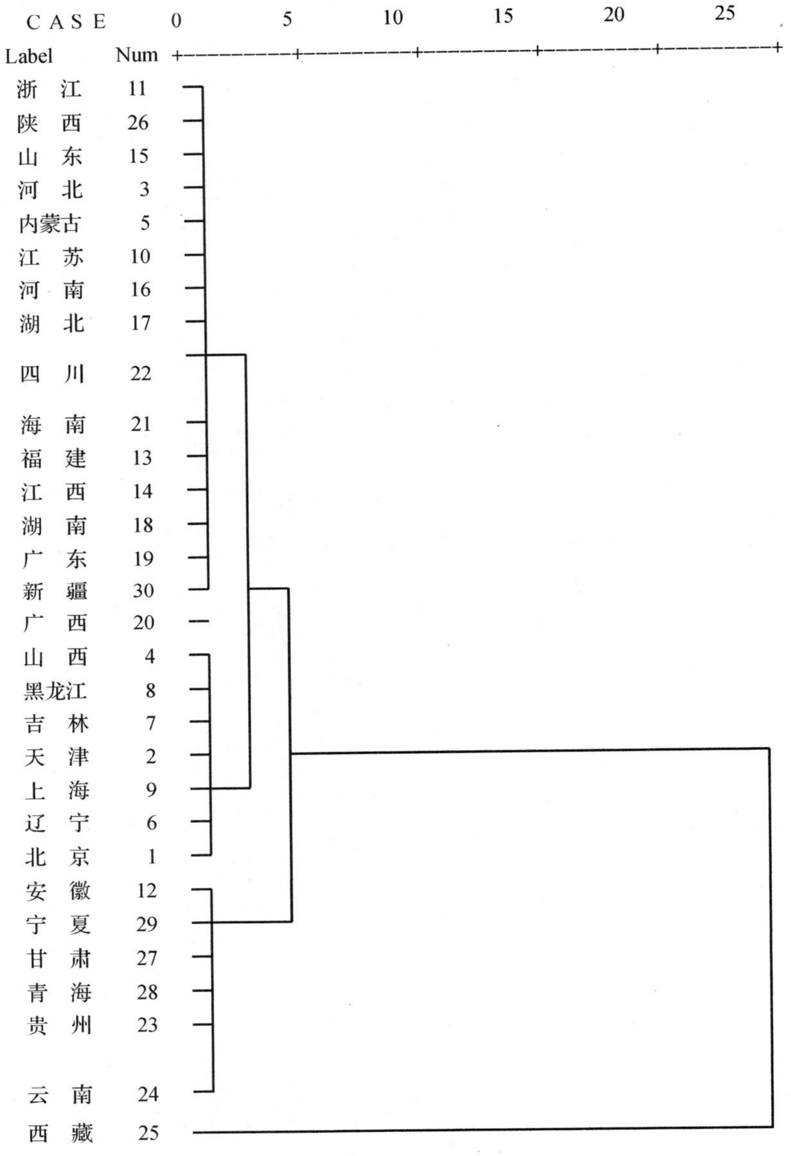

图 8.8　30 个样品聚类图

根据聚类图把 30 个样品分为 4 类能更好地反映我国实际情况.

第 1 类：北京、天津、山西、辽宁、吉林、黑龙江、上海. 其中大多是东部经济、文化比较发达的地区.

第 2 类：安徽、宁夏、青海、甘肃、云南、贵州. 其中大多是西部经济、文化发展比较慢的地区.

第 3 类：西藏.经济、文化比较落后的地区.

第 4 类：其他省、直辖市、自治区.经济、文化在全国处于中等水平.

以下用第 8 章给的距离与相似系数之比作聚类统计量来对上面的实例进行聚类分析.地区中距离最近的用黑体显示，相似系数绝对值最接近于 1 的用黑体显示，下面以北京为例，数据如表 8.5 所示.

表 8.5　聚类分析中的距离与相似系数之比

地区：i	地区：j	d_{ij}	r_{ij}	$k_{ij}=d_{ij}/r_{ij}$
北　京	天　津	22.85	**0.98**	23.32
北　京	河　北	146.28	0.79	185.16
北　京	山　西	71.2	0.93	76.56
北　京	内蒙古	131.71	0.8	164.64
北　京	辽　宁	48.04	**0.98**	49.02
北　京	吉　林	72.3	0.93	77.74
北　京	黑龙江	60.34	0.94	64.19
北　京	上　海	**14.23**	**0.98**	14.52
北　京	江　苏	151.04	0.77	196.16
北　京	浙　江	189.21	0.7	270.3
北　京	安　徽	430.27	0.31	1387.97
北　京	福　建	300.29	0.54	556.09
北　京	江　西	262.73	0.59	445.31
北　京	山　东	164.81	0.75	219.75
北　京	河　南	142.91	0.79	180.9
北　京	湖　北	164.63	0.75	219.51
北　京	湖　南	141.83	0.85	166.86
北　京	广　东	122.82	0.9	136.47
北　京	广　西	206.26	0.83	248.51
北　京	海　南	157.06	0.79	198.81
北　京	四　川	205.62	0.68	302.38
北　京	贵　州	567.83	0.08	7097.88
北　京	云　南	631.2	0.01	63120
北　京	西　藏	2065.74	−0.46	−4490.7
北　京	陕　西	176.1	0.71	248.03
北　京	甘　肃	624.72	0.08	7809
北　京	青　海	585.58	0.11	5323.45
北　京	宁　夏	343.3	0.41	837.32
北　京	新　疆	169.72	0.8	212.15

其中，$k_{ij}=d_{ij}/r_{ij}$ 表示距离与相似系数之比，由上可知，距离最近，且相似系数绝对值最接近于1的只有北京和上海，根据这些可以把全国30个省市、自治区分为4类，分类如下：

第1类：北京、上海、天津、山西、辽宁、吉林、黑龙江.

第2类：河北、内蒙古、江苏、浙江、山东、湖北、湖南、海南、河南、四川、陕西、福建、江西、新疆、广东、广西.

第3类：安徽、青海、宁夏、贵州、云南、甘肃.

第4类：西藏.

其中，吉林可分为第1类，也可分为第2类. 可以得出：当距离较近，相似系数的绝对值接近于1时，距离与相似系数之比就较小，根据距离和相似系数的分类原则，可以把当距离与相似系数之比较小时的样品分为同一类. 这样，所得到的分类结果就更加准确了.

8.7 结　　论

本章将数据挖掘中聚类分析的研究与应用的知识系统化，从全面认识的高度去分析理解与研究数据挖掘、聚类分析之间的相互关系以及相互聚类分析方法在数据挖掘中的应用.

应用实例说明，不同的算法聚类的结果是不一样的. 在实际应用，根据数据的类型以及自身的需要选择聚类算法. 在聚类分析技术的辅助下，数据挖掘可以很清楚地看到不同种类的病人之间的不同以及同一种病人之间的相似性，为广大的医生能够更好、更快地诊断类似病人提供了很好的理论基础.

同时应用实例进一步说明，聚类分析是数据挖掘中一门非常有用的技术，它可以用于从大量的数据资料中找出隐含的数据分布特征和模式. 在实际应用中，聚类分析的结果并不是最终目的，人类通过聚类分析将数据划分成若干类，然后再在每一类中寻找模式或是各种潜在的信息. 从这方面看，数据挖掘技术的应用是在聚类分析的结果基础之上的.

参考文献

[1] 王实，高文. 数据挖掘中的聚类方法[J]. 计算机科学，2000，27(4)：42－45.

[2] 行小帅，焦李成. 数据挖掘的聚类方法[J]. 电路与系统学报，2003，8(1)：59－67.

[3] 王莉. 数据挖掘中聚类方法的研究[D]. 天津：天津大学，2003.

[4] 邓松，李文敬，刘海涛. 数据挖掘原理与 SPSS Clementine 应用宝典[M]. 北京：电子工业出版社，2009.

[5] 谢邦昌. 数据挖掘 Clementine 应用实务[M]. 北京：机械工业出版社，2008.

[6] 刘同明. 数据挖掘技术及其应用[M]. 北京：国防工业出版社，2001.

[7] 米子川. 统计软件方法[M]. 北京：中国统计出版社，2002.

[8] RICHARD J R，MICHAEL W G. 数据挖掘教程[M]. 翁敬农，译. 北京：清华大学出版社，2003.

[9]　黄永锋，刘同明. 聚集式聚类分析方法及其应用[J]. 华东船舶工业学院学报(自然科学版)，2002，16(4)：33－37.

[10]　罗晓沛. 数据挖掘在科学数据库中的应用探索[C]//中科院科学数据库办公室. 科学数据库与信息技术论文集. 上海：第五届科学数据库与信息技术学术研讨会，2000：6－9.

第 9 章　时间序列分析思想方法及其实践应用

时间序列分析从数据上揭示了某一现象的发展变化规律或从动态的角度刻画某一现象与其他现象之间的内在数量关系及其变化规律性。怎样建立适合的数学模型，进行模型的定阶、参数检验、模型的适应性检验和预测是本章研究的重要任务，为提高预测精度，必须合理修正或重新组合预测模型进行组合预测，以达到预测目的和实践需要。

近年来，时间序列分析引起了国内外学者及科研和管理人员的极大兴趣，特别是随着计算机的普及和软件的开发应用，对于只是一般数学知识的学者和广大的工程技术及管理人员学习和掌握时间序列分析方法，并用以分析探索社会经济现象的动态结构和发展变动规律，进而对未来状态进行预测控制，提供了现实可能性。

统计学方法广泛地应用于生产生活中，如交通运输业、气象科学、金融和水利水电等领域。时间序列是按时间顺序排列的、随时间变化且相互关联的数据序列。而分析时间序列的思想方法构成数据分析的一个重要领域，即时间序列分析。时间序列分析是统计学中具有广泛应用的一个分支，而 ARMA 模型是时间序列分析的一个重要的基本统计模型，它在实际中的单一预测应用是时间序列 ARMA 模型的一个关键问题。

在客观世界与工程实际中会遇到各种各样的时间序列，通过对时间序列思想方法的分析，达到认识事物了解其变化规律及应用与实践的目的。所用的方法主要是对给定的时间序列选择合适的数学模型，利用统计的基本原理，对模型进行定阶、参数估计、建模、检验，检验通过后，就可以利用它预测未来。序列包括三种主要的形式，AR 序列、MA 序列和 ARMA 序列，选取多种单一预测模型，确定合适的组合权重系数，建立合理的组合预测模型可以更好地对现实规律进行预测，可以很好地提高预测精度。

9.1　时间序列的平稳性检验

时间序列$\{X_t, t\in T\}$是观察值的集合，每个观察值是在特定时刻记录下来的，可分为两类：离散时间序列和连续时间序列。

检验序列平稳的方法很多，在此只介绍一种重要检验——Daniel 检验．Daniel 检验是建立在 Spearman 相关系数的基础上，对于时间序列的样本：$X_1, X_2, \cdots, X_n$，记 X_t 的秩序是 $R_t = R(X_t)$，考虑变量对(t, R_t)，$t=1,2,\cdots,n$ 的 Spearman 秩相关系数有

$$q_s = 1 - 6\sum_{i=1}^{n} \frac{(t-R_t)^2}{n(n^2-1)} \tag{9.1}$$

做以下假设检验：

$$H_0\text{:序列 } X_t \text{ 平稳} \leftrightarrow H_1\text{:序列 } X_t \text{ 非平稳}$$

Daniel 检验方法：对于显著水平 α，由时间序列 X_t 计算(t, R_t)，$t=1,2,\cdots,n$ 的 Spearman

秩相关系数为 q_s^0，若

$$p = P\{| q_s | > | q_s^0 |\} < \alpha$$

则拒绝 H_0，认为序列非平稳，且当 $q_s^0 > 0$ 时，认为序列有上升局势；当 $q_s^0 < 0$ 时，认为序列有下降局势。又当 $q_s^0 \geqslant \alpha$ 时，不能拒绝 H_0；可以认为序列 X_t 平衡.

9.2　时间序列的数学模型

9.2.1　AR(p)序列(自回归序列)

设$\{X_t, t=0, \pm 1, \pm 2, \cdots\}$是零均值平稳序列，满足下列模型：

$$X_t = \varphi_1 X_{t-1} + \varphi_2 X_{t-2} + \cdots + \varphi_p X_{t-p} + \varepsilon_t \tag{9.2}$$

其中，ε_t 是零均值、方差是 σ_ε^2 的平稳白噪声，则称 X_t 是阶数为 p 的自回归序列，简记为 AR(p)序列，而称 $\boldsymbol{\varphi}=(\varphi_1, \varphi_2, \cdots, \varphi_p)^{\mathrm{T}}$ 为自回归参数向量，其分量 $\varphi_j, j=1,2,\cdots,p$ 称为自回归系数。

引进推移算子描述比较方便。

算子 B 定义如下：

$$BX_t \equiv X_{t-1}, \quad B^k X_t \equiv X t - k \tag{9.3}$$

记算子多项式：

$$\varphi(B) = 1 - \varphi_1 B - \varphi_2 B^2 - \cdots - \varphi_p B^p \tag{9.4}$$

则上式可记作：

$$\varphi(B) X_t = \varepsilon_t$$

9.2.2　MA(q)序列(移动平均序列)

设$\{X_t, t=0, \pm 1, \pm 2, \cdots\}$是零均值平稳序列，满足下列模型：

$$X_t = \varepsilon_t - \theta_1 \varepsilon_{t-1} - \theta_2 \varepsilon_{t-3} \cdots - \theta_q \varepsilon^q \tag{9.5}$$

其中，ε_t 是零均值、方差是 σ_ε^2 的平稳白噪声，则称 X_t 是阶数为 q 的滑动平均序列，简记为 MA(q)序列，而 $\boldsymbol{\theta}=(\theta_1, \theta_2, \cdots, \theta_q)^{\mathrm{T}}$ 称为滑动平均参数向量，其分量 $\theta_j, j=1,2,\cdots,q$ 称为滑动平均系数。

对线性推移算子 B 有

$$BX_t \equiv X_{t-1}, \quad B^k X_t \equiv X_{t-k} \tag{9.6}$$

引进算子多项式：

$$\theta(B) = 1 - \theta_1 B - \theta_2 B^2 - \cdots - \theta_q B^q \tag{9.7}$$

则式(9.2)可以写成：

$$X_t = \theta(B) \varepsilon_t \tag{9.8}$$

9.2.3　ARMA(p,q)序列(自回归移动平均序列)

设$\{X_t, t=0, \pm 1, \pm 2, \cdots\}$ 是零均值平稳序列，满足下列模型：

$$X_t - \varphi_1 X_{t-1} - \cdots - \varphi_p X_{t-p} = \varepsilon_t - \theta_1 \varepsilon_{t-1} - \cdots - \theta_q \varepsilon_{t-q} \tag{9.9}$$

其中，ε_t 是零均值、方差是 σ_ε^2 的平稳白噪声，则称 X_t 是阶数为 p,q 的自回归滑动平均序列，简记为 ARMA(p,q)列，当 $q=0$ 时，它为 AR(p)序列；当 $p=0$ 时，它为 MA(q)序列。

应用算子多项式 $\varphi(B),\theta(B)$可以写成为

$$\varphi(B)X_t = \theta(B)\varepsilon_t \tag{9.10}$$

对于一般的平稳序列$\{X_t, t=0,\pm1,\pm2,\cdots\}$，其均值 $E(X_t)=\mu$，满足下列模型：

$$(X_t - \mu) - \varphi_1(X_{t-1} - \mu) - \cdots - \varphi_p(X_{t-p} - \mu) = \varepsilon_t - \theta_1 \varepsilon_{t-1} - \theta_q \varepsilon_{t-q} \tag{9.11}$$

其中，ε_t 是零均值、方差是 σ_ε^2 的平稳白噪声，利用推移算子可表示为

$$\varphi(B)(X_t - \mu) = \theta(B)\varepsilon_t \tag{9.12}$$

关于算子多项式 $\varphi(B),\theta(B)$通常作下列假设：

(1)$\varphi(B)$与 $\theta(B)$无公共因子，又 $\varphi_p \neq 0,\theta_q \neq 0$；

(2)$\varphi(B)=0$ 的根全在单位圆外，这一条件称为模型的平稳条件：

(3)$\theta(B)=0$ 的根全在单位圆外，这一条件称为模型的可逆条件；

9.3　时间序列模型的参数估计

在实际问题中，若考察的序列是 ARMA 序列：

$$\varphi(B)X_t = \theta(B)\varepsilon_t \tag{9.13}$$

首先要进行模型的识别与定阶，即要判断 AR(p)，MA(q)，ARMA(p,q)模型的类别，并估计阶数 p,q，其实这都归结到模型的定阶问题。当 $p=0,q=q^0$ 时即为 MA(q^0)模型；当 $p=p^0,q=0$ 即为 AR(p^0)模型；当 $p=p^0,q=p^0$ 即为 ARMA(p^0,q^0)模型。当模型定阶后，就要对模型参数 $\boldsymbol{\varphi}=(\varphi_1,\varphi_2,\cdots,\varphi_p)^{\mathrm{T}}$ 及 $\boldsymbol{\varphi}=(\theta_1,\theta_2,\cdots,\theta_q)^{\mathrm{T}}$ 进行估计。定阶与参数估计完成后，还要对模型进行适应性检验，即检验残差是否为平稳白噪声；若适应性检验获得通过，则 ARMA 时间序列的建模完成。

根据掌握的一组样本数据序列 $X_1,X_2,\cdots,X_N$ 建立 ARMA 模型，其含义就是对模型的阶数(p,q)和参数作判断和估计。

1. AR 模型参数的矩估计

将 Yule - Wolker 方程变形为

$$\begin{bmatrix} \rho_0 & \rho_1 & \cdots & \rho_{k-1} \\ \rho_1 & \rho_1 & \cdots & \rho_{k-2} \\ \vdots & \vdots & & \vdots \\ \rho_{k-1} & \rho_1 & \cdots & \rho_0 \end{bmatrix} \cdot \begin{bmatrix} \varphi_{k1} \\ \varphi_{k2} \\ \vdots \\ \varphi_{kk} \end{bmatrix} = \begin{bmatrix} \rho_1 \\ \rho_2 \\ \vdots \\ \rho_k \end{bmatrix}$$

则

$$\begin{bmatrix} \varphi_{k1} \\ \varphi_{k2} \\ \vdots \\ \varphi_{kk} \end{bmatrix} = \begin{bmatrix} \rho_0 & \rho_1 & \cdots & \rho_{k-1} \\ \rho_1 & \rho_1 & \cdots & \rho_{k-2} \\ \vdots & \vdots & & \vdots \\ \rho_{k-1} & \rho_1 & \cdots & \rho_0 \end{bmatrix}^{-1} \cdot \begin{bmatrix} \rho_1 \\ \rho_2 \\ \vdots \\ \rho_k \end{bmatrix}$$

根据自协方差函数

$$\gamma_k = E(X_t X_{t-k}) = E[X_{t-k}(\varphi_1 + \varphi_2 X_{t-2} + \varphi_2 X_{t-2} + \cdots + \varphi_p X_{t-p} + a_t)] \quad (9.14)$$

当 $k=0$ 时,有

$$\gamma_0 = \varphi_1\gamma_1 + \varphi_2\gamma_2 + \cdots + \varphi_p\gamma_p + \sigma_a^2 \quad (9.15)$$

即

$$\sigma_a^2 = \gamma_0 - \varphi_1\gamma_1 - \varphi_2\gamma_2 - \cdots - \varphi_p\gamma_p \quad (9.16)$$

将 $\hat{\varphi}_1,\hat{\varphi}_2,\cdots,\hat{\varphi}_p$ 代替 $\varphi_1,\varphi_2,\cdots,\varphi_p$,$\hat{\gamma}_0,\hat{\gamma}_1,\cdots\hat{\gamma}_p$ 代替 $\gamma_0,\gamma_1,\cdots,\gamma_p$ 代入式(9.16)得

$$\sigma_a^2 = \hat{\gamma}_0 - \sum_{i=1}^{p}\hat{\varphi}_1\ \hat{\gamma}_1 = \hat{\gamma}_0(1 - \sum_{i=1}^{p}\hat{\varphi}_i,\hat{\rho}_i) \quad (9.17)$$

例如,AR(1)模型参数的矩估计为 $p=1$, Yule－Wolker 方程:

$$\gamma_1 - \varphi_1\gamma_0 = 0$$

则

$$\varphi_1 = \frac{\gamma_1}{\gamma_0} = \rho_1$$

根据式(9.17),有 $\hat{\sigma}_q^2=\gamma_0(1-\rho_1^2)$.

2. MA 模型参数的矩估计

根据 $\gamma_0=(1+\theta_1^2+\theta_2^2+\cdots+\theta_q^2)\sigma_a^2$,则

$$\gamma_k = (-\theta_k + \theta_{k+1} + \theta_{k+2} + \cdots + \theta_q\theta_{q-k})\sigma_a^2,\quad k = 1,2,\cdots,q \quad (9.18)$$

可见式(9.18)是 $q+1$ 个方程,对于其参数而言,这 $q+1$ 个方程是非线性的。求解 $\theta_1,\theta_2,\cdots,\theta_q$ 和 σ_a^2 的方法有三种,直接法、线性跌代法和牛顿-拉普森算法。这里介绍线性跌代法。

式(9.18)可以写成等价的形式:

$$\sigma_a^2 = \frac{\gamma_0}{(1+\theta_1^2+\theta_2^2+\cdots+\theta_q^2)} \quad (9.19)$$

$$\theta_k = -\frac{\gamma_k}{\sigma_a^2} + \theta_{k+1}\theta_1 + \theta_{k+2}\theta_2 + \cdots + \theta_q\theta_{q-k},k = 1,2,\cdots,q \quad (9.20)$$

给定 $\theta_1,\theta_2,\cdots,\theta_q$ 和 σ_a^2 的一组初始值(如 $\theta_1=\theta_2=\cdots=\theta_q=0,\sigma_a^2=\gamma_0$ 等).

代入式(9.19)与式(9.20)的右边,左边所得到的值为一步迭代值,记作:$\sigma_a^{2(1)},\theta_1^{(1)},\cdots,\theta_q^{(1)}$,再将这些值代入上两式的右边,便得到第二步迭代值;$\sigma_a^{2(2)},\theta_1^{(2)},\cdots,\theta_q^{(2)}$,依次类推,直到相邻两次迭代值结果相差不大时便停止迭代,取最后结果作为上式近似解.

3. ARMA 模型的参数估计

ARMA 参数估计有多种方法,分别是条件最小二乘估计(CLS)、无条件最小二乘估计(ULS)和最大似然估计(ML).

下面主要介绍条件最小二乘估计,假定过去观察值为 0.

设 X_t 是 ARMA(p,q)序列:

$$X_t - \varphi_1 X_{t-1} - \cdots - \varphi_p X_{t-p} = \varepsilon_t - \theta_1\varepsilon_{t-1} - \cdots - \theta_q\varepsilon_{t-q} \quad (9.21)$$

其中,ε_t 是零均值、方差是 σ_ε^2 的平稳白噪声,设 X_t 有逆转形式:

$$X_t - \sum_{j=1}^{\infty} I_j X_{t-j} = \varepsilon \quad (9.22)$$

两式可用算子形式写为

$$(1-\varphi_1 B-\varphi_2 B^2-\cdots-\varphi_p B^p)X_t=(1-\theta_1 B-\theta_2 B^2-\cdots-\theta_q B^q)\varepsilon_1 \tag{9.23}$$

$$\varepsilon_t=(1-I_1 B-I_2 B^2-\cdots)X_t \tag{9.24}$$

将式(9.24)代入式(9.23)，得到算子恒等式：

$$1-\varphi_1 B-\varphi_2 B^2-\cdots-\varphi_p B^p=(1-\theta_1 B-\theta_2 B^2-\cdots\theta_q B^{\ 2}-\cdots\theta_q B^q)(1-IB-I^2 B^2-\cdots)$$

比较等式 B 的相同次幂，得

$$\left.\begin{aligned}
\varphi_1&=\theta_1+I_1\\
\varphi_2&=\theta_2-\theta_1 I_1+I_2\\
\varphi_3&=\theta_3-\theta_1 I_2-\theta_2 I_1+I_3\\
&\cdots\cdots\\
\varphi_j&=\theta_j-\theta_1 I_{j-1}-\theta_2 I_{j-2}-\cdots-\theta_{j-1} I_1+I_j
\end{aligned}\right\} \tag{9.25}$$

其中，当 $j>q$ 时，令 $\theta_j=0$；当 $i>p$ 时，令 $\varphi_i=0$，可以推算得逆转函数$\{I_j,j=1,2,\cdots\}$，从而得逆转形式：

$$I_B X_t=X_t-\sum_{j=1}^{\infty} I_j x_{t-j}=\varepsilon_t \tag{9.26}$$

需注意，θ,φ 的取值必须使 ARMA(p,q)序列 X 满足可逆性条件，换句话说，θ,φ 必须在平稳可逆域内取值。

条件最小二乘估计方法使得下列残差二次方和为

$$\sum_{j=1}^{n}\hat{\varepsilon}_t^2=\sum_{j=1}^{n}(X_t)^2-\sum_{j=1}^{n} I_j X_{t-j}=\min \tag{9.27}$$

其中约定，$X_t=0$，当 $t\leqslant 0$(这是由于观察样本是 $X_1,X_2,\cdots,X_n$)而 I_j 是递推算得，因为 I_j 是函数，故残差二次方和也是函数，即

$$S(\varphi,\theta)=\sum_{j=1}^{n}\left(X_t-\sum_{j=1}^{n} I_j X_{t-j}\right)^2 \tag{9.28}$$

注意到上式二次方和是 θ,φ 的非线性函数，最小化式(9.28)需用非线性最小二乘估计法. 即 X_t 在的平稳可逆域内寻求 $\hat{\varphi}_L,\hat{\theta}_L$，使得

$$S(\hat{\varphi}_L,\hat{\theta}_L)=\min \tag{9.29}$$

称为条件最小二乘估计估计(CLS)，

$\hat{\sigma}_\varepsilon^2$ 的估计是

$$\hat{\sigma}_\varepsilon^2=\frac{1}{n-r}S(\hat{\varphi}_L,\hat{\theta}_L) \tag{9.30}$$

9.4 模型的定阶与模型的适应性检验

现在讨论时间序列分析的另外两个问题，即模型的定阶与模型的考核。对于一个时间序列，若已知服从 ARMA(p,q)模型，关键是定阶，即估计 p,q 的值。实际上在建模过程中，首先要进行考核。其基本做法是检验模型误差 ε_t 是否为白噪声，若检验认为 ε_t 是白噪声，则建模获得通过；否则要重新定阶，并进行参数估计.

模型定阶的 AIC 准则：

AIC 准则又称 Akaike 信息准则，是由日本统计学家 Akaike 于 1974 年提出的，AIC 准则是信息论与统计学的重要研究成果，具有重要的意义。

ARMA(p,q)序列 AIC 定阶准则：选 p,q，使得

$$\mathrm{AIC} = n\ln\hat{\sigma}_\varepsilon^2 + 2(p+q+1) = \min \tag{9.31}$$

其中，n 是固定的，$\hat{\sigma}_\varepsilon^2$ 与 p 和 q 无关。若当 $p=\hat{p}, q=\hat{q}$ 时，则认为序列是 ARMA$(\hat{p},\hat{q})$。

当 ARMA(p,q)序列含有未知均值参数 μ 时，模型为

$$\varphi(B)(X_t-\mu) = \theta(B)\varepsilon_t \tag{9.32}$$

这时，未知参数个数为 $k=p+q+2$，AIC 准则：选取 p,q，使得

$$\mathrm{AIC} = \ln\hat{\sigma}_\varepsilon^2 + 2(p+q+2) = \min \tag{9.33}$$

实际上，式(9.13)与式(9.21) 有相同的最小值点 $\hat{p},\hat{q}$.

模型适应性的 χ^2 检验：

若拟合模型的残差记为 $\hat{\varepsilon}_t$，它是 ε_t 的估计。例如，对 AR(p)序列，设未知参数的估计是 $\hat{\varphi}_1,\hat{\varphi}_2,\cdots,\hat{\varphi}_p$，则残差

$$\hat{\varepsilon}_t = X_t - \hat{\varphi}_1 X_{t-1} - \cdots - \hat{\varphi}_p X_{t-p}, \quad t=1,2,\cdots,n \tag{9.34}$$

设 $X_0=X_{-1}=\cdots=X_{1-p}=0$，有

$$\gamma_k = \frac{\sum_{t=1}^{n-k}\hat{\varepsilon}_1\hat{\varepsilon}_{t+k}}{\sum_{t=1}^{n}\hat{\varepsilon}_1^2}, \quad k=1,2,\cdots,m \tag{9.35}$$

Ljing-Box 的检验统计量：

$$\chi^2 = n(n+2)\sum_{k=1}^{m}\frac{\gamma_k^2}{n-k} \tag{9.36}$$

检验的假设：

$$H_0:\rho_k=0, \text{当 } k\leqslant m \leftrightarrow H:\text{对某些 } k\leqslant m, \rho_k\neq 0$$

当 H_0 成立时，若 n 充分大，χ^2 近似于 $\chi^2(m-r)$分布，其中 r 是估计的模型参数个数。

χ^2 检验法：给定显著性水平 α，设有实际算得的 χ^2 值是 χ_0^2，p 值是 $p=p(\chi^2\geqslant x_0^2)$，则当 $p<\alpha$ 时，则拒绝 H_0，即认为 ε_t 非白噪声，模型考核未通过；而当 $p\geqslant\alpha$ 时，不能拒绝 H_0，认为 ε_t 是白噪声，模型考核通过。

9.5　ARMA 序列的预测模型

1. AR(p)序列的预测

由预测的差分方程

$$\hat{X}_k(l) = \varphi_1\hat{X}_k(l-1) + \varphi_2\hat{X}_k(l-2) + \cdots + \varphi_p\hat{X}_k(l-p), \quad l>0 \tag{9.37}$$

$$\hat{X}_k(l) = X_{k-1}, \quad l\leqslant 0 \tag{9.38}$$

可见，$\hat{X}_k(l)$仅仅依赖于 X_t 的 k 时刻以前的 p 个时刻的值 $X_k,X_{k-1},\cdots,X_{k-p+1}$，这是 AR$(p)$序列预测的特点。

2. MA(q)与 ARMA(p,q)序列的预测

关于 MA(q)序列$\{X_t,t=0,\pm1,\pm2,\cdots\}$的预测，有

$$\hat{X}_k(l)=0,\quad l>q \tag{9.39}$$

因此，只需要讨论$\hat{X}_k(l)$，$i=1,2,\cdots,q$，为此定义预测向量

$$\hat{\boldsymbol{X}}_k^p=(\hat{X}_k(1),\hat{X}_k(2),\cdots,\hat{X}_k(q)) \tag{9.40}$$

所谓递推预测是求$\hat{\boldsymbol{X}}_k^p$与$\hat{\boldsymbol{X}}_{k+1}^p$的递推关系，递推预测公式：

$$\hat{X}_{k+1}(l)=\hat{X}_k(l+1)+G_1[X_{k+1}-\hat{X}_k(1)] \tag{9.41}$$

对 MA(q)序列，$G_l=-\theta_l$，$l=1,2,\cdots,q$ 得

$$\begin{cases}\hat{X}_{k+1}(1)=\theta_1\hat{X}_k(1)+\hat{X}_k(2)-\theta_1X_{k+1}\\ \hat{X}_{k+1}(2)=\theta_2\hat{X}_k(1)+\hat{X}_k(3)-\theta_2X_{k+1}\\ \cdots\cdots\\ \hat{X}_{k+1}(q-1)=\theta_{q-1}\hat{X}_k(1)+\hat{X}_k(q)-\theta_{q-1}X_{k+1}\\ \hat{X}_{k+1}(q)=\theta_q\hat{X}_k(1)-\theta_qX_{k+1}\end{cases}$$

从而得

$$\hat{\boldsymbol{X}}_{k+1}^q=\begin{pmatrix}\theta_1 & 1 & 0 & \cdots & 0\\ \theta_2 & 0 & 1 & \cdots & 0\\ \vdots & \vdots & \vdots & & \vdots\\ \theta_{q-2} & 0 & 0 & \cdots & 1\\ \theta_q & 0 & 0 & \cdots & 0\end{pmatrix}\hat{\boldsymbol{X}}_k^q-\begin{pmatrix}\theta_1\\ \theta_2\\ \vdots\\ \theta_q\end{pmatrix}\boldsymbol{X}_{k+1} \tag{9.42}$$

递推初值可取$\hat{\boldsymbol{X}}_{k_0}^q\equiv\boldsymbol{0}$($k_0$较小)，因为模型的可逆性保证了递推式渐近稳定，即当 n 充分大后，初始误差的影响可以逐渐消失。

对于 ARMA(p,q)序列，由

$$\hat{X}_k(l)=\varphi_1\hat{X}_k(l-1)+\varphi_2\hat{X}_k(l-2)+\cdots+\varphi_p\hat{X}_k(l-q),\quad l>q$$

因此，只需要知道$\hat{X}_k(1),\hat{X}_k(2),\cdots,\hat{X}_k(q)$就可以递推算得$\hat{X}_k(l)$，因此，仍定义预测向量(9.38)。令

$$\varphi_j^*=\begin{cases}\varphi_j,j=1,2,\cdots,p\\ 0,j>p\end{cases} \tag{9.43}$$

可证下列递推预测公式：

$$\hat{\boldsymbol{X}}_{k+1}^q=\begin{pmatrix}-G_1 & 1 & 0 & \cdots & 0 & 0\\ -G_2 & 0 & 1 & \cdots & 0 & 0\\ \vdots & \vdots & \vdots & & \vdots & \vdots\\ -G_{q-1} & 0 & 0 & \cdots & 0 & 0\\ -G_q+\varphi_q^* & \varphi_{q-1}^* & \varphi_{q-2}^* & \cdots & \varphi_2^* & \varphi_1^*\end{pmatrix}\hat{\boldsymbol{X}}_k^q-\begin{pmatrix}G_1\\ G_2\\ \vdots\\ G_q\end{pmatrix}\boldsymbol{X}_{k+1}+\begin{pmatrix}0\\ 0\\ 0\\ \vdots\\ \sum\limits_{j-q+1}^{p}\varphi_j^*X_{k+q-j+1}\end{pmatrix} \tag{9.44}$$

式(9.44)中第三项当 $p \leqslant q$ 时为零，由可逆性条件保证，当 k_0 较小时，可令初值 $\hat{\boldsymbol{X}}_{k+1}^{q} \equiv 0$.

9.6　利用时间序列模型进行人均 GDP 预测分析

宁夏实际人均 GDP 是对宁夏境内的人均经济情况的度量，它在讨论经济情况时把人口数量也考虑在内，能比较全面和准确地反映宁夏的经济实力、发展水平和生活水准。选择探讨宁夏实际人均 GDP，有效地了解和掌握宁夏地区的宏观经济运行状况，对宁夏经济的发展具有辅助作用。

下面利用时间序列模型对宁夏人均 GDP 建模，建立 ARIMA 模型，利用模型和 Eviews 软件进行分析和预测。

9.6.1　宁夏实际人均 GDP 数据分析

通过翻阅统计年鉴与正规的统计网站，收集和整理得到宁夏 1990—2013 年的人均 GDP 数据，如表 9.1 所示.

表 9.1　1990—2013 年宁夏人均 GDP　　　　单位：元

年份	人均 GDP	年份	人均 GDP	年份	人均 GDP
1990	1 392.77	1998	4 607.10	2006	11 846.66
1991	1 511.16	1999	4 900.24	2007	14 649.00
1992	1 717.81	2000	5 375.66	2008	17 540.00
1993	2 147.58	2001	6 039.09	2009	21 475.00
1994	2 739.67	2002	6 647.32	2010	24 190.73
1995	3 447.71	2003	7 733.77	2011	27 073.34
1996	3 926.16	2004	9 198.69	2012	34 410.64
1997	4 277.20	2005	10 238.78	2013	39 210.32

使用 Eviews 6.0 软件运行数据，画出 GDP 时间序列图(见图 9.1).

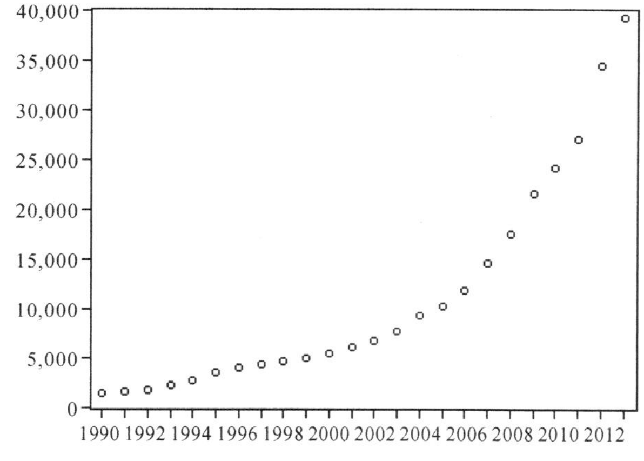

图 9.1　宁夏实际人均 GDP 时间序列图

由图 9.1 可以看出，宁夏实际人均 GDP 具有明显的上升趋势，特别是在 2008 年以后，上升趋势十分明显，是一列非平稳的时间序列。此时继续用软件做出序列的自相关和偏自相关图，如图 9.2 所示.

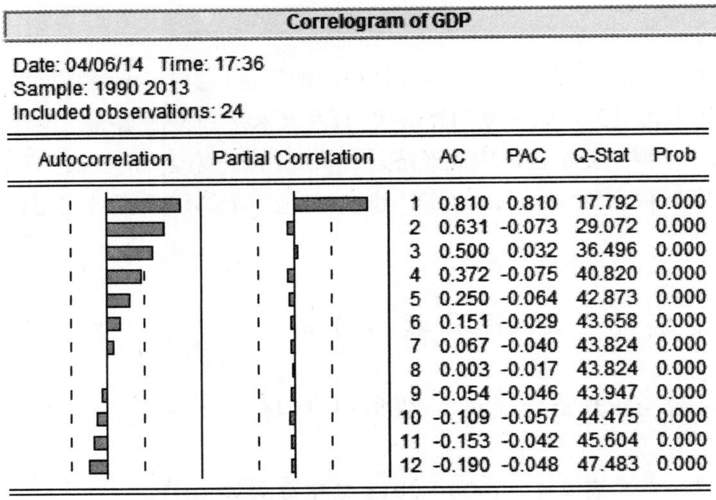
Correlogram of GDP

Date: 04/06/14 Time: 17:36
Sample: 1990 2013
Included observations: 24

Autocorrelation	Partial Correlation		AC	PAC	Q-Stat	Prob
		1	0.810	0.810	17.792	0.000
		2	0.631	-0.073	29.072	0.000
		3	0.500	0.032	36.496	0.000
		4	0.372	-0.075	40.820	0.000
		5	0.250	-0.064	42.873	0.000
		6	0.151	-0.029	43.658	0.000
		7	0.067	-0.040	43.824	0.000
		8	0.003	-0.017	43.824	0.000
		9	-0.054	-0.046	43.947	0.000
		10	-0.109	-0.057	44.475	0.000
		11	-0.153	-0.042	45.604	0.000
		12	-0.190	-0.048	47.483	0.000

图 9.2　宁夏实际人均 GDP 的自相关与偏自相关图

可见，在 $k=3$ 之后自相关函数缓慢的变化，而且并不趋于 0. 显而易见，序列是非平稳的。先对宁夏实际人均 GDP 进行取对数处理，处理后结果如图 9.3 所示.

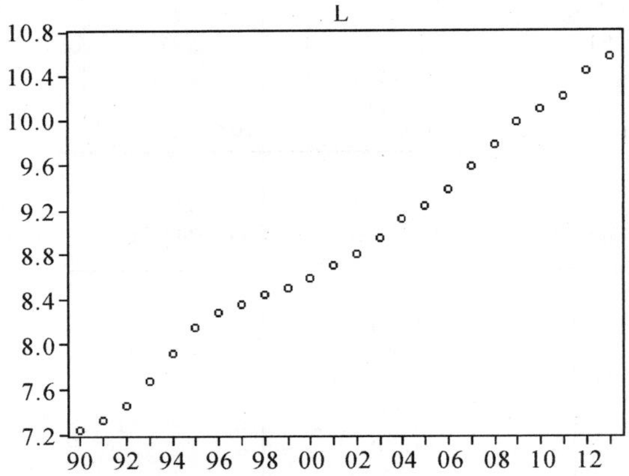

图 9.3　取对数后的时间序列图

由图 9.3 可知，取对数后线性趋势还是存在，接着用差分来消除趋势，进行平稳化处理。分别对取对数后的时间序列进行一阶和二阶差分，差分后的序列 $D(\lg GDP)$ 和 $DD(\lg GDP)$ 如图 9.4 所示.

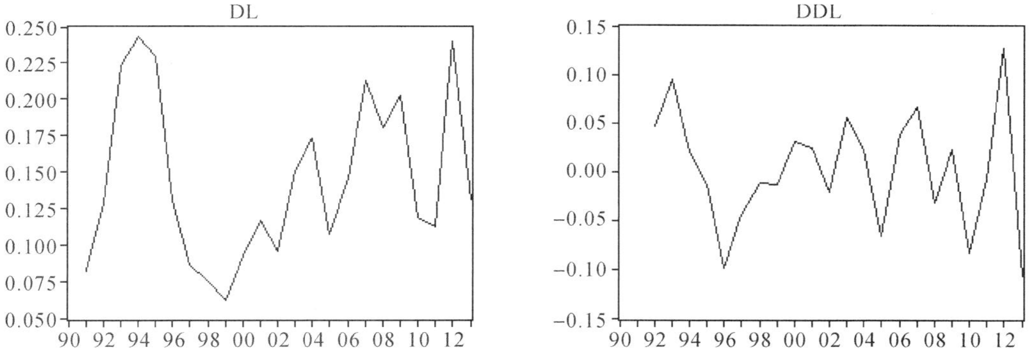

图9.4　一阶差分后及二阶差分后的实际序列图

可见，对于二阶差分后的序列，波动范围明显缩小，都在零附近，具有平稳性。接着对二阶差分后的序列进行 ADF 单位根检验，检验结果由图 9.5 给出。

由图 9.5 可知，二阶差分后的时间序列通过显著性检验，*DD*(lgGDP)序列拒绝原假设，即不存在单位根过程，是一个平稳的时间序列。可以对宁夏实际人均 GDP 建立 ARIMA(*n*,2,*m*)模型。要确定模型中的参数，可以通过序列的自相关函数和偏自相关函数来确定，序列 *DD*(lgGDP)的自相关和偏自相关图如图 9.6 所示.

Null Hypothesis: DDL has a unit root
Exogenous: None
Lag Length: 3 (Automatic based on SIC, MAXLAG=4)

		t-Statistic	Prob.*
Augmented Dickey-Fuller test statistic		-4.217559	0.0003
Test critical values:	1% level	-2.699769	
	5% level	-1.961409	
	10% level	-1.606610	

*MacKinnon (1996) one-sided p-values.
Warning: Probabilities and critical values calculated for 20 observations
and may not be accurate for a sample size of 18

Augmented Dickey-Fuller Test Equation
Dependent Variable: D(DDL)
Method: Least Squares
Date: 04/06/14 Time: 17:47
Sample (adjusted): 1996 2013
Included observations: 18 after adjustments

Variable	Coefficient	Std. Error	t-Statistic	Prob.
DDL(-1)	-2.268078	0.537770	-4.217559	0.0009
D(DDL(-1))	1.010287	0.439093	2.300849	0.0373
D(DDL(-2))	0.516400	0.335805	1.537797	0.1464
D(DDL(-3))	0.682670	0.256147	2.665145	0.0185

R-squared	0.748202	Mean dependent var	-0.005312
Adjusted R-squared	0.694246	S.D. dependent var	0.092382
S.E. of regression	0.051083	Akaike info criterion	-2.917618
Sum squared resid	0.036532	Schwarz criterion	-2.719758
Log likelihood	30.25856	Hannan-Quinn criter.	-2.890336
Durbin-Watson stat	1.445465		

图9.5　二阶差分后的序列 ADF 单位根检验图

Correlogram of D2

Date: 04/23/14 Time: 11:05
Sample: 1990 2018
Included observations: 27

Autocorrelation / Partial Correlation

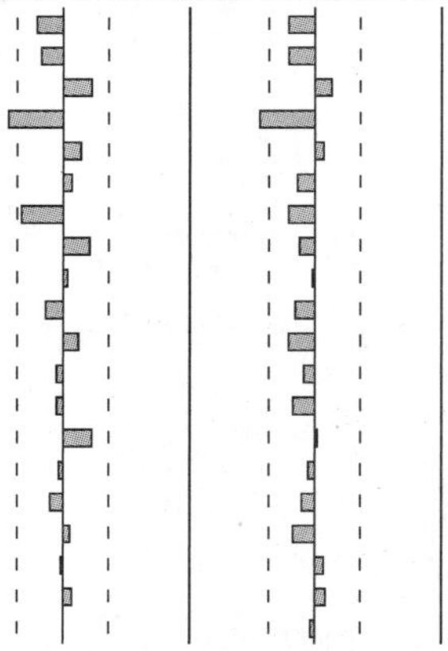

	AC	PAC	Q-Stat	Prob
1	-0.209	-0.209	1.3102	0.252
2	-0.172	-0.226	2.2419	0.326
3	0.225	0.148	3.8951	0.273
4	-0.452	-0.455	10.850	0.028
5	0.145	0.070	11.598	0.041
6	0.076	-0.154	11.814	0.066
7	-0.336	-0.229	16.236	0.023
8	0.221	-0.128	18.247	0.019
9	0.026	-0.015	18.275	0.032
10	-0.155	-0.170	19.384	0.036
11	0.127	-0.213	20.179	0.043
12	-0.053	-0.085	20.324	0.061
13	-0.056	-0.177	20.500	0.083
14	0.238	0.024	23.925	0.047
15	-0.046	-0.053	24.062	0.064
16	-0.104	-0.102	24.834	0.073
17	0.062	-0.174	25.137	0.092
18	-0.013	0.077	25.153	0.121
19	0.076	0.092	25.717	0.138
20	-0.005	-0.048	25.720	0.175

图 9.6 序列 *DD*(lgGDP)的自相关和偏自相关图

由图 9.6 可知，自相关函数在滞后 2,4,7 阶时与 0 的差异较大，所以可以取 $m=2,4$ 或 7，而偏自相关函数在滞后 2,4,6,7 阶时与 0 差异较大，所以可以取 $n=2,4,6$ 或 7。然后对模型进行估计，由于估计类型比较多，这里列出最合适的模型估计结果，即 ARMA(6,2)模型估计如图 9.7 所示.

Dependent Variable: DDL
Method: Least Squares
Date: 04/06/14 Time: 18:20
Sample (adjusted): 1998 2013
Included observations: 16 after adjustments
Convergence achieved after 36 iterations
MA Backcast: 1996 1997

Variable	Coefficient	Std. Error	t-Statistic	Prob.
AR(1)	0.765873	0.286259	2.675455	0.0281
AR(2)	-0.777904	0.377235	-2.062119	0.0731
AR(3)	0.926719	0.491105	1.887009	0.0959
AR(4)	-1.081311	0.492411	-2.195950	0.0594
AR(5)	1.020790	0.433309	2.355803	0.0463
AR(6)	-0.558072	0.240565	-2.319835	0.0489
MA(1)	-1.480814	0.091784	-16.13369	0.0000
MA(2)	0.926685	0.076359	12.13582	0.0000

R-squared	0.764960	Mean dependent var	0.002809
Adjusted R-squared	0.559300	S.D. dependent var	0.059229
S.E. of regression	0.039319	Akaike info criterion	-3.327354
Sum squared resid	0.012368	Schwarz criterion	-2.941060
Log likelihood	34.61883	Hannan-Quinn criter.	-3.307573
Durbin-Watson stat	1.699410		

Inverted AR Roots	.74-.32i	.74+.32i	.27+.83i	.27-.83i
	-.63-.84i	-.63+.84i		
	Estimated AR process is nonstationary			
Inverted MA Roots	.74-.62i	.74+.62i		

图 9.7 ARMA(6,2)模型估计图

由图 9.7 可知，调整后的 R^2 为 0.559 300，AIC 值为 −3.33，SC 值为 −2.94，并且 D−W 检验值为 1.699 410，且在显著性水平为 0.1 时所有系数都通过了显著性检验。

综上所述，对 1990—2013 宁夏人均 GDP 建立 ARMA(6,2)模型，表达式为

$$X_t = 0.765\,873X_{t-1} - 0.777\,904X_{t-2} + 0.926\,719X_{t-3} - 0.108\,1311X_{t-4} + 1.020\,790X_{t-5} - 0.558\,072X_{t-6} + a_t - 1.480\,814a_{t-1} + 0.926\,685a_{t-2}$$

9.6.2　单一时序模型对宁夏实际人均 GDP 数据的预测

1. 用 ARMA 模型对宁夏实际人均 GDP 数据的预测

由上节对宁夏实际人均 GDP 序列拟合 ARIMA(6,2,2)模型可知，本期的数据对上两期随机误差依赖性比较大，接下来用 ARMA(6,2)模型对经过平稳化处理后的数据进行预测，预测分为静态预测与动态预测。但是静态预测是以前期数据为基础，利用滞后因变量的实际值，而不是预测值进行预测，它比动态更为准确。所以对数据进行水平静态预测，通过软件运行得到如图 9.8 所示的结果.

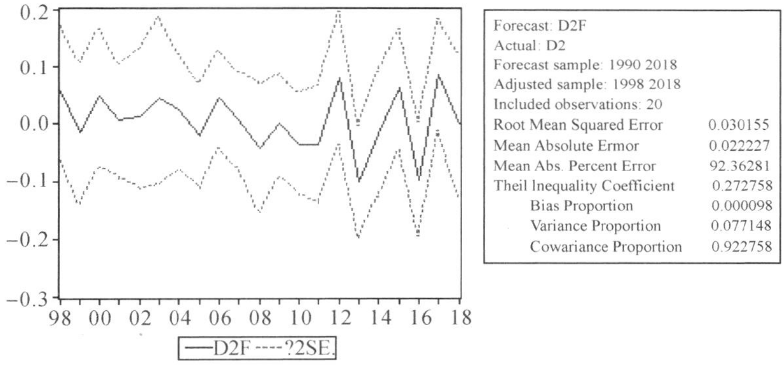

图 9.8　运行结果

然后通过去除差分和对数处理，在置信度 $\alpha=0.9$ 的情况下，经过手工计算，可以得到接下来 5 年的预测值，如表 9.2 所示.

表 9.2　宁夏实际人均 GDP　2014—2018 年预测值(ARMA 模型)

年份	实际 GDP(预测值)	年份	实际 GDP(预测值)
2014 年	43 915.09	2017 年	66 699.08
2015 年	52 059.35	2018 年	78 321.79
2016 年	60 545.66	—	—

由表 9.2 可以看到，接下来 5 年宁夏实际人均 GDP 的发展可谓是突飞猛进，尤其是 2016 年后。可见，当前经济发展势头良好，在没有大的干扰情况下，经济水平在四年之后将实现翻一番。

2. 用指数模型对宁夏实际人均 GDP 数据的预测

由图 9.1 可以看出，1990—2013 年宁夏实际人均 GDP 的变化趋势符合指数模型，在这里，利用 Excel 软件对宁夏实际人均 GDP 的时间序列进行分析，拟合指数模型。可以预测出 2014—2018 年宁夏实际人均 GDP 的数据，通过计算可以得到预测值，如表 9.3 所示.

表 9.3　宁夏实际人均 GDP　2014—2018 年预测值(指数模型)

年份	实际 GDP(预测值)	年份	实际 GDP(预测值)
2014 年	49 063.29	2017 年	69 892.06
2015 年	53 999.16	2018 年	80 400.48
2016 年	63 148.40	—	—

可以看到，接下来 5 年宁夏实际人均 GDP 的发展也很迅猛，经济发展势头良好。

我们知道，单个的预测模型所代表的信息片段不尽相同，它们会丢掉一些信息，增加了预测的不确定性，所以没有一个单个预测模型能包含数据所有的信息，使预测值达到精准和完美。组合预测就是把各类不相同的预测模型用某种方式联合起来，综合利用各种预测方法提供的信息，加以适当的权重，使预测尽可能的精确。组合预测的数学表达式可以记为

$$Z_t = \omega_1 Y_1 + \omega_2 Y_2 + \cdots + \omega_q Y_q = \sum_{i=1}^{q} \omega_i Y_i$$

其中$\sum_{i=1}^{q}\omega_i = 1$，且 $0 < \omega_i < 1$

组合预测可以分为两类：等权组合和不等权组合，这两种方法的形式和原理都相同。在此仅对宁夏实际人均 GDP 的两种预测模型进行一个简单等权组合，各自权重都取 $\omega_1 = \omega_2 = 0.5$，之后计算可得到组合预测值，如表 9.4 所示.

表 9.4　宁夏实际人均 GDP　2014—2018 年预测值

年份	实际 GDP(预测值)	年份	实际 GDP(预测值)
2014 年	46 489.19	2017 年	68 295.57
2015 年	55 938.96	2018 年	79 361.14
2016 年	61 847.03	—	—

上面对宁夏 2014—2018 年的实际人均 GDP 进行了预测，它作为一个预期性、指导性的指标，能为全区经济发展提供参考，自治区能够制定相应的经济政策进行宏观调控，注意城乡、区域和经济社会协调发展，优化经济结构，增加就业机会，促进消费和经济发展，有利于全区人民实际生活水平的提高。

9.7　组合预测模型研究及实践预测应用

采用单一的模型仅能体现局部，多个预测模型的有效组合能够显著地提高预测精度. 如何建立好的预测模型，仍存在一些问题有待进一步加强研究。

下面研究"复组合"预测思想和算法，利用粗糙集(Rough Set，RS)理论的信息熵确定了权系数，通过对多种组合预测模型进行组合分析和比较，并通过算例进行电力系统短期负荷实践预测，最后验证组合预测方法的可行性和有效性，从而有效地降低了短期负荷预测的风险，为组合预测研究提供了新的研究思路.

粗糙集理论是 20 世纪 80 年代初由波兰学者 Z. Pawlak 首先提出的一个分析数据的数学理论，是继概率论、模糊集和证据理论之后又一个作为处理不确定信息和不完全数据的新的数学计算理论，能有效地分析和处理不精确、不一致、不完整等各种不完备信息，并从中发现隐含的知识，揭示潜在的规律. 不需要任何预备的或额外的有关数据信息，能表达和处理不完备信息，能在保留关键信息的前提下对数据进行约简并求得知识的最小表达，能识别并评估数据之间的依赖关系，能从经验数据中获取易于证实的规则知识等.

电力系统负荷预测是电力市场运作中的重要组成部分，短期负荷预测问题的复杂性，预测模型会有一定的局限性. 有的文献将频谱和累积概念引入到自回归滑动平均模型(ARMA)中进行短期负荷预测，有的文献提出了基于自动回归平均的模糊预测方法，还有文献提出了灰色预测和单指数平滑法结合的组合预测法等. 从经典的回归法到目前的神经网络法、小波分析等智能方法，都有各自的研究特点和使用条件.

目前，对单个预测模型的优选组合问题是组合预测研究的重要课题. 其有两类概念：一是指对几种预测模型进行分析、比较，选择拟合优度最佳或标准离差最小预测模型进行预测. 二是将几种预测模型进行融合，建立组合预测模型进行预测. 虽有文献提出了几种有关权重向量的确定方法，例如用改进遗传算法可以对权重进行确定，但传统的统计分析方法建模时缺乏自学习能力；而对于一些现代智能算法(如神经网络算法)，由于初始化数据的随机性，可能导致多次预测结果不尽相同。目前基于模糊集理论、RS 理论的预测模型的研究非常少，基于 RS 组合预测模型的建立就更少. 下面研究利用 RS 理论的信息熵确定权系数，以及复组合预测的思想和算法，

9.7.1　RS 理论基础

先简单介绍不可分辨关系和可辨识矩阵的概念。

定义 1　若 $P \subset \mathbf{R}$，且 $P \neq \boldsymbol{\phi}$，则 P 中全部等价关系的交集也是一种等价关系，称为 P 上的不可分辨关系，记为 $\mathrm{ind}(P)$，$[X]_R$ 表示所有与 X 不可分辨的对象所组成的集合。即

$$[X]_{\mathrm{ind}(P)} = \bigcap_{P \in \mathbf{R}} [X]_R$$

定义 2　令决策表信息系统 $S = \langle U, Q, V, f \rangle$，$U = \{x_1, x_2, \cdots, x_n\}$ 是论域，$Q = A \cup D$ 是属性集合，子集 A 和 D 分别称为条件属性集和决策属性集，$a_i(x_j)$ 是样本 x_j 在属性 a_i 上的取值. $\boldsymbol{c}_D(i,j)$ 表示可辨识矩阵中第 i 行 j 列的元素，可辨识矩阵定义为

$$C_D(i,j)=\begin{cases}\{a_k \mid a_k \in p \wedge a_k(x_i) \neq a_k(x_j)\}, d(x_i) \neq d(x_i) \\ 0, d(x_i)=d(x_i)\end{cases} \tag{9.45}$$

其中 $i,j=1,2,\cdots,n$

显然可辨识矩阵是对称的矩阵,其中的元素是否包含空集元素可以作为判定决策表系统中是否包含不一致(冲突)信息的依据。

1. 知识的约简

在信息系统 $S=\langle U,Q,V,f\rangle$ 中,对象是利用属性值来描述的,然而某些属性可能是冗余的,怎样才能使用较少的知识表达同样的概念? 这个问题涉及知识的化简, 在 RS 理论中可以归结为从知识基中除去一些冗余的等价关系, 同时维持原有的不可分辨关系不变。

定义 3 令 R 为一簇等价关系,$r\in R$,如果除去等价关系 r, 仍维持原有的不可分辨关系不变, 即若 $\mathrm{ind}(R)=\mathrm{ind}(R-\{r\})$,则称 r 为 R 中可省略的,否则称 r 为 R 中不可省略的。

定义 4 若存在 $Q=P-r,Q\subseteq P,Q$ 是独立的, 满足 $\mathrm{ind}(Q)=\mathrm{ind}(P)$,则称 Q 为 P 的一个约简,用 $\mathrm{red}(p)$ 表示。

2. 决策表数据的离散化

由于 RS 理论产生于集合论,RS 理论不需要额外的先验知识,直接根据信息表本身就可以离散化,所以在进行决策表信息处理时,都将连续变化的实数属性值做离散化处理。离散化后可以很好地提高最终决策规则的适应性。离散的本质归结为利用选取的断点来对条件属性进行划分,通过合并属性值,从而减少了问题的复杂度,提高了知识获取中得到的规则知识的适应度。比较常用的离散化算法有:等距离划分算法、Semi-Naive Scaler 算法、Naive Scaler 算法、布尔逻辑和 RS 理论相结合的算法和基于属性重要性算法等。

3. 决策表的约简算法

决策表属性约简的算法思想,就是从决策表系统的条件属性中去掉不必要的条件属性,从而简化决策规则。常用的约简算法有很多,基于可辨识矩阵和布尔逻辑运算属性约简算法大大简化了问题的求解过程,该算法的基本步骤如下:

(1)根据式(9.45)计算决策表的可辨识矩阵 $\boldsymbol{c}_D(i,j)$;

(2)对于$(c_{ij}\neq\phi)$,建立相应的析取逻辑表达 $L_{ij}=\bigvee_{a_i\in c_{ij}} a_i$;

(3)将得到的所有析取逻辑表达 L_{ij} 进行合取运算,得到合取范式 $L=\bigwedge_{c_{ij}\neq 0,c_{ij}\neq\varphi} L_{ij}$;

(4)将得到的合取范式 L 转化成析取范式的形式,得 $L'=\bigvee_i L_i$;

(5)最后输出属性约简结果。

9.7.2 RS 理论单一预测模型的实践预测

以某城市全网日负荷预测为例,运用 RS 理论, 对所建立的决策表进行离散化处理,并实现决策属性的约简及决策规则的生成, 建立了一种短期负荷 RS 预测模型, 进而根据规则实现预测,即搜寻与预测日各方面条件相近的那天的负荷值作负荷预测值。

根据某市短期负荷数据可以选取最近 10 天的相关数据,运用 RS 理论进行电力短期负荷预测，基本步骤为：

(1)获取相关历史负荷数据及气象因素数据，建立初始信息表；

(2)运用 Semi-Naive Scaler 算法对信息表数据进行离散化处理，建立决策表；

(3)采用基于可辨识矩阵和逻辑运算的属性约简算法对建立的决策表进行属性约简，得到与决策属性(即负荷值)相关的最佳条件属性集；

(4)生成决策规则，进行负荷预测.

例如：表 9.5 中 a_4 和 d 列是生成的基本规则，已知 $a_4=1\ 939.7\in[1\ 937.2,1\ 954.4)$，所以由以上规则得到 $d=1\ 886.3$ 为预测日最大负荷预测值，同样得到最小负荷预测值为 1 189. 然后，选取和预测日相同类型的过去几天负荷，并按照式(9.46)进行归一化处理，把上述取得的归一化系数按式：

$$L_n(k,i)=\frac{L(k,i)-L_{\min}(k)}{L_{\max}(k)-L_{\min}(k)} \tag{9.46}$$

进行归一化处理，将取得的归一化系数按式(9.67)进行平均

$$L_n(i)=\frac{1}{n}\sum_{k=1}^{n}L_n(k,i) \tag{9.47}$$

即可得到该类型预测日的日负荷变化系数。其中 $L_n(i)$ 为第 i 小时系数平均值。根据预测出的最大、最小负荷值及该预测日的日负荷变化系数，即可求出预测日的各时刻的负荷值。

表 9.5　Semi-Naive Scaler 算法的最大负荷预测信息表离散化结果

	a_1	a_2	a_3	a_4	a_5	a_6	a_7	a_8	a_4	d
1	1 787.1	1 758.1	1 877.9	1 873.8	1 839.9	24.9	14	72	[* ,1 875.9)	1 740.7
2	1 740.7	1 865.5	1 921.0	2 006.3	1 925.8	21.3	9.5	43	[1 995.3, *)	1 815.3
3	1 815.3	1 805.9	1 953.4	1 984.3	1 873.8	23.5	10.8	54	[1 975.5,1 995.3]	1 825.4
4	1 825.4	1 892.6	1 939.7	1 879.3	1 928.0	16.2	14.7	88	[1 876.6,1 891.1]	1 874.5
5	1 874.5	1 801.6	1 952.5	1 955.4	1 914.3	29.1	14.8	72	[1 954.4,1 961.1]	1 873.6
6	1 873.6	1 840.6	1 909.5	1 966.7	1 826.0	28.2	17.8	74	[1 961.1,1 975.5]	1 804.4
7	1 804.4	1 787.1	1 880.5	1 902.8	1 860.6	32.8	19.7	64	[1 891.1,1 911.9]	1 871.4
8	1 871.4	1 740.7	1 758.1	1 877.9	1 873.8	27.0	18.7	78	[1 875.9,1 878.6]	1 729.8
9	1 929.8	1 815.3	1 865.5	1 921.0	2 006.3	17.0	11.5	78	[1 911.9,1 937.2]	1 831.1
10	1 831.1	1 825.4	1 805.9	1 953.4	1 984.3	13.1	12.5	90	[1 937.2,1 954.4]	1 886.3

根据预测日的各时刻误差计算求得平均相对误差 RE 为 1.53%，最大误差为 4.58%，最小误差为 0.08%，均方根误差 RMSE 为 32.07，完全满足系统实际要求。

9.7.3 组合预测模型的类型和模式

1. 组合预测模型的类型

组合预测模型的类型一般有权重综合和区域综合.

(1)权重综合.

$$\hat{x}_{N+l} = \sum_{j=1}^{J} \omega_j \hat{x}_{N+l}(j)$$

式中,$\omega_j(j=1,2,\cdots,J)$为第 j 个模型赋予的权重,为保证组合模型的无偏性,ω_j 应满足约束条件:

$$\sum_{j=1}^{J} \omega_j = 1$$

(2)区域综合.设 J 种预测值有置信区间,$(\hat{x}_{N+1}(j) \pm \delta_{N+l}(j))(j=1,2,\cdots,J)$,则 $\hat{x}_{N+1}(j)$的置信区间是这 J 个区间的交集:

$$(\hat{x}_{N+1} \pm \delta_{N+l}) = \bigcap_{j=1}^{J} (\hat{x}_{N+1}(j) \pm \delta_{N+l}(j)) \tag{9.48}$$

若式(9.48)为空集,则一次排除该时刻最大、最小预测值的置信区间,若剩余模型超过半数,则由式(9.48)进行区域综合,否则需要重新建模预测。

组合预测模型的五种模式:

模式一 线性组合模型:

$$x_{0t} = \omega_1 x_{1t} + \omega_2 x_{2t} + \cdots + \omega_n x_{nt} \tag{9.49}$$

当 $n=2$ 时,有

$$\omega_1 = \frac{\sigma_2^2}{(\sigma_1^2 + \sigma_2^2)}, \quad \omega_2 = 1 - \omega_1$$

当 $n>2$ 时,有

$$\omega_j = \frac{1}{Q_j}(j = 1,2,\cdots,n)$$

其中,x_{0t}为期的组合预测值;$x_{1t},x_{2t},\cdots,x_{nt}$为 n 种不同单项预测模型在 t 期的预测值;$\omega_1,\omega_2,\cdots,\omega_n$为相应的组合权数,$\sigma_i^2$ 为第 i 种单项预测模型的残差方差,Q_i 为第 i 种单项预测模型的残差平方和,ω_i依据组合预测误差的方差最小原则来加以确定。

模式二 最优线性组合模型:

$$x_t = a + b_1 x_{1t} + b_2 x_{2t} + \cdots + b_n x_{nt}$$

其特点在于组合权数由线性回归得到。

模式三 贝叶斯组合模型:

$$\hat{x}_{t+1} = (x_{t+1}/s_{x,t+1}^2 + \bar{x}_{t+1}/\bar{s}_{x,t+1)}^2)/(1/s_{x,t+1}^2 + 1/s_x^2, t+1)$$

模式四 转换函数组合模型.

模式五 计量经济与系统动力学组合模型

权重合成的常用方法有算术平均法、方差倒数法、均方倒数法、离异系数法、二项式系数法、三点法和最优加权法等。

关于研究最多的最优综合模型精度分析，有以下重要结论：

结论 1：最优综合模型的精度优于其中任一单个模型和综合模型.

结论 2：模型个数的增加可提高最优综合模型精度.

结论 3：最优综合模型的误差平方和 Q_0 满足：$\lambda_{\min}/J \leqslant Q_0 \leqslant \lambda_{\max}/J$.

结论 4：$Q_0 \leqslant \max h_i/J, h_i = \sum |e_{ij}|$；　$Q_0 \leqslant \mathrm{tr}E/J, \mathrm{tr}E = \sum e_{ij}$.

9.7.4　组合预测模型的建立

下面采用模型 1(传统的线性组合模型)和粗集理论预测模型两种模型对短期负荷进行预测，由于方法比较少，故可以采用更加简便的方法计算组合权重。

其中 ω_1, ω_2 是模型 1 和粗集理论预测模型相应的权重系数，则组合预测模型序列为

$$\hat{x}_t = \omega_1 \hat{x}_{1t} + \omega_2 \hat{x}_{2t}, \quad t = 1, 2, \cdots, 24$$

预测误差为

$$v = \omega_1 v_1 + \omega_2 v_2$$

方差为

$$\mathrm{var}(v) = \omega_1{}^2 \mathrm{Var} v_1 + \omega_2{}^2 \mathrm{Var} v_2 + 2\omega_1 \omega_1 \mathrm{Cov}(v_1, v_2)$$

由于两种预测方法不相关，故 $\mathrm{Cov}(v_1, v_2) = 0$，将 ω_1 对 $\mathrm{Var}(v)$ 求极小值，可得 $\omega_1 = \sigma_2/(\sigma_1 + \sigma_2)$，$\omega_2 = \sigma_1/(\sigma_1 + \sigma_2)$，其中 $\mathrm{Var}(v_1) = \sigma_1$，$\mathrm{Var}(v_2) = \sigma_2$.

根据两种不同模型要求，从样本数据文件中选取数据进行观测，下面将模型 1 和粗集预测模型再进行融合，通过简单算术平均组合($\omega_1 = \omega_2 = 0.5$)与最优加权组合原理($\omega_1 = 0.5201$，$\omega_2 = 0.520\,1$)的 ω_1, ω_2 值，再给出两种组合预测值，以及各模型的预测相对误差值(见表 9.6).

9.7.5　组合预测模型算例实践预测

以某城市电力负荷数据为测试样本，运用 Excel 对平均绝对误差 MAPE 进行了计算，如表 9.6 所示.

表 9.6　各模型某一天负荷预测值(MW)和相对误差(%)结果

预测点	实际值(MW)	模型 I	粗糙集模型	简单组合模型	最优组合模型
1:00	1 292.2	1 306.38(−1.10)	1 277.54(1.13)	1 291.96(0.19)	1 292.54(−0.03)
2:00	1 240.1	1 272.82(−2.64)	1 241.07(−0.08)	1 256.95(−1.36)	1 257.58(−1.41)
3:00	1 195.7	1 233.89(−3.19)	1 198.77(−0.26)	1 216.33(−1.72)	1 217.03(−1.79)
4:00	1 183.8	1 243.43(−5.04)	1 209.13(−2.14)	1 226.68(−3.59)	1 226.97(−3.65)
5:00	1 230.2	1 248.33(−1.47)	1 214.46(1.28)	1 231.40(−0.10)	1 232.07(−0.15)
6: 00	1 360.8	1 354.15(0.49)	1 329.45(2.3)	1 341.80(1.4)	1 342.30(1.36)
7: 00	1 443.9	1 478.83(−2.42)	1 464.93(−1.46)	1 471.88(−1.94)	1 472.16(−1.96)

续 表

预测点	实际值(MW)	模型 I	粗糙集模型	简单组合模型	最优组合模型
8：00	1 557.6	1 562.96(−0.34)	1 556.35(0.08)	1 559.66(−0.13)	1 559.79(−0.14)
9：00	1 627.8	1 636.95(−0.56)	1 636.75(−0.55)	1 636.85(−0.56)	1 636.86(−0.56)
10:00	1 626.3	1 670.18(−2.70)	1 672.86(−2.86)	1 671.52(−2.78)	1 671.47(−2.78)
11:00	1 722.2	1 717.42(0.278)	1 724.19(−0.12)	1 720.81(0.08)	1 720.67(0.09)
12:00	1 545.9	1 557.00(0.72)	1 549.88(−0.26)	1 553.44(−0.49)	1 553.58(−0.50)
13:00	1 522.3	1 553.23(−2.03)	1 545.78(−1.54)	1 549.51(−1.79)	1 549.65(−1.80)
14:00	1 568.0	1 576.98(−0.57)	1 571.59(−0.23)	1 574.29(−0.40)	1 574.39(−0.41)
15:00	1 529.3	1 578.66(−3.23)	1 573.41(−2.88)	1 576.04(−3.06)	1 576.14(−3.06)
16:00	1 598.5	1 623.94(−1.59)	1 622.61(−1.51)	1 623.28(−1.55)	1 623.30(−1.55)
17:00	1 667.0	1 716.02(−2.94)	1 722.67(−3.34)	1 719.35(−3.14)	1 719.21(−3.13)
18:00	1 696.8	1 763.67(−3.94)	1 774.45(−4.58)	1 769.06(−4.26)	1 768.84(−4.25)
19:00	1 850.6	1 866.60(−0.86)	1 886.30(−1.93)	1 876.45(−1.39)	1 876.06(−1.37)
20:00	1 828.4	1 793.31(1.92)	1 806.66(1.19)	1 799.99(1.55)	1 799.72(1.57)
21:00	1 729.0	1 719.99(0.52)	1 726.99(0.12)	1 723.49(0.32)	1 723.35(0.33)
22:00	1 674.7	1 613.45(3.66)	1 611.22(3.79)	1 612.34(3.72)	1 612.38(3.72)
23:00	1 493.2	1 465.13(1.88)	1 450.04(2.89)	1 457.59(2.39)	1 472.49(3.72)
24:00	1 356.6	1 380.34(−1.75)	1 357.90(−0.10)	1 369.12(−0.92)	1 357.22(−0.96)

注：(1)通过表 9.6 中的结果比较发现：模型 1 的最大最小绝对误差为 5.04%，0.34%，粗集模型(模型 2)的最大、最小误差为 4.58%、0.08%，简单平均组合模型(模型 3)的最大、最小误差为 4.26%，0.08%，而最优组合模型(模型 4)的最大、最小误差为 4.25%，0.03%。其中模型 4 的最大、最小误差较前三者均要小，模型 3 次之，而模型 1 为最大(绝对值)。

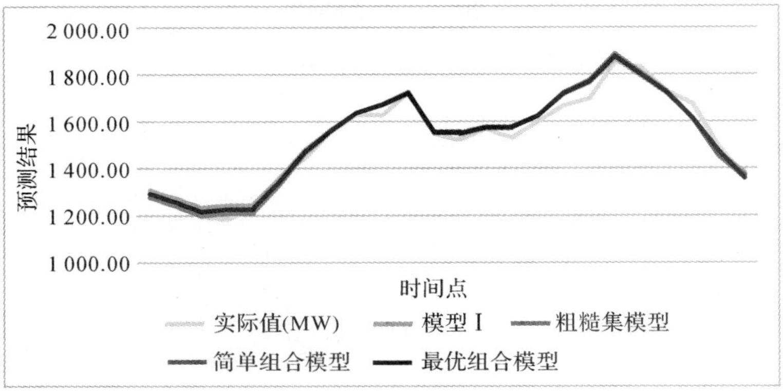

图 9.9　四种模型预测结果与实际值及相对误差的比较

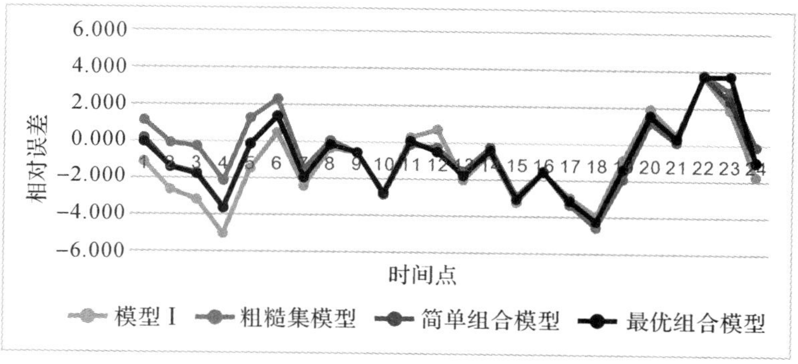

续图 9.9　四种模型预测结果与实际值及相对误差的比较

(2)通过数据比较还发现:组合模型比单一模型精度要高,尤其是最大误差要小于单一模型最大误差,从而降低了风险,虽不能保证所有点的误差都是最小,但能够保证其最大误差小于单一模型的最大误差,其平均误差也小于单一模型的平均误差。

(3)从图 9－9 中可以看出,不同时间点处,两种组合预测的误差波动较单个模型小,且日预测误差波动范围在 4%左右,组合预测是较单个模型预测更信赖的预测方法,有较高的预测精度。

9.7.6　基于 RS 理论权重系数的确定

假设对象非空有限集合为 U,称为论语;R,Q 是 U 上的两个等价关系(称为知识),两个等价类集合记为 $U/R=\{[x]\mid x\in U\}$,$U/Q=\{[y]\mid y\in Q\}$,其中是 $\{x\}$ 和 $\{y\}$ 上基于等价关系 R,Q 的等价类。下面利用 Shannon 的信息熵对知识的不确定性进行度量。

定义 5　令

$$H(R)=-\sum_{|x|\in U/R}p([x])\log_2(p([x])) \tag{9.50}$$

称 $H(R)$ 为知识的熵。

定义 6　令

$$H_0(Q|R)=-\sum_{|x|\in U/R}p([x])\sum_{|y|\in U/Q}p([y]|[x])\log_2(p([y]|[x]))/\log_2(|U/Q|) \tag{9.51}$$

关于决策属性 D 的重要程度定义为

$$\mathrm{SGF}(C_i,C,D)=H(R_D|R_{c-c_i})-H(R_D|R_C) \tag{9.52}$$

$\mathrm{SGF}(C_i,C,D)$的值越大说明在条件属性 C 中属性 C_i 对决策属性越重要。若 $\mathrm{SGF}(C_i,C,D)=0$,属性 C_i 是多余的,可以从条件属性集合中去掉。

首先建立关系数据表模型,再利用属性对论语进行分类,建立论语上的知识系统,从而可以用 RS 理论进行权系数的确定。

(1)根据式(9.51)计算知识 R_D 对 R_C 的依赖程度,即计算预测方法集合 C 对预测指标 y 的依赖程度:

$$H_0(R_D|R^C)=-\sum_{|x|\in U/R^C}p([x])\sum_{|y|\in U/R_D}p([y]|[x])\log_2(p([y]|[x]))/\log_2(|U/R_D|) \tag{9.53}$$

(2)对每个预测方法 C_i，计算知识 R_D 对 $R(i)^C$ 的依赖程度；

(3)根据式(9.52)计算第 i 种预测方法的重要程度；

$$\mathrm{SGF}(C_i,C,D)=H(R_D|R_i^c)-H(R_D|R_C),\quad i=1,2,\cdots,m \tag{9.54}$$

(4)计算权系数. 当 $\mathrm{SGF}(C_i,C,D)=0$ 时，删除第 i 个预测方法，当 $\mathrm{SGF}(C_i,C,D)\neq 0$ 时，第 i 个预测方法的权系数为

$$\omega_i=\mathrm{SGF}(C_i,C,D)\Big/\sum_{j=1}^{m}\mathrm{SGF}(C_i,C,D) \tag{9.55}$$

9.7.7 基于RS理论的复组合预测

所谓复组合预测是指从众多单一模型中先剔除一个精度最差的模型方法，再对剩余模型进行适当加权组合，建立一种组合模型，然后再比较所有模型的精度，再剔除最差的一个，再将剩余模型再加权组合，直到预测误差平方和改进不大为止。

下面给出复组合预测算法的基本思路：

设有 k 种模型，$\omega_k^{(i)}$ 为第 i 次粗糙集加权系数，$i=1,2,\cdots$，记 $f_1=f_1^{(1)},\cdots,f_k=f_k^{(1)}$ 其中 $f_{it}^{(1)}$ 表示第 i 种预测模型在 t 时刻的预测值；$f_{ct}^{(1)}$ 表示采用以上粗集加权组合模型在时刻 t 的预测值；则基本步骤如下：

(1)先得到 $f_c^{(1)}$，其中 $f_c^{(1)}=\omega_1 f_1^{(1)}+\omega_2 f_2^{(1)}+\cdots+\omega_k f_k^{(1)}$；

(2)若 $f_i^{(1)}$ 的预测误差平方和最大，则用 $f_c^{(1)}$ 替代 $f_i^{(1)}$，从而得到新的模型，即

$$f_1^{(2)},f_2^{(2)},\cdots,f_{i-1}^{(2)},f_c^{(1)},f_{i+1}^{(2)},\cdots,f_k^{(2)}$$

(3)将(2)中 k 种模型再加权组合，即

$$f_c^{(2)}=\omega_1^{(2)}f_1^{(2)}+\omega_2^{(2)}f_2^{(2)}+\cdots+\omega_k^{(2)}f_k^{(2)}$$

若 $f_i^{(2)}$ 为预测误差平方和最大模型，则用 $f_c^{(2)}$ 替代 $f_i^{(2)}$，从而得到新一族 k 个模型：

$$f_1^{(3)},f_2^{(3)},\cdots,f_{i-1}^{(3)},f_c^{(2)},f_{i+1}^{(3)},\cdots,f_k^{(3)}$$

其中 $f_k^{(2)}=f_k^{(3)}(k\neq i)$.

(4)再对步骤(3)中新一族模型再加权，再剔除……如此继续，若所有的误差平方和已达到可接受的水平，则可以停止。

(5)最后得到第 n 步加权预测模型，用式(9.56)便可以进行预测，即

$$f_c^{(n+1)}=\omega_1^{(n+1)}f_1^{(n)}+\omega_2^{(n+1)}f_2^{(n)}+\cdots+\omega_k^{(n+1)}f_k^{(n)} \tag{9.56}$$

上面应用简单平均组合与最优加权组合原理，建立了两种短期负荷预测组合模型，具有建模方便、运算速度快的特点，预测精度普遍高于任一单个模型，且误差波动范围小，从而达到提高预测精度的目的. 通过算例样本数据实证分析，验证了组合预测方法具有实用性、可行性，同时首次提出“复组合”预测的思想和基本算法，但还有待进一步加强研究。

参 考 文 献

[1] 陈家鑫. 时间序列分析基础[M]. 广州：暨南大学出版社，1989.

[2]　张树京. 时间序列分析简明教程[M]. 北京:北方交通大学出版社,2003.
[3]　吴怀宇. 时间序列分析与综合[M]. 武汉:武汉大学出版社,2004.
[4]　潘红宇. 时间序列分析[M]. 北京:对外经济贸易大学出版社,2006.
[5]　王振龙. 时间序列分析[M]. 北京:中国统计出版社,2000.
[6]　王国胤. Rough 集理论与知识获取[M]. 西安：西安交通大学出版社，2001.
[7]　BLASZYNSKI J, SLOWINSKI R. Incremental Induction of Decision Rules from Dominance - based Rough Approximations [J]. Electronic Notes in Theoretical Computer Science, 2003, 82(4): 1 - 12.
[8]　FRANCIS E, TAY H, SHEN LX. Economic and financial prediction using rough sets model[J]. European Journal of Operational Research, 2002(141): 641 - 659.
[9]　罗治强,张焰,朱杰. 粗集理论在电力系统负荷预测中的应用[J]. 电网技术,2004,28(3):29 - 32.
[10]　张文修,梁怡,吴志伟. 信息系统与知识发现[M]. 北京:科学出版社,2003.
[11]　Granger C W J, Ramanathan R. Improved methods of combining fore—casts. Journal of Forecasting, 1984;3(2): 197 - 204.
[12]　Bunn D W. Forecasting with more than one model. Journal of Fore-casting, 1989; 8(3): 161 - 166.
[13]　黄岩,张国春,王其藩,等. 一种新的计算组合预测权重的方法[J]. 管理工程学报,2001,15(2): 44 - 46.
[14]　项静恬,史久恩. 非线性系统中数据处理的统计方法[M]. 北京:科学出版社,1997.
[15]　李林川,吕冬,武文杰. 一种简化的电力系统负荷线性组合预测法[J]. 电网技术,2002,26(10):10 - 13.
[16]　张化龙,陈燕,路正南. 江苏省电力需求的短期预测[J]. 科技与管理,2011,13(2).
[17]　CHEN C, GUO W, FAN J Z, Combined method of mid-long term load forecast based on improved forecasting effectiveness[J]. Relay, 2007, 35(4):70 - 74.
[18]　温青,张筱慧,杨旭. 基于负荷误差和经济发展趋势的组合预测模型在中长期负荷预测中的应用[J]. 电力系统保护与控制, 2011,39(3):57 - 61.